Band 1

Robby, meine Freunde und ich.....

Ferne Welten

Inhaltsverzeichnis Seite

Ferne Welten

Robby, meine Freunde und ich.....   Ferne Welten

Erstes Kapitel: Die Entdeckung

Mit Jan, Nicci und Sascha stromerte ich in der Umgebung von Kist rum. Wir waren, wie üblich, mit unseren Skateboards unterwegs. In der Nähe vom Bauschutt-Abgabeplatz sollte es angeblich einen alten unterirdischen Bunker der Amis aus dem 2. Weltkrieg geben. Den hatte bisher aber noch niemand entdeckt. Das würden eben wir jetzt heute erledigen. Hinter dem umzäunten Schuttplatz ist es etwas hügelig und viele wilde Obstbäume standen dort. Wir kraxelten auf den höchsten Hügel und schauten uns um. Plötzlich sagte Jan: „Da, schaut doch mal, ist das nicht seltsam?“ „Was ist da seltsam?“ rief ich ihm interessiert zu. „Da, guckt doch hin“, meinte Jan zu uns und zeigte runter auf eine Wiese. „Seht ihr das denn nicht? Die Bäume stehen da exakt in einem großen Rechteck und dazwischen ist ein freier Platz!“ Wir schauten uns jetzt alle den Platz an. Tatsächlich! Wenn man es so betrachtete, hatte Jan recht. „Kommt, das untersuchen wir“, rief ich aufgeregt und wir rannten los.
Wir vier stellten uns am Anfang des freien Rechtecks so auf, dass jeder von uns mehrere Meter zum Nachbarn hatte. Auf diese Art könnten wir langsam den Platz abschreiten und dabei genauer untersuchen. Wir waren schon fast zwei Drittel über die Länge gelaufen, ohne etwas Seltsames oder Abnormales gesehen zu haben. Es schien also einfach nur ein seltsamer Zufall der Pflanzung zu sein. Langsam gingen wir weiter.
Plötzlich, ich schrie unwillkürlich panikartig auf: Der Boden gab unter mir nach und ich verschwand im Boden! Während des Falls hörte ich noch die erschrockenen Rufe der Freunde. Mein Skateboard hatte ich vor Schreck oben fallen gelassen. Dann

schlug ich dumpf auf. Etwas benommen versuchte ich, mich dabei langsam aufsetzend, zu orientieren. Um mich herum jedoch nur Dunkelheit. Meine Taschenlampe hatte ich auch verloren. Über mir, in grob doppelter Mannhöhe schätzte ich, sah ich das taghelle Loch. Es war gerade so groß, dass ich durchfallen konnte. Jetzt verdunkelte es sich und ich erkannte Jans Kopf. Besorgt rief er mir fragend zu: „Alles in Ordnung mit dir da unten?“

Ich betastete mich und stand auf. Der Boden war eigenartig weich. Anscheinend hatte ich keinen Schaden genommen. „Ja, alles soweit OK“, rief ich zurück. Jetzt schauten auch Sascha und Nicci nacheinander zu mir runter. Sehen konnten sie jedoch auch nichts. Dazu war es zu dunkel. Jan, wie immer der Sachlichste von uns, warf mir seine Taschenlampe zu. Trotz der Düsternis fing ich sie geschickt auf. Sie funktionierte. Langsam leuchtete ich um mich herum und dann zum Boden. Die Wände konnte ich nur auf zwei Seiten, nicht weit von mir, sehen. Der Boden war mit alten angefaulten Matratzen bedeckt. Glück für mich, wer immer sie dort hat liegen lassen, sei Dank! Anscheinend war ich in einem Gang gelandet. Denn in zwei Richtungen hörte mein Taschenlampenstrahl einfach in der Luft auf. Rechts und links davon waren Betonwände. Die Decke war auch aus Beton. Aber da, wo ich durchgebrochen war, befand sich ein großes quadratisches Loch im Beton und es war offensichtlich mal mit einer Bretterplatte verschlossen gewesen. Im Laufe der Jahre war das Holz durch Regen usw. aufgeweicht worden und vermoderte dadurch. Deswegen hielt es mein Gewicht nicht aus und ich brach durch. Ein purer Zufall also!

Die drei hatten, nach kurzer Beratung, beschlossen auch runter zu kommen. Ihre Skateboards wollten sie lieber auch draußen lassen; die würde schon niemand mitnehmen. Aber wie kämen wir dann wieder heraus? Nicci hatte vorhin einen umgesägten Baum bemerkt, dessen Äste schon größtenteils stummelartig entfernt worden waren und er so wahrscheinlich zur Brennholzbeschaffung dort lag. Sascha meinte: „Den müssten wir zu dritt packen, dann stellen wir ihn im Loch auf und könnten so

runter klettern. Raus könnten wir dann auf diesem Weg auch wieder.“ Gesagt getan.
Der Baumstamm war zwar nicht sehr dick und auch nicht lang, aber schwer. Endlich erschien das untere Ende im Loch. Ich dachte schon, die hätten mich vergessen. Langsam kam das Ende runter. Sascha rief noch laut: „Aufgepasst da unten!“ Dann ein berstendes Krachen; Wumm! Hart schlug der Stamm direkt vor mir auf. Erschrocken sprang ich ein Stück zurück und starrte ihn an.
Eine der Matratzen wurde durch ihn am Boden wie festgenagelt. Gut, dass mich Sascha rechtzeitig gewarnt hatte. Stille. Dann rief Jan: „Achtung, Patrick ich komme!“ Er zwängte sich zwischen Stamm und Lochrand durch und stieg vorsichtig herunter. Ich leuchtete ihm mit der Taschenlampe. Dann war Jan unten, stand neben mir und schaute mich leicht verdutzt und fragend an. Auch Nicci und Sascha kamen kurz danach wohlbehalten unten an.
Wir leuchteten mit den Taschenlampen wild in alle Richtungen herum. Nicci hatte meine Lampe auch wieder gefunden. So konnten wir mit vier Strahlen den Gang ausleuchten. Um mehr zu sehen, mussten wir wohl in eine der beiden Richtungen gehen. Trennen wollten wir uns lieber nicht. Wer weiß, was uns hier erwartete. Unbewusst fühlten wir uns zu viert einfach sicherer. Jan ging mutig los. Wir folgten ihm vorsichtig. Nach einigen Metern lagen keine Matratzen mehr rum. Vermutlich sollten sie wirklich als Auffangpuffer unter dem Loch dienen. Der Boden war betoniert und feucht. Auch die Wände waren feucht. Wahrscheinlich Kondenswasser, denn es war relativ kühl hier unten.
So tasteten wir uns langsam viele Meter voran. Im Licht der Taschenlampen erschien rechts eine rostige Stahltür. Daneben ein Lichtschalter. Nicci probierte ihn, aber nichts passierte. Wir versuchten, die Tür zu öffnen. Der Drücker ließ sich bewegen, aber nicht die Türe. Abgeschlossen? Nee, ein winziger Spalt war offen! Wir mussten nur alle zusammen kräftig ziehen. Ganz langsam konnten wir die Tür weiter aufziehen. Dann war die Öffnung für uns groß genug. Aufgeregt leuchteten wir in den Raum dahinter. Verstaubte Möbel, ein Tisch, Stühle und einen

Schrank konnten wir erkennen. Jan schob sich wieder als Erster durch den Türspalt. Dann versuchte ich es und nach mir quetschten sich Nicci und Sascha in den Raum. Wir leuchteten wieder wild um uns herum. Schien ein Büro oder so was zu sein. Alles war modrig und dick verstaubt. Wenige Spinnenweben hingen um die Lampe herum. Eine schwarze Blechschirmlampe. Innen einstmals weiß. Die Birne war noch drin, funktionierte aber nicht.

Sascha und Nicci waren zum Tisch gegangen. Offensichtlich ein Schreibtisch. Sie versuchten, Schubladen zu öffnen. Entweder sie klemmten oder sie waren verschlossen. Der Schrank ließ sich aber öffnen. Sehr aufgeregt - wir fühlen uns alle mittlerweile wie richtige Entdecker - machten wir die rechte Tür auf. Fächer mit Papierstapeln, Stempel und Tintengläser konnten wir im Schein der Taschenlampen erkennen. Jan nahm ein Blatt, oder besser er wollte es; stattdessen ging nur ein feuchter, verklumpter Packen ab. Wir leuchteten drauf und konnten unter Schmutz und Staub einige englische Wörter entziffern. Irgendein Formblatt oder so was in der Art. Langweilig.

Wir machten die andere Türe auf und hatten mehrere Sturmlaternen mit Petroleumtanks vor uns. „Sind die noch voll“, fragte Jan und hob eine hoch und schüttelte sie. „Eh, die ist ja noch fast voll! Hat jemand Feuer dabei?“ „Ja, ich“, sagte Sascha und holte ein Feuerzeug heraus. Lampenglas hoch – Jan machte das wie ein Profi – und schon hielt Sascha die Flamme an den Docht. Durch das Schütteln war der bereits ausreichend getränkt und fing gleich an zu brennen. Jan schob das Glas wieder runter und drehte den Docht etwas höher. Die Sturmlaterne gab ein kräftiges helles Licht ab. Besser als die Taschenlampen. Wir überprüften weitere Lampen. Alle waren gefüllt. Jeder zündete sich jetzt eine an und es wurde dadurch richtig hell im Raum. Jetzt erkannten wir an den Wänden leicht eingestaubte Bilder und Fotos. Sascha und ich schauten sie uns näher an. Sascha blies den Staub weg und trat erschrocken zurück.

Was war „Das“ denn? „Es“ sah auf den ersten Blick wie ein kleiner Mensch aus, aber nach genauerem Hinsehen wussten wir, dass das nicht so war. Wir starrten entgeistert eine eigenartige

Mischung aus organischen sowie menschenähnlichen Teilen an, die aber überwiegend aus maschinenartigen Stücken zu bestehen schien. Ist das nur ein getrickstes Foto, oder ist das was Echtes? Unwillkürlich schauderte es mich und ich bekam eine richtige Gänsehaut. Aufgeregt und fieberhaft reinigten wir, so gut es ging, die anderen Bilder.

Es waren größere Fotografien hinter Glas. Alle zeigten offenbar diese, für uns, unheimlichen Wesen. Wir waren uns einig. Am ehesten sahen sie wie kleine Roboter aus. Oder wie diese Cyborgs aus den SF-Filmen. Nur, diese hier sahen irgendwie eleganter und auf jeden Fall intelligenter aus!

Auf was sind wir da nur gestoßen? Sollten wir lieber Hilfe holen? Die Polizei? Oder zusätzlich die Feuerwehr? Wir diskutierten wild durcheinander. Bis Jan „Ruhe!“ brüllte. Sofort waren wir ruhig. Schon, weil uns dieser Schrei von Jan total überraschte. Er war doch sonst eher der Ruhige, Besonnene. Aufmerksam sahen wir drei ihn an und warteten, was er zu sagen hatte.

Jan bemerkte das plötzliche Interesse an ihm und bewegte sich jetzt unbewusst wie ein Anführer. Er schien uns größer und Respekt gebietender zu werden. Aber vielleicht gaukelten uns in unserer Anspannung die leicht flackernden Lampen nur diesen Eindruck vor. Jan nutzte aber die Situation und meinte bemüht ruhig: „Es wäre besser, wenn wir erst mal das hier unten weiter erkunden. Hilfe könnten wir dann jederzeit noch holen. Außerdem ist es schon spät geworden und wir müssen ja bald heim. Also könnten wir noch eine halbe Stunde weiter gehen und entscheiden dann, was wir tun. Das Loch könnten wir später so tarnen, dass es sonst keiner, außer uns, finden würde.“

Perplex von dieser, für Jan, langen Ansprache nickten wir nur und riefen dann gleichzeitig: „OK, so machen wir's!“ Da in diesem Raum nichts wirklich Interessantes mehr zu sehen war, gingen wir in den Gang zurück.

„Wartet mal“, sagte ich und blieb stehen. „Fällt euch nichts auf?“ Die drei schauten mich neugierig an, sagten aber nichts. „Na, seht ihr das nicht? Der Gang geht in der Richtung, aus der wir gerade kamen, bergauf. Er führt also immer weiter unter die Erdoberfläche!“

Ja, die anderen sahen es jetzt auch und schauten erst mich, dann Jan ratlos an. Jan schien tatsächlich so was wie unser Anführer geworden zu sein. Das war uns dreien ganz recht, denn er war ohnehin der Klügste von uns und meistens auch der Überlegteste. Passte also, wenn er uns erst mal leitete. Jan schien eigentümlich verlegen zu sein und meinte geschmeichelt: „Lasst uns erst mal hier weiter runter gehen. Zurück müssen wir ohnehin bald und dann könnten wir, wenn es noch einen Sinn machen würde, den Gang in der anderen Richtung auch noch erkunden. Der läuft uns schon nicht weg."
Wir grinsten zustimmend, weil das auch unsere Ansicht war und liefen los. Der Gang war hier bereits seit einigen Metern recht sauber. Auch die Feuchtigkeit war kaum noch spürbar. Zudem war es wärmer geworden. Plötzlich machte der Gang vor uns eine Biegung. Es war keine Ecke, sondern eher wie eine engere Kurve. Wir gingen vorsichtig weiter, konnten aber momentan vor uns nicht viel sehen. Nach einigen Schritten wurde der Gang wieder gerade und wir leuchteten mit hoch gehaltenen Lampen nach vorne. Nichts war zu sehen. Keine Gangwände und schon gar kein Ende des Ganges! Was sollte das?
Jan ging langsam weiter und wir schlossen uns ihm sofort an. Eher unbewusst hatten wir uns einander angenähert und gingen als dicht zusammen gedrängtes Viereck Schritt für Schritt vorwärts. Ja, Schritt für Schritt. Denn von unseren Schritten hörten wir jetzt so eine Art Echo oder Rückhall. Seltsam. Sascha stampfte hart auf und der dadurch entstandene Widerhall ließ einen riesigen Raum vor uns vermuten. Wir liefen noch mehrere Meter und hoben wieder unsere Lampen in die Höhe, um mehr Licht für eine bessere Rundumsicht zu bekommen.
Fast wie erwartet waren die Gangwände verschwunden! Um uns herum war jetzt keine Wand mehr zu erkennen. Doch, Moment, hinter uns erkannten wir ganz schwach die Öffnung vom Gang, aus dem wir kamen. Demnach befanden wir uns also doch in einer Halle oder zumindest in einem sehr großen Raum. Allein der ständige Hall nach jedem Geräusch sprach dafür.
Tja, und dann fiel die ängstliche Ruhe von uns ab und wir riefen und schrien – jedes Mal mit einem Rückhall – fast wie ein Echo.

Nicci schrie laut: „Wesel." Aber das Echo war zu ungenau und klang wie „ehel" oder so. Also, eine Halle war es dann wohl eher nicht. Wir beschlossen, erst mal nach rechts zu gehen, um zu sehen, wann wieder eine Wand oder sonst was käme. Wir waren extrem aufgeregt und eine kaum zu bändigende Spannung bemächtigte sich unser.
Nach einigen Metern erkannten wir im Schein unserer hoch gehaltenen Lampen zur rechten Seite doch eine Wand und dann tauchte langsam aus der zwielichtigen Zone, zwischen völliger Dunkelheit und unserem Lampenschein, etwas zunächst Undefinierbares auf. Gebannt starrten wir alle auf das „Ding". Langsam gingen wir darauf zu. Unser Lampenlicht ließ immer mehr von der äußeren Form erkennen. Sascha hatte eine Idee: „Lasst uns doch mal alle nach oben leuchten, ich sehe nämlich gar keine Decke mehr!" Gesagt, getan. Jetzt strahlte mehr Licht nach oben und wir erkannten recht hoch über uns die graue Betondecke. Waren wir doch in einer unterirdischen Halle? Was soll's? Wir widmeten unsere Aufmerksamkeit lieber wieder dem seltsamen Objekt vor uns.
Alle Lampen richteten sich erneut wie auf Kommando auf das Ding. Jetzt erkannten wir schon mehr.
Plötzlich fiel es mir wie Schuppen von den Augen. „Eh, Leute, das ist ein Fahrzeug. Ein Auto, oder so was ähnliches!" rief ich aufgeregt. Wir gingen noch einige Meter in Richtung des vermeintlichen Fahrzeuges und konnten es nun im Schein der Lampen deutlich erkennen. Es war tatsächlich eine Art Fahrzeug! Statt der gewohnten einzelnen Räder hatte es allerdings – ähnlich wie Inlineskater - unter sich mehrere Rollen und davon so viele, dass es bestimmt leicht und wendig darauf bewegt werden konnte. Seltsame Knubbel und Kuppeln standen aus den sonst glatten Flächen hervor. Eine sehr große Kuppel schien fast die gesamte Oberfläche abzudecken.
Wir umrundeten das unwirklich aussehende Gefährt und schauten uns alles genauer an. An dem Ende, welches man noch am ehesten „hinten" nennen konnte, schien ein Zugang zu sein. „Vorne" waren große, runde Flächen zu sehen, die leicht vorgewölbt wirkten. Jan putzte von einer den Staub ab und es

kam ein eingebauter Scheinwerfer ans Licht. Nicci rief von „hinten“: „Hier sind so was wie Rücklichter in der Fläche, also doch ein Auto!“ Total aufgeribbelt und mittlerweile ziemlich überdreht gingen wir zur Rückseite und schauten uns den vermuteten Zugang jetzt genauer an.

„Es muss doch möglich sein, in das Ding rein zukommen“, meinte Jan. Er suchte sogleich nach einem Türgriff oder nach etwas, was einer sein könnte. Nicci und Sascha deuteten auf mehrere Knöpfe, die aus der Fläche rechts von der „Tür“ hervorstanden. Jan und ich versuchten sofort sie zu drücken. Das ging zwar, aber es rührte sich nichts. Plötzlich hüpfte Nicce wie angestochen hoch und runter und fuchtelte mit einer Hand vor etwas herum, das fast wie ein Schlüsselgriff aussah.

Vier Jugendliche – Jan, Nicci, Sascha und ich – starrten auf dieses verlockend herausstehende Teil, das tatsächlich wie so ein Schlüsselknebel aussah. Das musste einfach ein Schlüssel sein. Was sonst? „Das wird ein Schlüssel sein, Jungs“, meinte Jan aufgeregt. „Ein Schlüssel, den man drehen kann. Oder was meint ihr dazu?“ Wir schauten uns das, was wir jetzt alle als Schlüssel ansahen, noch mal genauer an. Es sah fast eindeutig so aus: Ein Loch, in dem es steckte, und das vorstehende Teil sah unverwechselbar wie ein Schlüsselgriff aus. „Drehen oder nicht drehen, das wäre jetzt die Frage“, dachte Jan laut. Natürlich waren wir alle für drehen. Weil ich meine Hand eh schon am „Griff“ hatte, drehte ich nach links – so, wie bei uns die Schlösser aufgeschlossen wurden. Das war wohl was, denn sofort hörten wir alle, leicht irritiert, erst ein im Ton höheres Summen und dann ein tiefes Brummen aus dem Fahrzeug!

Plötzlich, wir sprangen erschrocken zurück, gingen mehrere starke Lichter an den vier Seiten und an der Oberseite an. Es war so hell, dass unsere Lampen daneben wie trübe Funzeln wirkten. Einen Moment später erstrahlte die obere Kuppel von innen in einem hellbläulichen, gleißenden Licht. Gleichzeitig, was einen weiteres erschrockenes Zurückgehen von uns bewirkte, gingen die Türe- und die obere große Kuppel „auf“. Die Kuppel schien einfach gut mannhoch über dem Fahrzeug zu schweben und die

Türe „hing“ jetzt ebenfalls einen Spalt breit von der Rückwand entfernt seitlich neben einer entstandenen Öffnung in der Luft!
Wir konnten nur noch starren und sind zu klarem Denken nicht mehr in der Lage. Acht aufgerissene Augen sahen in ein grell erleuchtetes Inneres und konnten bewusst doch nichts sehen. Wir versuchten, einen Entschluss zu fassen, aber niemand rührte sich auch nur einen Millimeter vom Fleck. Wie zu Statuen erstarrt standen wir da und stierten erst mal, zu keinem klaren Gedanken fähig, in das helle Innere.
Diesmal war ich der Erste, der sich wieder fing und fragte: „Und, Leute, wer geht zuerst rein?“ Die drei schauten mich so entgeistert an, als hätte ich den coolsten Spruch aller Zeiten losgelassen. „Na, was ist?“ fragte ich noch mal nach. Unerwartet schnell bewegte sich plötzlich Nicci in Richtung der Tür und dann standen wir auch schon alle davor und schauten aufgeregt in das Innere dahinter. Wir sahen, leicht überrascht, einen kurzen engen Gang, welcher gleich darauf in einen größeren Raum überging, der anscheinend von der Kuppel oben abgeschlossen wurde. Seitlich, in den Gangwänden, sahen wir mehrere sehr kleine Türen und viele Fächer und Ablagen, in denen undefinierbare Gerätschaften lagen.
Am meisten faszinierte uns aber ganz vorne ein Teil, das wie ein zu klein geratener Pilotensitz von Captain Kirk aussah. Aber noch viel mehr waren wir von dem fasziniert, was darauf saß und uns frech anzugrinsen schien!

Zweites Kapitel: Robby

Keiner von uns wusste, was jetzt zu tun wäre. Keiner von uns hatte auch nur im Entferntesten so etwas schon mal gesehen. Nicht in einem Comic, Buch, Fernsehen oder auch sonst irgendwo.
Wie aufgezogen bewegten sich unsere Köpfe und wir schauten uns an. Jeder wollte sich vergewissern, dass er nicht verrückt war und die Anderen das Gleiche sahen wie man selber. Doch es war so! Jan kam als Erster zu sich und machte einen weiteren Schritt auf die Tür und den engen Röhrengang zu. Wieder waren wir alle sofort neben ihm und Nicci, der Kleinste von uns, streckte seine Hand nach innen durch die Türöffnung. Nichts passierte.
Insgeheim bewunderte ich seinen Mut und auch den Anderen schien es so zu gehen. Nicci, anscheinend von seinem eigenen Tun zum Weitermachen animiert, schob jetzt seinen Oberkörper in den Gang. Er hatte nur noch wenig Platz um sich herum. Nun war er ganz drin und schaute uns an, als wollte er fragen: „Und jetzt?" Sascha machte eine eindeutige Handbewegung und trieb so Nicci weiter rein, um selbst hinter ihm in den Gang zu kriechen. Ohne Zögern folgte ich und dann auch Jan, der so den Abschluss bildete.
Nicci war zwischenzeitlich bereits in dem großen Rundraum angekommen und machte für uns Nachkommende Platz. Wir sahen, jeder um den Anderen herumschauend, viel, viel „Technik" vor uns. Und schon waren wir alle Vier in der Kommandozentrale – so nannten wir stillschweigend diesen Raum, weil es einfach passte – und gafften das Wesen im Pilotensitz – auch hier wieder die gemeinsame Formulierung dafür – an.
Sofort sahen wir, dass das „Ding" identisch mit den Fotos war, die von uns vorhin in dem Raum an den Wänden bestaunt worden waren. Das „Ding" war also real und somit echt! Uns wurde leicht unheimlich zumute; irgendwie hatten wir alle das Gefühl, dass „Es" uns beobachtete und genau zu wissen schien, was wir taten. Ohne die Folgen zu bedenken, stieß ich es an der

Schulter sachte an. Nichts passierte. Dann bewegte Nicci seine Hand vor den
Augen von „Ihm“ auf und ab. Nichts passierte. Sascha, dadurch schon mutiger geworden, tippte ihm mit einem Finger fester auf den Rücken. Nichts passierte. Tja, und dann stippte ihm Jan kurz und fest an die Brust und das „Ding“ erwachte zum Leben!
Soweit es die beengten Raumverhältnisse zuließen, sprangen wir zurück und riefen in der aufkommenden Panik: „Was hast du gemacht?“ „Alter, das ist ja übelst“ „Jetzt ist es wach!“ „Raus hier!“ und „Oh Mann, Jan, Alter!“
Wir wollten alle gerade den Raum fluchtartig durch den Gang verlassen, behinderten uns dabei natürlich gegenseitig, Nicci steckte aber schon halb drin, als eine klare und beruhigende Stimme sagte: „Stopp.“ Schlagartig, wie angewurzelt, verharren wir. Dieser Schock saß! Wir schauten uns gegenseitig an und jeder sah beim Anderen die plötzliche Blässe. Sascha sah geradezu fahl aus. Doch was war das denn eben? Drehten wir durch, oder….? Gleichzeitig starrten wir den kleinen Roboter an, so, als ob „Er“ gerade gesprochen hätte. Und dann auch noch ein klares und unmissverständliches „Stopp“!
Plötzlich bewegte sich wieder der kleine Blechkasper geschmeidig und stand, trotz seiner geringen Größe durchaus imponierend, vor uns. Seine künstlichen Augen funkelten wie echt und er hatte so einen intelligenten und verschmitzten Ausdruck im Gesicht, dass man ihm gar nichts mehr krumm nehmen konnte. Sympathisch, der Kleine.
Trotzdem fuhren wir erschrocken zurück und spürten die Wände in unserem Rücken, als er wieder klar und deutlich sagte: „Redet!“ Dann sofort wieder: „Redet!“ Panik schien wieder von uns Besitz zu ergreifen. „Was sollen wir?“ „Reden?“ „Was soll das denn?“ „Wieso spricht er?“ „Und dann auch noch in sehr gut verständlichem Deutsch!“ Wir redeten aufgeregt und verwirrt durcheinander, wurden dabei immer lauter. Anscheinend wollten wir alleine durch das Hören unserer lauten Stimmen unsere aufkommende Angst vertreiben. Klappte aber nicht.
Schlagartig wurden wir still, als eine, jetzt sanfte und leisere, Stimme sagte: „Redet weiter, aber nicht alle auf einmal! Nur

durch euer Reden kann ich eure Sprache schneller beherrschen, verstehen und dann mit euch besser kommunizieren." Verflixt noch mal: Diese Stimme ist in unseren Köpfen! Jeder von uns wusste das plötzlich nach Blicken zu den Anderen. Und diese überraschende Erkenntnis ist wie von selbst gekommen! Der kleine Roboter manipulierte unsere Gedanken! Er war ein Telepath!

„Stimmt", kam prompt seine Antwort. „Nur noch ein wenig in euren Gehirnen zugebracht und ich kann eure Sprache zumindest so gut, wie ihr sie selbst beherrscht. „Was ja nicht so perfekt wäre", dachte ich bei mir. „Stimmt" kam die Antwort von Xisco. „Xisco?" „Aha, der Robby heißt also Xisco!" „Stimmt, so könnt ihr mich nennen", Patrick, Jan, Nicci und Sascha. Aber Robby gefällt mir auch." Irgendwie hatten wir plötzlich gar keine Angst mehr vor Robby. Das hatte „er" wohl fertig gebracht. „Stimmt." „Huch, man kann ja überhaupt nichts mehr ohne „den" denken!" „Stimmt." „Witzbold", bleibst du auch mal aus unseren Gedanken und Hirnen raus?" „Nee, warum auch?" „Puh, das kann ja heiter werden!" Ein sehr angenehmes glucksendes Lachen kam von Robby zurück. Toll, wir schienen alle immer das Gleiche von ihm mitzubekommen, so, als würde nur einer von uns mit ihm „reden". „Stimmt!" „So, Leute, jetzt aber mal Klartext: „Seit über 63 Jahren eurer Zeitrechnung war ich hier in diesem Bunker der Amerikaner." – „Der weiß sogar, wer den Bunker gebaut hat!" – „Stimmt! Gestrandet und wartete auf wen auch immer, der mich wieder aktivieren- und zum „Leben" erwecken würde."

„Mein Raumschiff befindet sich unter uns in einem von mir geschaffenen Hangar. Ab sofort rede ich mit euch, wie ihr selbst untereinander reden würdet. Die Sprachanpassung wäre vorerst, mit eurer Hilfe, abgeschlossen. Meine eigene richtige Sprache könntet ihr ohnehin nicht verstehen. Mein Wissen übersteigt das Eure um mehr als das Millionenfache. „Na, na", denke ich, „Angeber oder was?" „Nee du, das stimmt, werdet ihr schon noch kapieren!" „Muss wohl am Wasser liegen", denke ich weiter. „Was?" „Na sieh mal an, unser Herr Roboter weiß ja doch nicht alles!"

„OK, aber nun Schluss mit den Albernheiten; ich kam hier deswegen nicht weg, weil mein Raumschiff einen Defekt hatte und ich den gesamten Treibstoff während der Reparaturversuche verbraucht hatte." Nach einer kleinen Pause fuhr Robby fort: „Jetzt funktioniert zwar mein Schiff wieder, aber ich käme ohne Sprit hier nie weg. Helft ihr mir?"
Wir schauten uns kurz an, nickten. „Klar helfen wir dir. Was brauchst du als Sprit?" Robby schien doch tatsächlich verlegen zu werden: „Jetzt aber nicht lachen!" „Nee, nee, wir doch nicht, spuck's schon aus, Robby." Etwas zögernd fuhr er fort: „Müsst ihr, oder wenigsten einer von euch, mal pinkeln?" „Was?" „Was hat er gerade gesagt?" „Haben wir etwa pinkeln verstanden?" „Jungs", meinte Jan lachend „der Knilch veräppelt und doch nur." „Ja, ja, ist ja schon gut, ihr Hirnies, ja ich meinte wirklich pinkeln!" gluckste Robby. Etwas sachlicher fuhr er dann fort: „In eurem Urin ist mein Treibstoff enthalten. Er kann daraus mit einem speziellen Verfahren extrahiert werden. Schön wäre es, wenn jeder von euch Vier sein „kleines Geschäft" wenigsten zweimal verrichten könnte."
„Mmmm, zweimal meinst du? Nee, so stark muss ich gerade nicht", überlegte ich „und ihr?" Allgemeines Kopfschütteln. „Höchstens einmal und das auch nicht so doll", meinte Jan. Wir nickten zustimmend. „Oh, oh, das reicht gerade mal, um euer Sonnensystem zu verlassen. Aber Zeit haben wir reichlich, immerhin habe ich im OFF-Modus schon weit über 60 Jahre auf diesen Moment gewartet!" „Jungs, trinkt und macht dann doch mal bitte", ermunterte Robby uns grinsend.
„OK, werden wir", „später", „dann bekämst du ja auch mehr", „aber jetzt hätten wir schon noch ein paar Fragen", riefen wir fast alle gleichzeitig durcheinander. Robby meinte mit leicht enttäuschtem Unterton: „Gut, das sehe ich ein, ist auch euer gutes Recht, was wollt ihr wissen?" Nicci mal wieder zuerst. Wie aus der Pistole geschossen fragte er ihn: „Woher kommst du?" Robby antwortete ebenso rasch: „Von dem Teil des Alls, den ihr Menschen als Alpha Centauri bezeichnet." Die Antwort auf die nächste Frage, Sascha stellte sie und Robby antwortete wieder sofort, interessierte uns alle brennend: „Was bist du denn

überhaupt?“ „Eine künstliche Lebensform mit künstlichem Gehirn und künstlicher Intelligenz und einem enormen Wissen. Aber unsere Schöpfer, ursprünglich Wesen wie ihr Menschen es seid, sind seit langer Zeit Vergangenheit. Sie haben sich letztlich, kurz nach unserer Erschaffung, ungewollt und aus Versehen selbst mit Biowaffen vernichtet. Das kann übrigens bei euch auch noch passieren. Danach haben wir uns aber ständig weiter entwickelt und unaufhörlich verbessert. Unser Gehirn – ihr würdet es Elektronengehirn nennen – hat einen ständigen Zugriff und Kontakt zu unseren zahlreichen und im All verstreuten Zentralrechnern. Die sind, jeder für sich, etwa so groß wie die Stadt Würzburg und dazu noch, mit sehr vielen Etagen, sehr hoch. Jeder speichert, immer abrufbereit, riesige Mengen an Daten und zusammen ergibt sich so ein schier unendliches Wissen. Deswegen vorhin meine Bemerkung, dass ich Millionen mal mehr wüsste, als ihr – so gesehen stimmt es ja auch, oder?“
Ungläubig schauen wir uns an. „Will der uns etwa auf den Arm nehmen?“ „Nee, will ich bestimmt nicht, ist die reine Wahrheit!“ „Schon komisch, wie Robby unsere Redewendungen bereits beherrschte“, dachte ich bei mir. „Danke, Patrick. Aber lügen könnten wir ohnehin nicht, höchstens tricksen, wenn wir uns einen Vorteil verschaffen wollen oder müssten.“ „Tricksen?“ „Na ja, eben etwas um die Wahrheit herumbiegen, oder so.“ „Ach so, na dann.“ Jetzt fragte Jan, schon leicht ungeduldig geworden: „Warum hängen vorne in dem Raum, dem ehemaligen Büro der Amerikaner, Fotos von euch und auch noch gerahmt?“ „Den Raum hatte ich, weil er der anfänglich trockenste hier war, als mein Hauptquartier benutzt. Die Fotos, das sind alles meine – wie ihr sie nennen würdet – Verwandten. Also mit mir baugleiche Typen aus meiner Serie. Die Rahmen waren schon dort, allerdings nur mit irgendwelchen Lageskizzen und Karten drin. Die habe ich dann aus Langeweile durch Fotos ersetzt, welche ich von uns aus meinem Gedächtnis herstellte.“
Jetzt fragte ich Robby: „Wie alt bist du und wie alt könntet ihr denn überhaupt werden? Könnt ihr auch sterben?“ „Sterben schon, wenn wir von außen mit ausreichender Gewalt völlig zerstört würden. Aber davon mal abgesehen leben wir quasi

unendlich, weil wir uns ständig mittels Nanotechnik regenerieren und reparieren. Das wird die Menschheit auch bald können. Ich selbst lebe so schon sehr lange und bin fast unzerstörbar. Zudem optimiert sich mein Körper unaufhörlich und passt sich dabei nicht selten zusätzlich meiner Umgebung an. Aber das erkläre ich euch später mal genauer. OK?“ „OK, Robby, stimmten wir zu, mach das mal.“

Sascha wollte nun wissen: „Zeigst du uns jetzt dein Raumschiff? Geredet haben wir erst mal genug, oder?“ „Ja, OK, mache ich. Setzt euch bitte!“ Kaum gesagt, kamen Sitzschalen aus den Wänden. Verblüfft setzten wir uns hin und sofort schlossen sich, wie von Geisterhand bewegt, die Türe und die Kuppel. Es wurde dunkler. Ein mattes, orangenfarbenes Licht füllte jetzt den, durch uns Vier und Robby eng gewordenen, Raum; „unsere“ Kommandozentrale.

Der Wicht – „Wicht?“ „Entschuldige, Robby, oder lieber doch Xisco?“ „Nee, nee, Robby gefällt mir besser, bleibt deshalb bitte alle bei Robby, OK?“ „OK, machen wir doch gerne, Robby, Xisco klingt eh so steif und förmlich.“ Robby scheint unmerklich zu grinsen – setzte sich jetzt in seinem Pilotensitz zurecht. So gut wir konnten schauten wir nach vorne aus der Kuppel. Wir fuhren sanft und ruckfrei los. Die Halle war schon hinter uns. Wir fuhren in einem Gang, der gegenüber „unserem“ lag und es ging weiter abwärts. Eine sehr enge Kurve, schnell durchfahren. Trotzdem hatten wir keinerlei Fliehkräfte gemerkt. Tolle Technik! „Gelle“, reagierte Robby stolz. Wir wurden langsamer und hielten dann an. Um uns gab es keine erkennbaren Wände. Auch die Decke konnten wir nicht sehen. Aber draußen ist es ja auch düster. Plötzlich wurde es taghell um uns herum. Jetzt erkannten wir eine geräumige Halle, etwa so groß wie eine normale Turnhalle. „Nicht schlecht, oder?“ kam es von Robby.

Aber, was uns im Moment wirklich sprachlos machte, war das Raumschiff direkt vor uns! Wir konnten nur gaffen. Es glänzte silbrig und sah aus wie eine riesige Kugel. Absolut glatt! Nichts stand hervor. Gar nichts. So, wie eine gut fünf Meter durchmessende Kugellagerkugel. Robby badete förmlich in unserem andächtigen Staunen. Wieder erschien ein feines

Lächeln auf seinem Gesicht. „Unsere Mimik beherrschte er schon sehr gut.“ Dachte ich unwillkürlich und leicht geistesabwesend. „Nicht eure Mimik, Patrick, so haben unsere Erzeuger ausgesehen. Sie waren euch so ähnlich, dass ihr natürlich glaubt, ich sähe aus wie ihr, nur kleiner.“ „Stimmt!“ meinte ich, verblüfft, wie gut der Knirps mitdachte. „Knirps?“ kam es sofort von Robby. Aber dann gleich wieder versöhnlich und erklärend: „Patrick und ihr drei, ich erfasse ständig jeden Gedanken von euch, also denkt – sofern dies euch gelingt – etwas ruhiger und klarer. Meine „Filter“ können sonst nur unzureichend wichtige von unwichtigen Gedanken unterscheiden und euer gedankliches „Hintergrundrauschen“ ist noch viel zu stark.“
„Der hat gut reden, bei so vielem Neuen, wie sollen wir denn da ruhig und gelassen bleiben?“ meinte Jan. „Wo du recht hast“, kam es von Robby. „Aber jetzt aussteigen bitte, wir gehen ins Raumschiff, damit ich euch erst mal zeige, wo ihr euch für meine Tankfüllung erleichtern könnt.“
Durch diese nüchternen Worte kamen wir, eher ein wenig unsanft und auf jeden Fall ungewollt, in die Realität zurück. Genau, der Wicht benötigte ja unseren Harn als Sprit. „Exakt“ – Robby mal wieder. Plötzlich waren an allen erforderlichen Stellen Stufen; sowohl innen wie auch außen. Wir stiegen, nachdem die Kuppel hochgefahren war, über die Oberfläche aus. Dann standen wir neben dem Fahrzeug. Alle Stufen verschwanden sofort. Die Kuppel schloss sich und alle Lichter gingen am und im Fahrzeug aus. Mir fallen deswegen unsere Lampen ein. Die hatten wir in unserer verständlichen Aufregung einfach im Hangar stehen gelassen. „Die brennen ja noch!“ „Nee, tun sie nicht“, meinte Robby „die habe ich vor der Abfahrt gelöscht. Eure Baumstammleiter habe ich auch „eingezogen“ und das Loch außen wieder so getarnt, dass es niemand finden kann. Man weiß ja nie. Zudem habe ich eure Boards gesichert.“ Kurz huschten mir noch: „Clever, der Kleine“ und Robbys: „ist ja Gut Patrick“, durch den Kopf. Dann konnte ich nur noch mit offenem Mund da stehen. Denn zwischenzeitlich waren wir die wenigen Schritte zum Raumschiff gelaufen und so ging die letzte Bemerkung von Robby in unserem Staunen völlig unter. Es kam uns riesig und

äußerst Respekt einflößend vor. „Toll, einfach geil!" „übelst gigantisch!" „Cool Alter!" „Super!"
„Robby, aus was besteht es?" „Kann es zerstört werden?" „Ist das sicher?" „Wie fliegt man es?" rufen wir aufgekratzt durcheinander. Robby ganz cool: „Es besteht aus einem unzerstörbaren Nanometall und repariert sich – wie ich ja auch – ständig selbst. Den Defekt damals hatte ich leider im All durch eine falsche Handbewegung an der Konsole selbst erzeugt. Das Schiff wird nämlich mittels Gedankenbefehlen und Handbewegungen gesteuert. Um es zu reparieren, musste ich schließlich hier auf der Erde „kontrolliert" notlanden." Robby hielt kurz inne und fuhr dann fort: „Aber jetzt seid ja ihr hier und helft mir mit euren speziellen Körperflüssigkeiten ganz prächtig aus der Klemme!"
Wir nickten nur ergriffen: „Robby, das Teil hier" – womit Jan das Raumschiff meinte - „ist einfach geil!" „Und supercool", steuerten Sascha und Nicci bei. Dazu konnte ich nur noch zustimmend nicken und studierte Robbys Reaktion auf unsere Ausbrüche der Begeisterung.
„Freut mich, dass ihr das zu würdigen wisst", meinte Robby geschmeichelt. Plötzlich, wir erschraken leicht, war nach einer kurzen Handbewegung Robbys, das ganze Schiff an der Außenwand in ein bläuliches Licht getaucht. Überall erschienen auf der Schiffshülle Auswüchse und Stäbe, ähnlich Antennen oder so was. Kreisrunde Kugelabschnitte wurden zu durchsichtigen Kuppeln; offensichtlich Fenster. „Genau", meinte dazu Robby zufrieden. Ein größerer Teil der Kugel verschwand gerade vor unseren Augen und eine mehrstufige Treppe senkte sich zum Boden herunter. Die Stufen waren wie für uns gemacht und ein Geländer war plötzlich auch da!
„Alles von meinen Schöpfern gemacht, deswegen so gut zu euch passend", kommentierte Robby fast wie ein Fremdenführer. Wieder lachte der Schlingel und sah mit sich sehr zufrieden aus. Licht schien aus dem Schiffsinneren. Vorsichtig gingen wir die Treppe hoch. Man spürte keine Bewegung. Wie aus Fels gemeißelt. Nicci – neugierig war er ja gar nicht – war mal wieder der Erste, dann kam ich und nach mir Jan und Sascha. Hoppla,

was war das denn? Robby schwebte plötzlich vor uns in Augenhöhe in der Luft! Er zwinkerte uns zu: „Ja, jetzt kann ich es euch ja sagen: Wir „Robbys“ sind auch Teleporter und können, wann immer wir dies möchten, zudem schwerelos schweben und fliegen wie und wohin wir wollen.“ „Verbraucht das nicht viel Treibstoff?“ fragte Nicci und ich setzte nach: „Von was lebst du eigentlich? Etwa auch von Urinbestandteilen?“ „Kannst du das ohne fremde Hilfe?“

„Nee, nee, ich werde von so einer Art Mikrofusionsreaktor in meinem Oberkörper angetrieben. Der ist eigentlich unerschöpflich, denn er holt sich seinen „Treibstoff“ z. B. gerade aus dem Staub der Luft hier. Selbst im Weltall kann ich unbegrenzt überleben, weil es dort immer noch genügend Materieteilchen gibt, mit welchen dieser Reaktortyp funktioniert. Der hält ewig.“

„Möchte ich auch haben“, sagte ich nur dazu. „Du!“ kommt es von Robby. „Ist ja gut, Robby, ich wollte dich nicht aufziehen, kam mir nur gerade so in den Sinn.“ Robby meinte noch: „Aber zum Schweben brauch ich den mindestens den Bordrechner oder einen Zentralrechner!“

Nicci war weg. Er war voraus gelaufen. Hoffentlich machte er keinen Unsinn! „Das könnte er gar nicht, hier ist alles „Narrensicher“ und nahezu unzerstörbar gefertigt“, beruhigte uns Robby. „Na dann. Warum hat dein Raumschiff nicht auch so einen Fusionsreaktor, nur größer?“ wollte ich wissen. „Wieso benötigt es ausgerechnet einen Urinextrakt?“ „Das hatte sich ein Spaßvogel der alten Schöpfer so ausgedacht. Er meinte wohl, pinkeln müssten Seinesgleichen ohnehin ständig, warum dann den Harn nicht als Treibstoff verwenden? Recycling war schon immer eine Maxime der Schöpfer. Wie gesagt, es war ein Spaßvogel. Das Verfahren ist physikalisch und chemisch aber höchst kompliziert. Da müsste ich selbst im Zentralrechner Infos dazu holen.“ „OK, das reicht mir als Information, danke Robby.“

„Immer wieder gerne“, grinste Robby mich an. Jan, der die letzten Minuten auffällig ruhig gewesen war, wollte wissen: „Sag mal, Robby, wie hast du nur so eine riesige Halle hier im Boden erschaffen können und wie bist du überhaupt erstmals hier rein

gekommen?“ Robby, wieder sichtlich stolz, meinte: „Das war gar nicht schwer. Dafür haben wir Terratransformer, die wandeln alles vor sich in was immer du willst um und nehmen davon dann auch gleich ihren Treibstoff. So könnten die auch fast ewig arbeiten. Theoretisch wäre es mir möglich, eure gesamte Erde innerhalb von wenigen Stunden damit hohl zu machen.“
„Angeber“, denke ich bei mir „liegt wohl wirklich am Wasser.“ Robby schaut mich kurz scharf an: „Was meintest du gerade, Patrick?“ „Ach nichts“, sagte ich kleinlaut, denn Robby schaute mich mit einem Blick an, welcher mir durch Mark und Bein ging. „Uhhahhwow“, unwillkürlich schüttelte es mich. In seinen Augen hatte ich für den Bruchteil einer Sekunde ein uraltes und schier unerschöpfliches Wissen gesehen! Da kam ich mir total unbedeutend vor. „Das erschreckt schon, Leute!“ murmelte ich leise. „Patrick, warum denkst du gerade an Opi und an „ER sprach zu ihm“?“ Robby schaute mich fragend an. „Ach nichts, lassen wir das vorerst lieber“, meinte ich. „OK, dann lassen wir es“, stimmte Robby zögernd zu.
Sascha meldete sich auch mal zu Wort: „Eines interessiert uns schon noch: Wie hast du denn das Raumschiff überhaupt hier rein gebracht und dann noch diesen riesigen Hangar dazu und das Alles drum herum?“ Robby antwortete wieder sichtlich stolz: „Mit Teleportation und Transformation. Als ich damals notlanden musste, fand mein Schiff vollautomatisch erst eure Erde und schließlich dann diesen alten Bunker der Amis als günstigen Notlandeplatz. Das Schiff ist so konzipiert, dass es dies hier alles selbstständig ausbauen und für meine Zwecke entsprechend nutzbar machen konnte.“
Nach einer kleinen Pause fuhr Robby fort: „Die Matratzen hatte ich übrigens vorsorglich unter dem Loch in der Tunneldecke ausgelegt, falls mal einer von euch Menschen dort hindurch kommen würde. Hat ja auch gut geholfen, oder Patrick?“ „Ja, war eine gute Idee, bei mir blieb alles heil. Warum musstest du überhaupt notlanden?“ fragte ich. Robby seufzte und meinte ausweichend: „Ein technischer Defekt, wie ich ja schon sagte.“ Komisch, warum hatte ich nur das Gefühl, dass Robby gerade eine wenig um die Wahrheit herum bog? „Werden wir später

noch mal klären müssen!“ dachte ich. „Werden wir“, kam es von Robby. War schon gewöhnungsbedürftig, dass ständig jemand in unseren Köpfen und Gedanken rumgeisterte! Robby: „Geistern? Geistern finde ich gut!“ „Er schon wieder!“ riefen wir Vier wie aus einem Mund.

Robby drängte jetzt; er wollte testen, ob unsere „Hilfe“ auch wirklich half. So richtig zu wissen schien er es nicht, das merkten wir an seiner Anspannung und leichter Unruhe. Er zeigte uns mit einer Handbewegung einen Raum. Vor unseren Augen verwandelte sich das Innere in eine pikobello saubere Toilette! Haste Töne! So was müsste man können. „Ja, vielleicht in tausend Jahren, ihr Hirnies“, grinste Robby uns an. „Heh, nicht frech werden, immerhin brauchst du ja jetzt was von uns, oder?“ „Ist ja gut, Patrick. Ist ja gut“, besänftigte Robby. „Ob’s gut ist, werden wir bald wissen, Robby“, meinte Jan sachlich. Er, wie üblich realistisch, meinte, dass es an der Zeit wäre, unsere Flüssigkeiten abzugeben und dann zu testen. „Wer will – muss – zuerst?“ Fragte ich in die Runde. Nicci, wie fast immer, ging als Erster rein und verschwand sofort im WC. „Wo soll ich denn hinmachen?“ rief er. „In den großen Trichter vor dir an der Wand, falls du ihn triffst“ erklärte Robby. Nicci reagierte nur mit einem: „Ha, ha, selten so gelacht.“ Dann hörten wir es auch schon plätschern. Nach Nicci konnten wir drei auch noch in ausreichenden Mengen und Robby schien mal wieder sehr zufrieden zu sein.

Ein fast unmerkliches Summen kam aus dem WC und dann mehrere Pieptöne. Robby rief erleichtert: „Leute, die Extraktion ist beendet und scheint geklappt zu haben. Jetzt werden wir gleich wissen, ob ihr geeignete Spender seid. Er machte wieder ein paar Handbewegungen und sofort erschienen ein Kommandopult vom Allerfeinsten und ein passender Captain-Kirk-Sessel davor. Schon saß Robby drin und bewegte seine Hände so schnell über dem Pult, dass wir nicht erkennen konnten, was er da überhaupt machte. Das Summen verstummte. Ein leises, tiefes Brummen und Zischen war stattdessen zu hören. Die Anspannung von uns Fünf konnte man förmlich greifen!

Drittes Kapitel: Der Weltraum

Plötzlich spürten wir eine leichte Vibration, dann wurde es für Sekunden etwas dunkler in der Zentrale und dann gleißend hell. Robby merkte, dass uns das helle Licht blendete und verdunkelte augenblicklich die Fensterkuppeln. Jetzt war das Licht angenehm und, nachdem sich unsere Augen angepasst hatten, konnten wir wieder etwas sehen. Aber was wir sahen, haute uns alle Vier glatt von den Socken! Wir schwebten im Weltraum! Weit unter uns die Erde! Genau so, wie wir sie aus unzähligen Fernsehberichten kannten. Blau, mit viel Weiß und Grün und Braun. Wahnsinn! Die Sonne stand vermeintlich unweit von uns und war riesig! Erschrocken wichen wir ein Stück zurück. Robby beruhigte uns sogleich: „Ihr Vier braucht keine Angst zu haben. Ich habe alles im Griff und „euer" Treibstoff ist super! Damit funktionieren auch wieder alle Systeme. Wenn Ihr möchtet, könnten wir jetzt sogar durch die Sonne hindurch fliegen." Aber so richtig mochten wir dann doch nicht. Robby, der Schlingel, grinste wieder vor sich hin. Zack, wir schwebten direkt über der Mondoberfläche „unseres" Erdtrabanten. Offensichtlich waren wir teleportiert. „Stimmt", kam es stolz von Robby.

Er ließ jetzt das Schiff langsam und ruhig über die Mondoberfläche fliegen. Die mächtigen Krater, gestochen scharf und klar zu sehen, waren schon sehr beeindruckend. Mit offenen Mündern standen wir staunend an den Fenstern und sprangen erschrocken zurück, als vor uns die gesamten Schiffswandungen verschwanden! „Keine Bange, Jungs, das ist nur eine der vielen Möglichkeiten dieses Schiffes. So könnt ihr alles besser sehen und genießen. Das Schiff ist natürlich unverändert um euch, nur in einer anderen atomaren Struktur eben." „Eben", wiederholte Sascha trocken. Wir gingen wieder etwas vor und genossen jetzt wirklich die unglaublichste Aussicht, die wir je gehabt hatten.

Nach einer ganzen Weile, Robby hatte uns zufrieden beobachtet, fragte er: „Wollen wir zurück?" Ohne die Frage richtig kapiert zu haben, schauten wir ihn an und hatten wohl, eher unabsichtlich, genickt. Zack! Ohne, dass wir etwas bemerkt hatten, befanden wir uns wieder im Hangar in dem alten Bunker bei Kist. Jeder sah beim anderen die Enttäuschung und Irritation. „Hatten wir da alle gerade einen Wachtraum gehabt?“ „Was war das denn eben gerade gewesen?“ „Waren wir tatsächlich im Weltraum?“ „Kein Film?“ „Robby, veräppelst du uns?“ Wieder mal riefen wir alle verunsichert und aufgeregt durcheinander. Bis Robby dermaßen lachte, dass wir verblüfft innehielten und ihn verwundert anstarrten. „Was ist da so witzig, Kleiner?“ Fragte Jan leicht ärgerlich. „Na, eure Gesichter während des Minitrips eben!“ grinste Robby uns frech an und Nicci meinte spitz: „Schade, hättest du halt fotografieren sollen.“ „Habe ich, ihr könnt so viele Fotos davon haben, wie ihr wollt. Mein Gehirn speichert eh immer alles ab“, grinste Robby nun noch breiter. „Er schon wieder“, konterte Sascha, jetzt auch grinsend und wollte unvermittelt wissen: „Sag mal Robby, warum hast du eigentlich über 60 Jahre gewartet und in der Zeit dir nicht schon viel früher Urin besorgt?“

„Tja, Sascha, auch mir passieren immer mal wieder dumme Fehler. Als ich mein Schiff wieder soweit repariert hatte – das meiste tat es dabei ja selbst – dachte ich, dass ich mit dem letzten vorhandenen Rest Sprit im Tank und meinem, zusätzlich mit angeschlossenem Fusionsreaktor, zu einer unserer Raumstationen teleportieren könnte. Aber leider hatte ich mich verschätzt und mein Reaktor schaltete sich im letzten Moment als Selbstschutz ab. Damit war ich quasi völlig abgeschaltet. Von einer Sekunde auf die andere! Wenn Jan mich nicht zufällig an der richtigen Stelle berührt hätte, würde ich eventuell jetzt noch regungslos „rumhängen“. Aber irgendwann wäre bestimmt jemand aufgetaucht und hätte mich aktiviert. Leider war das Schiff damals gleich mit in einen Selbstschutzmechanismus gefallen und sendete so auch nicht die üblichen Notsignale. Für meine „Leute“ war dieses Schiff somit einfach verschwunden!“

Wir hatten betroffen zugehört und schwiegen, wie jetzt auch Robby, eine Weile. Dann aber fuhr Robby, sich leicht reckend, fort: „Übrigens, mal so nebenbei bemerkt, seit meiner Aktivierung durch Jan stehe ich ständig mit meinen Leuten in Verbindung und könnte sofort wieder zu ihnen zurück. Aber 63 Jahre sind für uns nur Sekundenbruchteile! Also, was soll’s?

Vorerst bleibe ich noch bei euch.“ Wir waren baff: „Wie alt bist du denn?“ „In eurer Zeitrechnung?“ fragte Robby nachdenklich. „Einige tausend Jahre kommen da schon zusammen. Das dürften demnächst so an die rund 18000 Jahre werden.“
„Was? Du flunkerst doch!“ „18000 Geburtstage“, meinte Nicci selig lächelnd, „das wäre mal was!“ Robby tat gekränkt: „Nein, Jungs, ich sage die Wahrheit und nichts als die Wahrheit. Zeit ist für uns ohnehin relativ. Wir beherrschen die Zeitreise, seit unsere Antriebe fehlerfrei funktionieren.“ „Heh, stimmt“, ruft Jan völlig aufgedreht: „Vorhin wollte ich euch das schon sagen; unser Trip zur Sonne hat nicht mal eine zehntel Sekunde gedauert! Also über Lichtgeschwindigkeit! Laut Einstein ginge das aber gar nicht, Leute. Da muss schon was ganz anderes passiert sein!“ „Stimmt, Jan“, meinte Robby in leicht dozierendem Ton. „Wir haben die Sache mit den Raumkrümmungen- und Faltungen hinbekommen. So können wir jede beliebige Raumstelle dorthin krümmen und falten, wo wir gerade sind. Damit fallen praktisch keine nennenswerten Entfernungen an, egal, wohin wir wollen. Das Ganze wird so angewendet, dass auch keine messbare Zeit dabei vergeht und ergibt somit die Möglichkeit einer uneingeschränkten Zeitreise. Richtig gesteuert, können wir in der Zeit beliebig vor- und zurückreisen. Kein Problem. Nur, wie das wirklich funktioniert, weiß ich auch nicht. Selbst die Datenbänke eines Zentralrechners geben da nicht so viel Verständliches her. Es gibt Momente, da muss also auch ich passen!“
Uns wurde damit schlagartig bewusst, was hier gerade passierte: Wir redeten mit einem Außerirdischen als wäre das die normalste Sache der Welt! Auch, dass uns längst keine panische Angst befiel, sollte uns eigentlich etwas mehr wundern. Aber irgendwie hatte es Robby von Anfang an geschafft, das Alles zu relativieren und uns so zu manipulieren, dass wir das insgesamt locker und wie selbstverständlich annahmen. „Stimmt“, kam es gelassen von Robby und dann feixte das Kerlchen auch noch! „Vielleicht doch das Wasser, vielleicht hatte Opi ja doch recht?“ Denke ich für mich. Nur, aufgepasst: Robby denkt immer mit!“ „Stimmt!“
Einige Sekunden ist es ruhig, so, als hingen wir alle unseren Gedanken nach. Dann fragt Sascha unvermittelt: „Du, Robby,

hast du damals eigentlich noch was Brauchbares von den Amis hier im alten Bunker gefunden?" „Nee, nicht wirklich, für mich nur Plunder, z. B. Formulare und jede Menge technischer Anweisungen und so. Habe sie alle gelesen, war aber nichts Verwendbares dabei. Schrottiges, wie auch die Matratzen und die Möbel oder die Bettgestelle. Sonst nichts, hätte es ganz gerne benutzt, wenn es Sinn gemacht hätte. Die Bilderrahmen nahm ich aber von den alten Frontkarten und konnte so meine eigenen Fotos – aus der Erinnerung produziert – damit aufhängen. War eigentlich nur Unsinn, denn normalerweise hängen wir nie Fotos auf. Aber die Rahmen an den Wänden reizten mich einfach, es auch so zu machen."

Zufällig schaute ich während Robby Erklärungen aus dem Fenster und bemerkte überrascht, dass das Fahrzeug nicht mehr da war. Robby meinte sofort dazu: „Das ist schon längst wieder im Schiff verstaut und liegt in einer Schublade." „Was, es „liegt" in einer Schublade?" wollte Nicci staunend wissen. „Ja stimmt schon. Wir können auch Materie fast beliebig verändern. Also unseren Wünschen hinsichtlich aussehen usw. anpassen. Da, schaut euch mal das Hologramm von Patrick an." Und schon stand ich vor mir und schaute mich verdutzt an. Dann wurde mein 3D-Abbild plötzlich so klein wie ein Streichholz und sofort so groß und dick, dass wir alle unwillkürlich zurückwichen. „So in etwa können wir das mit jeder Materie tun", meinte Robby stolz und fuhr fort: „Jede Materie besteht ja aus Atomkernen und, das wisst ihr ja auch, in den meisten Kernen ist noch unendlich viel Platz, um Schrumpfungen zu ermöglichen. Umgekehrt geht's dann auch. So einfach ist das!"

„Warum kam mir nur dauernd das Wasser in den Sinn?" „Patrick, was hast du nur ständig mit dem Wasser?" „Ach du, das erzähl ich dir vielleicht mal später, in einer ruhigen Minute, OK?" „OK, wenn du das sagst", antwortete Robby und meinte dann: „So Jungs, wir wissen jetzt, dass euer Harn gut für den Schiffsantrieb ist. Ihr solltet aber noch einige Male so viel wie möglich davon ablassen, dann reicht es locker für die Rückkehr zu meinen Leuten. Wann wollt oder könnt ihr mal wieder?" Jan schaut Robby aufmerksam an und wollte wissen: „Wartet mal kurz, wie spät haben wir es denn?“ „Oha, meine Uhr steht ja“, meinte Nicci. „Meine auch“, rufe ich aufgeregt und Sascha wollte schon zustimmen, schaute noch mal genauer hin und rief dann: „Nee, meine nicht. Aber es sind ja nur wenige Minuten vergangen, seit wir den Gang des Bunkers fanden!“ „Ja, Jungs, bevor ihr wieder halb durchdreht, das ist unsere Fähigkeit die Zeit zu manipulieren. Hängt mit der vorhin erklärten Raumfaltung zusammen. Je nach dem, was gerade nützlich wäre, passen wir Zeitabläufe an. Als wir vom Sonnentrip zurückkamen, hatte ich es so berechnet, dass wir sogar vor der Zeit zurück waren, als ihr den Bunker fandet. Übrigens, die bei euch in SF-Romanen angenommenen Paradoxe, dass ein Zeitreisender sich selbst z. B. in der Vergangenheit sehen könnte, gibt es nicht. Nur Zeiten, an welchen alle Materie der Universen nur ein einziges Mal real existiert. Außer der Antimaterie, aber das wäre ein anderes Thema.“

„Puh“ rufen wir Vier wie aus einem Mund. „Im wissenschaftlichen vortragen bist du einsame Spitze!“ „Danke“ sagte Robby bescheiden. Eh, wurde der Knilch etwa leicht rot im Gesicht? „Nee, habe meine Gesichtsfarbe nicht verändert, soll ich?“ Robby grinste uns an. Unisono kam’s von uns: „Robby!!“

„Also, wenn wir kaum Zeit „verloren“ haben“, meinte jetzt wieder Jan, der ja eben schon mal nach der Zeit gefragt hatte, „könnten wir heute Nachmittag so gegen 14 Uhr wieder hier sein, oder was meint ihr? Dann trinken wir bis dahin viel und füllen Robbys „Tank“ ausreichen auf. OK?“ „Mmm, ja, können wir so machen.“ „Ja, da habe ich Zeit.“ „OK, das ginge bei mir auch“, redeten wir durcheinander. „Also gebongt, um 14 Uhr sind wir dann wieder hier“, sagte ich stellvertretend für uns. Nicci fragte: „Wie kommen wir denn hier jetzt raus und nachher dann rein? Robby hat doch den Stamm hereingeholt und das Loch verschlossen!“ „Kein Problem, mit dem Teleporter kann ich euch, wo ihr wollt, absetzen und auch wieder hierher bringen“, sagte Robby.

Jan fragte: „Du, Robby, wenn das mit der Zeit bei dir so gut klappt, könnten wir dann nachher nicht noch ein paar Ausflüge ins All machen und mit dir dort Abenteuer erleben, bevor du ganz

zu deinen Leuten zurückkehrst?“ Robby stutzte kurz, meinte aber dann: „Klar, warum nicht? Ich habe ja konkret nichts Dringenderes vor und auf ein paar Raumhopser mehr oder weniger kommt es wohl auch nicht an. Ab und zu einige kräftigere „Spritzer“ von euch in den Tank und wir könnten losdüsen, wenn ihr das wollt.“ Klar wollten wir!
„Aber jetzt teleportiere ich euch erst mal nach „oben“ auf die Streuobstwiese, damit ihr heimgehen könnt“, sagte Robby lachend über unseren Eifer. „Was, das geht so ohne weiteres?“ „Und wenn wir plötzlich dort auftauchen, wo Leute sind?“ „Oder in denen, wenn wir Pech haben?“ „Oder halb im Boden, wenn du dich verrechnest?“ Wieder redeten wir wirr durcheinander. Robby lachte noch stärker und beruhigte uns dann: „Jungs, haltet doch mal den Ball flach! Das kann alles nicht passieren. Der Teleporter ist so konzipiert, dass, egal was teleportiert würde, nichts in einer anderen Materie, außer z. B. Luft und so, teleportiert werden könnte. Diese Bewegungsart läuft in milliardsten Sekunden ab und ist absolut sicher. Es ist bisher noch nie was Negatives vorgekommen, das habe ich gerade mit einem Zentralrechner überprüft. Die Teleporter haben so was wie eine Zielautomatik. Die gewährleistet, dass sich nichts und niemand dort befindet, wohin teleportiert würde. Alles klar?“
Wir nickten nur ehrfürchtig. Was sollte man denn da auch sagen? Wir, mit unseren minderbemittelten Kenntnissen? „Also, was machen wir jetzt?“ fragte Robby in die Runde. „Für zwei „Hopser“ in eurem Sonnensystem würde der Sprit noch reichen. So z. B. zum Mars. Falls der Tank zu früh leer würde, könntet ihr trinken und ihn dann wieder füllen. Wollt ihr noch mal?“
Wir schauten uns an, nickten dann unmerklich und Jan sprach es für uns aus: „Nee, du, reisen können wir heute Nachmittag auch noch, wenn wir wollten – was wir übrigens tun – und du es uns erlaubst. Jetzt erzähl uns lieber noch was von dir, deinen Leuten und deiner Welt. Da gibt es doch bestimmt noch viel für uns zu wissen, oder?“ Robby schien auf so einen Vorschlag nur gewartet zu haben und legte auch sofort los: „Danke, Jan, das ist nett von euch. Also, wo soll ich anfangen?“ „Das weiß der Kleine ganz genau“, denke ich bei mir. „Stimmt, Patrick!“ grinste Robby.

„Also, das war so“, fing er an. „Als unsere Schöpfer – eben Menschen, ähnlich wie ihr – sich leider selbst ausgerottet hatten, blieben wir natürlich übrig. Damals waren einige der Zentralrechner bereits vorhanden und da schon mit unwahrscheinlich vielen Daten gefüllt. Wir konnten uns so durch deren Nutzung in kürzester Zeit beliebig reproduzieren und dabei ständig verbessern. Als eine ausreichende Anzahl von uns hergestellt war, konzentrierten wir uns nur noch auf Verbesserungen. Dies galt für uns, die Zentralrechner und unsere Welten; wir hatten damals schon viele Systeme im All besiedelt. Es kamen auch weitere Zentralrechner hinzu. Unser Gesamtwissen wuchs fast ins Unermessliche und umfasste viel mehr, als unsere Schöpfer je für möglich gehalten hätten.
Heute könntet ihr uns durchaus mit euren Göttern vergleichen. Wir können fast alles und wissen fast alles. Der gesamte bekannte Weltraum wurde zu unserer Heimat. Grenzen für jeden von uns selbst wäre nur die mechanische Zerstörung von außen, was aber auch kaum möglich wäre, weil wir ausgeklügelte Schutzmaßnahmen ergreifen könnten. So haben wir z. B. bei Bedarf einen Schutzschirm um uns herum, den selbst eine Sonne in ihrem Kern nicht beschädigen könnte! Oder, ein anderes Beispiel für euch: Eure Atom- oder Wasserstoffbomben würden mir überhaupt nichts anhaben. Ich würde vielleicht rein physikalisch gesehen meilenweit weggeschleudert, aber in gar keiner Weise beschädigt. Wie dieser totale Rundumschutz genau funktioniert, weiß ich auch nicht bis ins letzte Detail und müsste einen Zentralrechner hinzuziehen, um ihn völlig zu erklären.
So könnte ich momentan nicht sagen, wie bei einer Atombombenexplosion – um bei diesem Beispiel zu bleiben – es rein von der Physik her möglich ist, dass ich nicht völlig zermatscht wäre, oder wie mein künstliches Gehirn so was überstünde. Aber es ist wirklich so!“ Robby hielt kurz inne und fuhr dann fort: „Heute sind wir so weit, dass wir ständig fast das gesamte Weltall durchstreifen können und alle intelligenten Wesen und Rassen beobachten. So kam ich ja auch zu euch, obwohl ihr intelligenzmäßig im Vergleich noch am unteren Rand angesiedelt seid. Aber, da ihr daran arbeitet, wird das schon noch.

Ohne unsere Hilfe schätze ich da mal etwa so um die 10000 Jahre.
Geschickt wich Robby einem emotional ausgelösten Schubser von Sascha aus. „Tolle Reaktionszeit, das!“ „Gelle?“ „Oh, Robby!“ Wir mussten, schon allein wegen der Ventilwirkung unsere mittlerweile aufgestauten Emotionen wieder abbauen um nicht durchzudrehen. Viel zu viel war in so kurzer Zeit an Neuigkeiten auf uns eingeprasselt.
Robby schaute uns alle Vier aufmerksam an, anscheinend um zu prüfen, ob er uns nicht zu viel zumutete, wartete dann noch eine Weile und fuhr schließlich fort, als er merkte, dass wir ruhiger geworden waren: „Aber weiter im Text. Da ich ständig und überall mit unseren – jeweils denen, die in der „Nähe“ sind – Zentralrechnern in Verbindung stehe, kann ich kniffligste Aufgaben lösen oder schwierigste Fragen beantworten. Zu meinen Erklärungen passend, hätte ich da noch eine Anekdote zu unserem Wissen und Können: Vor Urzeiten wurde einer meiner Schöpfer mal gefragt, was er sich wünschen würde, wenn er drei Wünsche frei hätte. Nach einiger Überlegungszeit meinte er dann: Der erste Wunsch: Auf jede Frage die richtige Antwort wissen. Der zweite Wunsch: Alles besser zu können, als der/die/das Beste es kann. Der dritte Wunsch: Alles, was ich beginne, muss mit dem bestmöglichen Ergebnis beendet werden.“
Robby ließ diese Geschichte einwirken und meinte dann: „Tja, Jungs, so in etwa sind wir heute. Alle drei Wünsche sind bei uns mittlerweile fast erfüllt! Nur, auf alles wissen aber auch wir natürlich noch nicht immer eine Antwort. Und es gibt durchaus Dinge, die Andere besser als wir können. Aber wir bekommen schon sehr, sehr vieles mit einem außerordentlich guten Ergebnis hin. Alle drei Wünsche völlig erfüllt zu bekommen, ist wahrscheinlich im gesamten bekannten Weltall, mit all seinen vielen Universen, nie möglich und wäre sicher auch eher schlimm, als gut.“
„Patrick, du denkst ja schon wieder ans Wasser! Jetzt will ich aber sofort wissen, was das bedeutet! In deinen Gedanken bekomme ich da nie eine sinnvolle Erklärung!“ Robby musterte mich scharf und wartete. „OK, OK“ beschwichtigte ich ihn, „ich

erzähle es dir: „Mein Opi hatte zu mir, weil ich es für ihn vielleicht auch war, immer „der Angeber von Kist“ gesagt und dazu dann auch immer „es muss am Wasser liegen“! Damit meinte er unseren auffälligen Wasserturm – fast schon das Wahrzeichen von Kist – und dass ich durch dessen Wasser so ein Angeber wurde! Jetzt Zufrieden?“ Robby kicherte: „Ja, vielen Dank Patrick, für diese Erklärung, damit bin ich wieder ein Stückchen weiser geworden. Denn genau solche Geschichten suchen wir überall im Universum, um unsere Zentralrechner stets mit neuen Informationen versorgen zu können. Denn auch die sind von ihrem Fassungsvermögen noch lange nicht am Ende!“ Robby schaute nachdenklich vor sich hin und schwieg.
Dann reckte er sich etwas und meinte unvermittelt: „Übrigens, mal so nebenbei bemerkt, als Jan mich zufällig aktivierte, habe ich mich äußerlich auf euer Intelligenzniveau eingestellt und wäre damit vom Verhalten und allem her, wie ihr. Zumindest versuche ich es.“
„Na Robby, da sind wir dir aber echt dankbar dafür!“ „Danke, du Wicht“ „So vermittelt zu bekommen, dass man zu einer geistig noch unterbesetzten Rasse gehört, trifft schon ins Mark!“ „Aber die 10000 Jahre sind schnell rum und dann kannst du mal sehen, Robby!“ Wir Vier machten unserer Frust über unsere Mickerigkeit Luft. Das musste einfach sein.
Zunächst scheinbar betroffen, scherzte Robby entschuldigend: „OK, ich warte dann auf euch!“ Unwillkürlich mussten wir jetzt auch lachen. „Witzbold!“ „Humor hat er ja, der Kleine!“ Huch, erschrocken wichen wir zurück: Robby stand plötzlich gebückt und riesig vor uns. Er war jetzt größer als der Raum hoch war und sagte: „So, das nur wegen dem „der Kleine“ ihr Hirnies!“ Zack, schon ist er wieder „normal“ groß. „Oh Robby, das ist doch nur so eine Redensart.“ „War nicht abwertend gemeint. Das würden wir uns bei dir niemals erlauben!“ beruhigten wir ihn. Aber Robby, der Filou, grinste da schon wieder.
„So“, meinte dann Jan, „ich denke und glaube, für den Moment haben wir vorerst genug zu verdauen. Das Beste wäre, wir gingen jetzt heim und kämen dann, wie verabredet, heute Mittag, so gegen 14 Uhr wieder her. Dann füllen wir den Tank so weit wie

möglich und schauen, was wir noch so alles mit Robbys Hilfe anstellen könnten. OK?" „OK", dieser Meinung schlossen wir uns alle an. Robby war auch einverstanden und meinte noch: „ Erzählt mal lieber nichts und niemand von unserer Begegnung. Es würde euch eh keiner glauben und zum Schluss landet ihr noch in der Klapse!"

Wir waren verblüfft, wie viel Robby schon von unserer Sprache und Gesellschaft übernommen hatte! „Außerdem", fuhr Robby davon unbeirrt fort, „schütze ich, solange ihr weg seid, den Bunker hier so, dass keiner ihn finden oder gar betreten kann." „Man weiß ja nie", sagten wir alle Fünf gleichzeitig und lachten. Nicci wollte wissen, wie es jetzt weiter ginge. Robby erklärte: „Das ist ganz einfach; mit dem Teleporter setze ich euch Vier jetzt oben ab, manipuliere dabei die Zeit so, dass ihr quasi keine verloren habt. Ihr seid dann eben plötzlich wieder auf der Wiese zwischen den Bäumen und spielt dort halt irgendwas. Dann geht ihr wie schon besprochen heim, esst, trinkt viel und kommt anschließend so gegen 14 Uhr wieder hierher. Ich merke das natürlich und teleportiere euch wieder hier in die Zentrale. OK?" „OK", meinte ich, „aber passieren kann uns dabei wirklich nichts?" Robby, Meister im Beruhigen, sagte geduldig: „Nee, da passiert schon nix!" „Deine Worte in Gottes Ohr", meinten wir nur noch ergeben. „Da sind sie bereits", konterte Robby. „Gut, dann machen wir das jetzt so", meinte ich und schaute die anderen fragend an. „OK, machen wir!" Wir nickten noch, als Sascha Robby fragte: „Du Robby, eines möchte ich aber noch schnell wissen. Als Jan dich durch seine Berührung aktivierte, bist du doch sofort voll da gewesen. Vorhin hattest du uns aber gesagt, dass du total abgeschaltet warst. Wie passt das denn zusammen?" Robby erklärte es: „Schau Sascha, mein Mikrofusionsreaktor hatte sich zwar aus Gründen der Sicherheit abgeschaltet und damit auch mich, aber die Energieaufnahme aus der mich umgebenden Luft fand trotzdem weiter statt. Energie hatte ich dadurch bald wieder ausreichend. Aber eine Konstruktionsschwachstelle, die ich zwischenzeitlich längst korrigiert habe, bewirkte leider damals noch, dass meine Aktivierung nur von außen, eben durch einen Druck auf die richtige Stelle an meinem Brustsensor, erfolgen konnte. Rein zufällig hat das dann ja Jan auch gemacht, wofür ich ihm sehr dankbar bin. Da ich mich ständig unmerklich verbessere, kann so ein unglücklicher Zustand aber nun nicht mehr vorkommen. Also für euch kein Grund zur Sorge."

„Na dann", murmelten wir vor uns hin und Sascha bedankte sich bei Robby für diese Erklärung. Robby fixierte uns aufmerksam und sagte dann: „Noch eins, Jungs, ich habe mir überlegt, wenn ihr gleich oben auf der Wiese ankommt, werdet ihr euch besser an nichts von hier unten mehr erinnern. Nur den Wunsch, dass ihr um 14 Uhr wieder herkommt und euch hier treffen wollt, impfe ich in eure Hirne. Das nur zur Sicherheit." Wieder sagten wir unisono alle Fünf lachend: „Man weiß ja nie!"

„So", Robby hatte es plötzlich eilig, „jetzt teleportiere ich euch raus. In der Zeit, bis ihr hoffentlich wieder mit gut gefüllten Blasen zurückkommt, erledige ich noch einige Verbesserungen und anstehende Arbeiten am-, im- und ums Schiff. Also hurtig jetzt, stellt euch alle Vier etwas enger beieinander auf und ab geht's! Wir folgten seiner Anweisung und warteten auf die bevorstehende Teleportation. Ob man da wohl was von spürte? Wir spürten nichts.

„Also Freunde, um 14 Uhr seid ihr wieder hier und dann suchen wir weiter, OK?" meinte ich und schaute mich kurz auf der Wiese um, ob nicht jemand seine Jacke oder sonst was vergessen hatte. Keinem von uns fiel auch nur im Geringsten auf, dass niemand wusste, was wir überhaupt gesucht hatten und später wieder suchen wollten. Allein, dass wir zu viert auf einer Streuobstwiese hinter dem Bauschuttplatz waren, hätte uns stutzig werden lassen müssen. Aber alles kam uns völlig normal und richtig vor und so gingen wir, nachdem wir unsere vier Skateboards aufgenommen hatten, über die Wiese zur langen, schmalen Asphaltstraße und auf dieser dann nach Kist zurück. Nicci fragte noch, während wir von der Wiese auf die Straße kamen: „Sagt mal, lag da vorne vorhin nicht noch ein Baumstamm mit teilweise entfernten Ästen, den man vielleicht irgendwo als Leiter hätte benutzen können?" Wir schauten uns um, schüttelten dann die Köpfe. „Nee, Nicci, da lag und liegt bestimmt keiner." „Seltsam", meinte Nicci nur und

ging mit uns weiter. Nicht ein Winkel in unseren Hirnen beschäftigte sich mit Robby oder einem Bunker oder gar einem Raumschiff. Wir wussten nur, dass wir hier um 14 Uhr weitersuchen wollten und, dass wir alle viel trinken würden. Aber auch darüber machten wir uns keinen Kopf.
Es war kurz vor 12 Uhr, als ich daheim ankam. Meine Mutter hatte das Mittagessen schon fertig. Nudeln mit leckerer Gehacktessoße. Eine meiner Lieblingsspeisen. Es wunderte mich überhaupt nicht, dass ich einen immensen Durst hatte und ständig trank. Noch weniger wunderte mich, dass ich deswegen gar nicht aufs WC musste. Nach dem Essen spielte ich noch ein paar Runden am PC und las mir noch einige Mathe-Übungen durch. „Die kann ich heute Abend noch machen", dachte ich mir und spielte mit meinem Gameboy. Irgendwie war ich unruhig und schaute ständig auf die Uhr. So, als müsste ich einen wichtigen Termin unbedingt einhalten! Eine gute Viertelstunde vor 14 Uhr ging ich runter in den Flur und zog mir meine Jacke an. Meine Mutter war in der Küche und räumte gerade Geschirr aus der Spülmaschine in die Schränke. Von der Haustüre rief ich ihr zu: „Mama, ich gehe mit den Jungs noch eine Runde skaten und komme dann so gegen Fünf heim. Es könnte eventuell auch etwas später werden. OK?"
Sie kam kurz an die Flurtüre und meinte: „Ja, geh nur, ich bin ja hier und vielleicht ist Papa dann auch schon von der Arbeit zurück. Also bis dann, amüsiere dich gut und pass beim Skaten auf, dass du dir nichts brichst!" „Ist gut Mama, mach ich, Tschüss!" Kurz ihr noch einen Gruß mit der Hand zugewinkt und raus war ich. Nicci und Jan kamen gerade die Kurve rum und winkten mir schon von weitem zu. Gemeinsam liefen wir die lange Steinstraße hinunter. Weder ich, noch die beiden anderen merkten, dass wir entgegengesetzt zum Skaterplatz gingen. Trotzdem trugen wir ganz selbstverständlich unsere Skateboards, dachten aber bewusst gar nicht daran, sie zu benutzen. Vorne, an der letzten Kreuzung zur Hauptstraße, gesellte sich Sascha zu uns. Zu viert bogen wir, unsere Skateboards unter die Arme geklemmt, in die schmale Straße zum Bauschuttplatz ein. Wie auf ein einheitliches Kommando hin stellten wir uns auf unsere

Boards und rollte, erst langsam, dann etwas schneller werdend, die leicht abschüssige Asphaltstraße in Richtung Bauschuttplatz runter. Nach ein paar Minuten ließen wir den Schuttplatz aber links liegen, rollten dann zu den dort beginnenden Streuobstwiesen noch gut 100 Meter weiter. An den Wiesen sprangen wir von unseren Boards, nahmen sie wieder unter die Arme und gingen zu dem freien Platz zwischen den Obstbäumen, den Jan heute Vormittag entdeckt hatte. Wir warfen unsere Boards aufs Gras und schauten uns an, so, als würden wir jetzt gleich was gemeinsam tun.

Und zack, standen wir auch schon wieder in der Zentrale von Robbys Raumschiff und wussten im gleichen Moment wieder alles, was wir heute Vormittag erlebt hatten. „Hallo Jungs, Blasen gut gefüllt?" rief er uns fröhlich zu. „Klar, Robby, damit könntest du locker dreimal ums Universum gondeln!" meinte Sascha lachend. „Schön, dann lasst mal ab und wir werden sehen, was uns das so bringt", erwiderte Robby. Einer nach dem Anderen von uns ging auf die Spezialtoilette und kam „erleichtert" wieder raus. Froh, dass der unangenehme Druck jetzt weg war, fragte ich Robby: „Und was machen wir jetzt?" Robby antwortete: „Eigentlich müsste ich zu unserer nächsten Raumstation fliegen, die warten schon auf mich und haben bestimmt jede Menge Neuigkeiten auf Lager. Da würde mir auch mein nächstes Ziel mitgeteilt. Habt ihr nicht Lust, dorthin mitzukommen?"

Klar hatten wir die, waren aber schon leicht verwundert, dass wir da so selbstverständlich zustimmten. Robby hatte uns bestimmt wieder ein wenig manipuliert! „Stimmt", kam's sofort von ihm. „Sonst würdet ihr mir zu schnell durchdrehen, hohl treten, den Boden unter den Füßen verlieren, abheben, rotieren, Drehzahlen bekommen, nur noch Bahnhof verstehen usw. usw.", meinte Robby lachend. Jan konterte trocken: „Na ja, Drehzahlen haben wir schon einige, aber noch können wir die Fliehkräfte aushalten, du Knilch!" Unser gemeinsames Nicken bestätigte das Ganze noch zusätzlich.

„OK, Jungs, auf zu fernen Welten. Zur Teleportation ist es mit diesem Schiff zu weit, aber dank eurem wertvollen Sprit können wir jetzt auch größere Entfernungen locker schaffen." Robby

setzte sich nach diesem Kommentar in seinen Captain-Stuhl vor das Kommandopult, konzentrierte sich und machte dann mehrere schnelle Handbewegungen über dem Pult und schon schwebten wir wieder im Weltraum! Jetzt aber tiefschwarz mit einem winzigen Stich ins bläuliche. Die Sterne funkelten in einer unwahrscheinlichen Fülle um uns herum wie Milliarden Diamanten! Alles sah so klar und rein aus. Umwerfend!
Durch Saschas aufgeregtes Rufen wurden wir unsanft aus unserer Versunkenheit gerissen: „Schaut doch nur, Leute! Da vorne – wie er gerade auf „da vorne" kam, scherte uns momentan gar nicht – seht ihr das?" „Da schwebt ein Metallplanet im Raum!" Aufgeregt drängten wir uns alle zu dem Fenster, welches Sascha als das vordere ansah und starrten ungläubig auf die riesige, schimmernde, majestätisch erhabene Kugel „vor" uns im Weltraum. Sie schien sich ganz langsam zu drehen. „Robby, was ist das?" „Wie weit ist die von uns noch weg?" „Ist das eure Raumstation?" „Teleportierst du uns dort hin?" „Können wir da rein?" Unsere aufgeregten Fragen prasselten auf Robby nur so ein. Der grinste nur mal wieder äußerst zufrieden mit sich und meinte dann spitzbübisch: „Ruhig, Jungs, nur die Ruhe! Eines nach dem anderen. Ja, das ist eine unserer unzähligen Raumstationen. Wir sind noch etwa gut 2000 Kilometer von ihr entfernt. Ja, wir teleportieren gleich alle zusammen dorthin und kontaktieren meine Leute in der Station. Zufrieden?"
„Ob wir zufrieden sind? Mann, bis zum Platzen aufgeladen sind wir!" rief Jan. Robby machte wieder einige schnelle Arm- und Handbewegungen über dem Pult und – wow! – wir befanden uns plötzlich in einem riesigen Raum, eher schon einer Halle. Taghelles Licht, angenehm aber für unsere Augen, zeigte uns ein reges Treiben unterschiedlichster Lebensformen. Ein buntes Gequirle aus organischen, sowie mechanischen Wesen! Viele schienen aus beidem zu bestehen. Wir konnten einfach nur gaffen, denn zu etwas anderem waren wir momentan nicht zu gebrauchen. Robby weidete sich an unserem Staunen und grinste mal wieder sehr zufrieden mit sich. Nachdem er uns eine Weile diesen einmaligen Anblick gegönnt hatte, meinte er: „Das ist eine unserer vielen Empfangszentralen auf dieser Station. Hier war

gerade zufällig Platz für euch frei und ihr Vier werdet im Moment komplett registriert.
Aus meiner schockartigen Starre erwachend fragte ich Robby: „Registriert? Was soll das denn? Ist das denn notwendig?“ „Ja, Patrick“, antwortete Robby, „alle Wesen, egal woher sie kommen und was sie sind, werden erst mal bei uns – wie ihr sagen würdet – auf Herz und Nieren überprüft und alle Daten von ihnen werden danach im Zentralrechner der Station gespeichert und stehen dann allen Zentralrechner im All sofort zur Verfügung. Jetzt gehört ihr also auch dazu!“ „Wozu bitte“, wollte Jan interessiert wissen. Robby stolz: „Zu der kosmischen, galaktischen, universellen, einzigartigen und fast unendlichen Lebensgemeinschaft des gesamten Weltalls!“ Kosmisch klang irgendwie sehr mächtig in uns nach – kosmisch! Wow!
Vermutlich von meinen Computerspielen inspiriert, fragte ich Robby: „Wie kommt es, dass sich hier alle so friedlich verhalten? Gibt es nicht häufig Streit unter den so unterschiedlichen Rassen und Wesen? Die müssten doch eigentlich alle panische Angst voreinander haben?“ „Nee, nee“, beruhigte uns wieder unser Beruhigungsmeister, „wir haben immer alle ihre Hirne – oder was sie in der Art haben – im Griff und passen schon auf, dass nichts passiert. Der Zentralrechner der Station managt das mit links! Außerdem sind ohnehin fast alle Lebensformen im All friedlich. Wenn eine Daseinsform erst mal ein gewisses Intelligenzniveau und Wissen erreicht hat, werden aggressive Auseinandersetzungen kaum noch zur Erlangung eines Zieles angewendet. Wissen macht in der Regel friedliebend.“ „Schön zu wissen“, dachte ich bei mir. Robby redete weiter: „Richtige Kriege gibt es fast gar keine mehr in unserem Universum. Niedere Lebensformen – dazu gehört auch noch die Menschheit – welche das All noch nicht bereisen können, neigen aber leider öfters auf ihren Planeten oder später in ihren Sonnensystemen isoliert zu Gewaltanwendungen. Nicht so selten übrigens rotten sich einander dann ganze Rassen aus. Leider passierte dies ja in Uhrzeiten auch unseren Schöpfer. Zwar aus Versehen, aber mit dem gleichen Ergebnis. Obwohl sie damals schon sehr, sehr intelligent waren. Der Menschheit auf eurer Erde steht dies, wenn

ihr Pech habt, auch noch bevor. Aber vielleicht kriegt ihr ja noch rechtzeitig die Kurve. Wir helfen euch auf jeden Fall dabei!"
Es überraschte uns immer wieder, wie flüssig Robby unsere Sprache benutzte und mit uns redete. Als sei es das Selbstverständlichste der Welt. Prompt er schon wieder: „Gelernt ist gelernt." Sachlicher fuhr Robby fort: „Außerdem verhindern wir – ein wenig „Gott" spielend – bei würdigen Lebensformen, deren Ausrottung ein Verlust für uns alle – wir sagen da Gemeinschaft – wäre, so etwas Endgültiges und leiten sie unmerklich zum richtigen Weg. Zumindest, was wir gemeinsam als den richtigen Weg ansehen. Euer Gott würfelt halt auch mal gerne zur Abwechslung!" Dann lachend: „Ja, ja, Patrick, ich weiß ich weiß, es muss am Wasser liegen!" „Ich wollte dir nur wieder Boden unter deine Füße geben", meinte ich leicht verärgert über eine solche Anmaßung.
Robby besänftigend: „Patrick, das kannst du nicht verstehen, das übersteigt ja sogar meinen Horizont! Bei derartig wichtigen Entscheidungen werden alle Zentralrechner und alle Intelligenzen mit einbezogen. So anmaßend ist es dann gar nicht mehr. Aber lassen wir es lieber vorerst dabei, OK?" „OK, du hast ja recht, Robby, war dumm von mir, hätte es jetzt schon besser wissen sollen", entschuldigte ich mich zerknirscht.
„So Leute, was machen wir jetzt?" Robby schaute uns fragend an. Darauf Nicci entgeistert: „Was wir jetzt machen, hallo, du bist doch der Boss! Du bist hier schließlich zuhause! Sag du es uns!" Robby grinste und setzte zu einer Erwiderung an. Jan verhinderte aber mit einer Frage, anknüpfend an Robbys vorherigen Erklärungen, seine Antwort: „Du Robby, warum wurden dann eure Schöpfer nicht gerettet, wenn doch die Gemeinschaft so aufpasst und sie ganz bestimmt ein riesiger Verlust für alle waren?" „Tja, Jan, das ist traurig." Robby seufzte und fuhr fort: „Leider waren wir alle damals eben noch nicht so weit. Zu der Zeit fing unsere so genannte „Gemeinschaft" ja erst an und die notwendigen Mittel, um ein ganzes Sonnensystem oder eine so komplexe Lebensform wie unsere Schöpfer es waren, zu retten, gab es noch gar nicht. Diese Mittel haben wir erst seit ein paar tausend Jahre. Zu spät für unsere Schöpfer. Aber

der Verlust von ihnen regte damals stark die gemeinschaftliche Erstellung einer ausreichenden Hilfe bei derartigen Fällen an. Heute sind wir so weit, dass wir eine solche sinnlose Selbstvernichtung jederzeit stoppen könnten. So bauten wir z. B. das Netz der Zentralrechner aus, verteilten unzählige Kopien von ihnen – auch als Sicherheit – im All. So verlieren wir niemals unser Wissen, denn jeder Zentralrechner wird immer auf dem gleichen Stand gehalten wie alle anderen. Die Zerstörung eines- oder sogar mehrerer von ihnen würde keinen größeren Schaden anrichten. Die genau Anzahl und die Orte, an welchen sie sich befinden, kennen nur die Zentralrechner alleine! Das auch, um den Verlust unseres Wissens unmöglich zu machen. All unser Können und damit unsere schier unendlich große Macht, fast alles zu tun zu vermögen, verdanken wir unseren Zentralrechnern. Die könntet ihr euch so vorstellen, als wären sämtliche Götter und Gottheiten des Alls mit der ihnen zugeschriebenen Allmacht in einem einzigen Gott vereint. Der könnte dann ja auch alles und wüste alles, oder. Viele Lebensformen glauben das übrigens, dass es nur einen einzigen Gott mit absolutester Allmacht gäbe."

„Tja, was sollten wir vier armen, unterbelichteten Würstchen von der Erde zu solch einer Aussage meinen? Wird schon stimmen, was Robby da angibt", dachte ich. „Angibt ruhig mal doppelsinnig gemeint, ich denke da nur ans Wasser" überlegte ich weiter, um mich selbst nicht so klein zu fühlen. „Patrick! Reiß dich zusammen, du Ei!" störte Robby diese Gedankengänge. „Aha, das mit dem Ei weiß Majestät auch schon! Warte nur, bis du mal Opi triffst!" „Was wäre denn dann?" wollte Robby interessiert wissen. „Och, das weiß ich doch auch nicht", maulte ich verärgert, weil ich erkannte, wie wenig wir Menschen insgesamt gesehen im Vergleich zu ihm doch wussten.

„Das wird schon", meinte Robby tröstend, „in etwa zehntausend Jahren vielleicht, wenn wir kräftig mithelfen." „Ja, ja, ich weiß schon, die Frage und Antwort kenne ich auch: Was muss man tun, um mein Gehirn auf Erbsengröße zu bringen? Aufblasen, kräftig aufblasen natürlich!" meinte ich, wieder etwas fröhlicher gestimmt. Robby grinste und meinte: „Jetzt lasst uns erst mal

schauen, wie wir weiter vorgehen. Dazu bietet sich am ehesten ein 3D-Gesamtbild an. Damit könnt ihr besser entscheiden, was ihr dann eventuell sehen möchtet. Robby machte eine kurze, unscheinbare Bewegung mit der Hand und zack, schon waren wir in einem anderen Raum. Auch sehr groß – aber hier schien eh alles groß und mächtig zu sein – in der Mitte drehte sich ganz langsam, unglaublichen Respekt einflößend, eine gigantische und durchscheinende Kugel. In ihrem Inneren waren unzählige kleine Lichtpünktchen – das mussten Milliarden und mehr sein – und Galaxien zu sehen. Die Galaxien erkannten wir, weil sie tatsächlich so aussahen, wie wir sie aus Sternenkarten und Fotos kannten. Die gesamte Ansicht war dreidimensional und sollte wohl so was wie ein Universum darstellen. „Stimmt, tut sie", kommentierte Robby mit leicht gehobener Stimme. „Momentan stehen wir hier vor einer Darstellung unseres Universums. So, wie es unendlich viele Galaxien in einem Universum gibt, gibt es wiederum unendlich viele Universen im gesamten Weltall. Bedenkt bitte, das Weltall ist wirklich unendlich groß!" Nach einem kleinen Moment sagte Robby, etwas ruhiger: „Aber schauen wir es uns doch mal am besten gleich an."
Wir gingen ehrfürchtig zu der holografischen 3D-Ansicht unseres Universums, von der wir aber nur einen winzigen Bruchteil von eigentlich gar nichts verstanden. Das Einzige waren die Lichtpünktchen, die Sonnen von Planetensystemen sein konnten und die Galaxien – also eine auffälligere Zusammenballung von vielen Sonnen mit ihren Planetensystemen – die in den uns bekannten Mustern, wie z. B. Spiral-, Diskus-, Kugel- oder Nebelformen zu erkennen waren. Keiner von uns könnte hier und jetzt aber zeigen, wo sich unsere Spiral-Galaxie – die Milchstraße mit unserem Sonnensystem – oder geschweige denn gar unsere Erde befand. Dazu schwirrten viel zu viele Galaxien in der häufig vorkommenden Spiralform durch den unendlichen Raum. Robby deutete vage auf eine Stelle in der Kugel am Rand einer Spiralform und meinte: „Etwa hier irgendwo müsste eure Erde sein." Hätte Robby uns die Stelle nicht gezeigt, wäre es für uns genauso gewesen.

Wir vier erkannten schlagartig, wie winzig und unbedeutend unsere Erde im Verhältnis zu dem unendlich weiten Universum doch war und wenn wir dann auch noch an das gesamte Weltall denken würden, wäre die Erde nicht mal ein Staubkorn im Verhältnis zu allen Sandkörnern aller Strände unserer Erde. Eine plötzlich aufsteigende Ehrfurcht erfüllte uns so gewaltig, dass wir schier von ihr erdrückt wurden. „Zukünftig sollten wir lieber sehr, sehr ruhig sein“, dachte ich „und mit Robbys vermeintlichem Angeben und so war da wohl nix mehr, weil eh alles stimmte. Meine Geschichte mit dem Wasser konnte ich bei Robby ab sofort auch vergessen!“ „Danke, Patrick, das ehrt mich aber sehr!“ „Robby, oh Robby!“ Nicci platzte unvermittelt in diesen Gedankenaustausch: „Du Robby, was mir da gerade einfällt. Bei uns in Kist, im Bunker, warum sind wir da mit dem Fahrzeug gefahren, wo du jetzt eher mit uns teleportierst?“ Robby, sichtlich dankbar dafür, dass wir uns wieder realeren Dingen zuwandten, meinte: „Das kann ich dir schnell erklären und begründen. zum Ersten musste das Fahrzeug ja ohnehin wieder ins Raumschiff zurück, denn ich hatte es damals eigentlich auch nur zum schnelleren Ausbau des Bunkers benutzt. Zum Zweiten war ich mir nicht völlig sicher, nach meiner Aktivierung durch Jan, ob ich eine Teleportation störungsfrei und sicher schon wieder beherrschte. Diese Sicherheit bekam ich dann später mit der Verbindung zum Zentralrechner. Als die schließlich wieder hergestellt war, hatte ich damit auch wieder alle meine Kräfte und Möglichkeiten. Ab da konnte eigentlich kaum noch was schief laufen, weil der Zentralrechner ständig alles kontrollierte und managte. Reicht dir das als Erklärung, Nicci?“ „Ja du, das reicht völlig, hätte gar nicht so ausführlich sein müssen, aber danke, Robby!“ meinte Nicci beeindruckt. „Kein Problem, immer wieder gerne“, strahlte Robby leicht gönnerhaft.
Sascha meinte: „Du, Robby, weil du gerade vom Zentralrechner geredest hast, der alles organisiert und managt, hätte ich auch eine Frage. Du sagtest doch mal, dass du nur mit Hilfe des Bordrechners oder eines Zentralrechners „schweben“ könntest, warum schwebst du dann nicht öfters?“ Robby erwiderte

nachdenklich: „Ja, Sascha, das ist so eine Sache mit dem Schweben. Wir können es zwar, aber machen es nicht gerne, obwohl es eigentlich viel Spaß macht. Irgendwie haben wir immer die Befürchtung, dass mal ein Rechner ausfällt und dann würden wir einfach herunterfallen. Und wer will das schon? Das ist übrigens mir auch schon einmal so passiert. Zwar wurde ich damals nicht beschädigt, aber der Schreck sitzt mir noch in den Gliedern! Zudem wirkt das schweben vor anderen, die es nicht können, immer etwas angeberisch und jemanden mit mir zusammen schweben zu lassen geht leider nicht, denn dazu reichen zumindest meine telekinetischen Fähigkeiten nicht aus. Ich teleportiere lieber, das klappt eigentlich immer und ist tatsächlich wesentlich sicherer. OK, Sascha?“ Sascha bedankte sich für die ausführliche Erklärung, die wir auch „mitgehört“ hatten. „Gut zu wissen, dass der Kleine auch mal Bedenken hat!“ dachte ich bei mir. „Stimmt! Patrick“, kam es prompt wieder von Robby, „aber Vorsicht ist nun mal die Mutter der Porzellankiste oder so und ständig vom Himmel zu fallen macht auch nicht so den richtigen Spaß, das verstehst du doch, oder?“ Ich meinte grinsend: „Klar verstehe ich das, mir macht das ungewollte „Absteigen“ vom Skateboard auch selten so richtig Spaß und das ist zumindest im Effekt ähnlich.“ Robby lachte und erwiderte: „Wo du recht hast, Patrick, hast du recht!“ Robby sagte jetzt zu uns allen: „Na, dann haben wir ja alle Klarheiten beseitigt und keiner blickt mehr durch und so können wir uns getrost neuen Abenteuern zuwenden.“ Tja, die kamen und nicht zu knapp!

Viertes Kapitel: Weltraumabenteuer und Zeitreisen

„So, Jungs, jetzt entscheidet aber mal, was ihr als nächstes tun wollt“, drängte Robby. Wir konzentrierten unsere ganze Aufmerksamkeit wieder auf das Hologramm des Universums. „Wo ungefähr ist dein Heimatplanet, Robby, zeig doch mal“, schlug Sascha vor. Robby deutete auf eine Stelle, nicht allzu weit von unserer Erde entfernt. Zumindest von der Stelle, die uns Robby vorhin als Lage der Erde angedeutet hatte. Nicci fragte ihn: „Robby, willst du mal wieder hin? Dann könntest du uns doch deine Heimat zeigen, sofern es „unser“ Raumschiff bis dorthin schafft. Das würde uns bestimmt alle interessieren!“ Wir nickten und Robby erwiderte: „Oh, unsere Schiffe schaffen das mit links, sie bewältigen eigentlich fast alle Entfernungen, weil die vielen verstreuten Zentralrechner in jedem Universum als Relaisstationen dienen und die Flüge und Teleportationen in Sekundenbruchteilen errechnen- und dann ausführen könnten.“ Er schaute nachdenklich auf das Hologramm und fuhr fort: „Ja, OK, also schauen wir uns mal meine Gegend an, warum auch nicht. Stellt euch mal wieder etwas näher zusammen. Ja, so ist es gut. Dann mal los.“ Robby machte wieder eine seiner seltsamen Bewegungen und zack, standen wir in unserem Raumschiff. „Nee Jungs, das ist nicht das alte Schiff von vorhin. Das hier ist ein völlig neues, mit vielen verbesserten Möglichkeiten. Zudem ist bei diesem Typ eine ununterbrochene Verbindung zu den jeweiligen Zentralrechnern vorhanden. Damit kann ich so gut wie alles machen“, erklärte Robby stolz. Dann redete er weiter: „So, jetzt sind wir gleich in der Alpha-Centauri Raumregion und damit auch schon fast bei meinem Heimatplaneten.“ Zack, das Raumschiff schwebte über einer runden Öffnung im Dach eines großen und sehr hohen, turmartigen Gebäudes.

Um uns herum war der gesamte sichtbare Teil dieses Planeten – er hatte etwa die Größe der Erde – mit solchen Turmbauten bedeckt. Aber kein Grün, keine Natur, kein blauer Himmel – der war milchig grau und trübe – und keine Sonne in dem Sinn, wie wir sie kannten. Allerdings konnten wir an diesem Himmel von unserem Schwebepunkt aus fünf sehr helle und sonnenähnliche Lichtquellen ausmachen. Robby merkte unsere Enttäuschung und meinte bemüht munter: „Hier draußen gibt es nicht viel Sehenswertes, begeben wir uns lieber in das Gebäudeinnere. Auf meinem Heimatplaneten ist alles zweckgebunden und ausschließlich rational. Immerhin sind wir ja alle künstlich und – wenn ihr so wollt – alles kleine Roboter. Uns kommt es eben nicht auf Äußerlichkeiten und Natur usw. an. Für euch Menschen ist so etwas schon wichtig, das kann ich durchaus verstehen.“ Er bemerkte unsere Bedrücktheit nach dieser Erklärung: „Ach kommt Jungs, nicht traurig sein! Ich kenne ja nur unsere Lebensart und bin damit völlig zufrieden. So lange leben zu können, wie wir es vermögen, hat schon was, glaubt mir!“ Während Robby dies sagte, schwebten wir mit dem Schiff langsam im Gebäude abwärts. Wir wandten uns wieder – zwar nicht beruhigt aber interessiert – unserer unmittelbaren Umgebung zu. Was uns dabei sofort total überraschte, war das völlige Fehlen irgendwelcher Etagen oder Ebenen. Das Gebäudeinnere glich einfach einem gigantisch großen Rohr! Sehr hell, sehr farbig – die „Wände“ erstrahlten sanft von innen heraus in unendlich vielen Farbschattierungen und waren deshalb sehr angenehm anzuschauen. Robby schien durch unser ungläubiges Staunen freudig erregt zu werden. Das hätten wir bei ihm nie vermutet, dass er so aufgekratzt wirken könnte, der Kleine! Ständig flitzten überall Symbole und seltsame Zeichen in einem irrsinnigen Tempo und ständigem Wechsel über die gesamten Oberflächen der „Wände“. Wir waren jetzt schon mehrere Minuten gesunken, was die riesige Höhe des „Turms“ erahnen ließ.

Plötzlich schienen die Wände verschwunden zu sein! Jetzt sahen wir im Inneren der „Röhre“, in jeder sichtbaren Höhe, weitere Schiffe – ähnlich unserem – schweben! Damit war „unser“ Schiff nur noch eines von vielen, vielen anderen. Robby badete förmlich in unserem Staunen: „Was ihr hier gerade seht, wäre vielleicht noch am ehesten mit einer „Empfangshalle“ in einem eurer Bürohochhäuser zu vergleichen. Die Symbole und Zeichen leiten

jeden, der hierher kommt, weiter zu seinem Zielort, tief unter uns, im Inneren des Planeten. Der ist übrigens total künstlich und wurde speziell für unsere Herstellung erschaffen – oder besser – erbaut. Die Terratransformation – also die Erzeugung eines Planeten – beherrschen wir schon sehr lange. Man muss bei „Neuerschaffungen“ immer und stets die Massenverhältnisse des jeweiligen Universums beachten, sonst käme es unweigerlich zum GAU! Das heißt: Wird ein „neuer Planet“ erschaffen, muss an einer anderen – genauestens berechneten – Stelle des Alls die exakt gleiche Masse verschwinden! Das alles erledigen natürlich unsere Zentralrechner. Wir sind dabei nur deren ausführende Werkzeuge.“ Als Robby unsere Mienen mit den offenen Mündern sah, meinte er betroffen: „Oh Leute, das war wohl etwas zu viel auf einmal für euch! Lasst es uns lieber ruhiger angehen.“ Wir nickten mechanisch mit leeren Blicken – etwas viel, ja, so könnte man es nennen! Wir flogen jetzt ziemlich flott auf eine größere, runde Öffnung im „Boden“ des Turms zu und waren auch schon gleich in ihr verschwunden.
Plötzlich befanden wir uns in einer unglaublich großen Halle oder so was, denn wir konnten weder Wände noch Decken oder Böden sehen! Auch hier war alles sehr bunt und farbenprächtig. Hier waren die Symbole und Zeichen ebenfalls überall zu sehen, nur, dass sie hier direkt um uns herum durch die Luft flitzten!
Unvermittelt fragte Jan: „Ist eigentlich dort draußen Luft?“ Robby antwortete sofort: „Nein, wir benötigen ja keine Atemluft und somit eigentlich auch keine Atmosphäre. Um unser Schiff ist ein ähnliches Vakuum wie im Weltall. Das schützt unsere Existenz, denn z. B. oxidiert hier nichts und Luftwiderstände werden so auch vermieden.“ „Ah, verstehe“, meinte Jan nachdenklich.
Nach einem kurzen Flug sahen wir vor uns würfelförmige kleine Kästen in der Luft schweben – Luft, OK, bleiben wir lieber bei dieser Formulierung, Weltall konnten wir ja wohl kaum dazu sagen! Als wir näher kamen, entpuppten sich diese allerdings als sehr große Würfel mit einer ähnlichen Kantenlänge wie größere Wohnhäuser bei uns. Unser Schiff flog jetzt direkt auf die Wand eines dieser Würfel zu und schon waren wir durch sie hindurch!

Nichts hatten wir dabei gemerkt! Kein Ruck, kein Stoß, einfach gar nichts! Robby grinste mal wieder zufrieden und sagte: „So Leute, das hier ist mein Zuhause. Alles aussteigen bitte!“ Bevor wir auch nur den geringsten Gedanken an Atmosphäre, Atemluft, Temperatur usw. verschwenden konnten, standen wir schon neben dem Schiff. Und Schwupps, es war weg! „Ja“, erklärte Robby, „unbenötigte Schiffe werden sofort zur Zentralverteilung zurückgeholt.

Plötzlich breitete sich in dem, durchaus wohltemperierten, Raum ein angenehm warmes Sonnenlicht aus. Um uns herum sahen wir ein unglaublich schönes Gartengrundstück mit saftigem, grünen Rasen, ein sich schlängelndes Bächlein mit tiefblau schimmerndem Wasser, das träge und friedvoll vorbei floss, dazu viele Obstbäume – Kirschen – Pfirsiche – Äpfel – Birnen – und alle voller saftiger Früchte!

„Ach Robby, was machst du nur mit uns?“ „Was ist das hier?“ Kannst du zaubern?“ „Träume ich oder was?“ Wir waren mal wieder total aufgeregt. Robby meinte dazu nur cool: „Jungs, ich mache euer Gästezimmer gerade so angenehm wie möglich für euch, ist doch OK, oder?“ Ich versuchte ähnlich cool zu antworten: „Ja du, das ist zwar wunderschön und wirklich total nett und sehr angenehm – nimm es mir nicht krumm und halte uns auch bitte nicht für undankbar – aber eine kleine Wohnung mit Bad, Möbeln und Betten, Fernseher, PC usw. – ruhig außen rum mit dieser tollen Landschaft vorm Fenster – wäre doch völlig ausreichend gewesen.“ Ich duckte mich, weil Robby so tat, als würde er was nach mir werfen. Aber dann meinte er nur lachend: „OK, OK, verstehe!“ Und zack, waren wir in einem Raum, der genau so ausgestattet war, wie ich es Robby gerade vorgeschlagen hatte. Der Blick aus dem Fenster zeigte uns weiterhin die schöne Natur mit der Postkartenidylle. „Robby, du bist Spitze!“ „Einsame Spitze!“ „Super, besser hätten wir das auch nicht hinbekommen!“ „Robby, du bist ein Meister, Alter!“ bedankten wir uns bei ihm. „Wurde der Kleine gerade etwas rot? Nee, lag wohl an der Beleuchtung und nach seinen eigenen Worten konnte er ja nicht rot werden“, dachte ich und bekam prompt dafür Robbys: „Stimmt, Patrick!“

Nach einem kurzen Erkundungstrip in der „Wohnung“ hatten wir auch das Bad gefunden. Es war alles da, was wir zu einem guten Leben so brauchten! Sascha sprach das aus, was wir gerade dachten: „Du, Robby, das hier wäre doch eher ein „Zuhause“ von uns – so sieht aber bestimmt nicht dein Zuhause aus, oder kopierst du etwa schon unsere Vorlieben?“ Robby feixte: „Nee, nicht ganz so, eher so“, zack, schlagartig war alle Natur- und Wohnungsschönheit wieder verschwunden. Stattdessen befanden wir uns in einem sehr nüchternen Raum mit sechs riesigen Bildschirmen in den vier Wänden und der Decke, sowie einer Kommandokonsole, ähnlich der im Raumschiff. Außer dem Captain-Kirk-Pilotensessel davor gab es keine Möbel. Der Raum war – im Verhältnis zu den sonstigen bisher erlebten räumlichen Ausmaßen – sehr klein. Nicht größer als ein übliches Kinderzimmer bei uns. Robby bescheiden: „So Leute, das ist mein wirkliches und reales Zuhause. Wir sind eben wie gesagt sehr rational und brauchen keinen unnötigen Schnickschnack zum Leben. Eine künstliche Roboterintelligenz hängt nun mal nicht so einer naturverbundenen Umgebung a’ la Erde nach, wie ihr Menschen. Das versteht ihr doch, oder?“

Obwohl es uns schmerzte, verstanden wir Robby natürlich. Aber irgendwie tat uns das Kerlchen – vielleicht das erste und einzige Mal – leid. Aber das sind menschliche Ansichten und Denkweisen von denen Robby als künstliche Intelligenz tatsächlich nichts benötigte. Das beruhigte uns dann auch wieder etwas und Jan meinte verlegen: „Aber uns fehlt da schon so einiges in deiner Wohnung, mir auf jeden Fall wäre sie zu spartanisch.“ Wir nickten zustimmend und zack, die schöne Wohnung mit der Natur vorm Fenster war wieder da. Ganz offenbar verstand uns Robby und wir ihn. Das war gut so.

Robby reckte sich etwas und meinte: So Jungs, jetzt habt ihr mein Zuhause gesehen, was wollen wir nun machen?“ Nicci fragte interessiert: „Robby, gibt es für uns sonst nichts Sehenswertes auf deinem Heimatplaneten?“ „Nee, eigentlich nicht. Die Produktionsstätten sind tief im Inneren und laufen vollautomatisch. Sie sind stinklangweilig. Unendlich immer die gleichen Abläufe. Da werden nicht nur wir Roboter, sondern auch

alle sonstigen Maschinen und Gerätschaften aller erdenklichen Art usw. hergestellt. Das hört nie auf. Langweilig eben. Mein Heimatplanet und unzählige andere der gleichen Art sind nur als Produktionsstätten erschaffen worden. Romantik oder so was gibt es da nicht." Robbys Stimme war während dieser Erklärungen irgendwie kalt und emotionslos geworden.
Dann fuhr er aber wieder mit seiner angenehmen Stimme fort: „Allerdings kennen wir tausende Rassen, ähnlich der Menschheit, die, so wie ihr, die Natur lieben und ihren natürlichen Umgebungen sehr zugetan sind. Mit erlebt haben wir das schon oft, aber wir benötigen es nicht." Einen kurzen Moment tat mir Robby richtig leid. „Danke Patrick, das weiß ich zu schätzen, deswegen bist du ja auch ein Mensch und ich eine Maschine. Also sei nicht traurig, ich bin mit meinem Dasein, so wie es ist, voll zufrieden. Bedenke doch nur – wie vorhin schon erwähnt – ich lebe fast unendlich lange und habe schon so viel erlebt und werde ständig weiter Neues erleben. Das gleicht so manche Natur und Schönheit aus, meinst du nicht auch?" „Doch, schon, aus dieser Sicht betrachtet, kann ich dich gut verstehen. Dein Leben ist auf jeden Fall erheblich ausgefüllter als unseres", meinte ich. Robby grinsend: „Kommt drauf an, kommt drauf an. Aber genug mit der Trübsalblaserei, was möchten denn die jungen Herren nun als Nächstes tun? Wollt ihr vielleicht mal in die Vergangenheit eurer Erde reisen? Oder wollt ihr mal bei einer „Schlacht" mit den fiesen Origanern dabei sein, eine der ganz wenigen Lebensformen, die nicht friedliebender wurden, sondern dauernd nur Streit suchen und ständig irgendwelche Kriege vom Zaun brechen? Oder wollt ihr bei der Erschaffung einer neuen Erde zusehen? Oder wollt ihr in einem Meteoritenschwarm Raumschiffrennen fliegen? Oder wollt ihr eure Schöpfer besuchen?"
Wir standen nur da und klotzten – anders konnte man das nicht nennen – Robby nur an. Dann kamen, mehr mechanisch als überlegt unsere ersten Reaktionen: „Alter!" „Cool!" „Geil!" „Robby, das klingt ja übelst aufregend!" „Was redest du denn da!?" Alle Vier waren wir wie vor den Kopf geschlagen und noch leicht benommen von der Aufzählung! Einig waren wir uns

natürlich sofort darin, dass wir alles, was Robby vorgeschlagen hatte, machen wollten.
Aber am meisten geschockt waren wir von Robbys Frage: „Wollt ihre eure Schöpfer besuchen?!“ „Hieße das etwa, Gott zu besuchen? Im Himmel? Bei den Engeln, oder was?“ wollte Sascha irritiert wissen.
Robby, dieser Schlingel lachte mal wieder breit und sagte dann: „Nee Leute, eure Schöpfer besuchen bedeutet schon was anderes als den Himmel und so. Also, wollt ihr?“ Klar doch, und wie wir wollten! Nicci rief leicht ängstlich und gleichzeitig pragmatisch: „Aber Robby, die restlichen aufgezählten Vorschläge können wir doch danach auch noch annehmen und mit dir erleben, oder?“ Robby antwortete ihm überzogen gönnerhaft: „Klar Nicci, klar Jungs, habe ja sonst nichts anderes vor und einen Gefallen für eure flüssige Hilfe bin ich euch ja auch noch schuldig.“ Robby machte eine kleine Pause, schaute uns der Reihe nach an und sagte dann: „Eines möchte ich jedoch vorher noch von euch erklärt haben, denn da blicke ich in euren Gehirnen nicht so recht durch.“ Robby sah uns nochmals an und fuhr fort: „Ihr habt, seid wir zusammen sind, schon mehrere Male eigenartige Worte benutzt, z. B. „Alter“, „geil“, „cool“, „übelst“ und „super“ usw., bei deren Verwendung ich Zuordnungsprobleme habe. Es sind doch teilweise negative Formulierungen, welche ihr aber dann fast immer als etwas Positives ausdrückt. So z. B. „Alter“ – wer ist denn da „alt“? oder Patrick, du mit dem „übelst“ immer dann, wenn du eine angenehme Sache verstärken willst. Ich verstehe da den Sinn nicht!“
Währen Robby noch versuchte uns sein Dilemma zu erklären, mussten wir schon lachen: „Ach Robby, Alter, da ist gar nichts Geheimnisvolles dahinter. Wir, Kinder in unserem Alter eben, verwenden dauernd so komische Worte, um unsere Sprache mehr von den Erwachsenen abzutrennen und meist einfach nur aus Quatsch. Einen Sinn sehen wir darin genau so wenig wie du. Aber es ist doch richtig geil, cool, übelst, super, oder?“ Robby strahlte uns hocherfreut an und meinte: „Puh, das erleichtert mich jetzt aber, wurde langsam schon ein echtes Problem für mich, mein künstliches Gehirn und dann erst für die Zentralrechner!

Man lernt eben nie aus!“ Er schien tatsächlich erleichtert zu sein. Jan riet ihm: „Robby, stöbere einfach in unseren Hirnen herum und merke dir solche Worte von uns. Bei Bedarf können wir sie dir dann jederzeit verklickern, OK?“ „Verklickern, verklickern? Ah, ja, OK, Jan so machen wir's!“
grinste Robby und fuhr dann betont sachlich fort: „Aber genug geblödelt, ihr wolltet doch zu euren Schöpfern. Also stellt euch wieder etwas näher zusammen und ab geht die Post!“
Und zack, waren wir wieder im Raumschiff. Und zack, schwebten wir auch schon neben einem Planeten im All! Eine Sonne, etwa so eine wie unsere, hüllte ihn in ein warmes Licht. Und zack – besser kann man diesen Vorgang kaum formulieren, immerhin geschahen die Ortswechsel stets im Bruchteil einer Sekunde – schwebten wir in einigen tausend Metern über seiner Oberfläche. Exakte Entfernungen konnten wir nicht mal annähernd schätzen, dazu fehlten uns Vergleichsmöglichkeiten. Robby sogleich dazu: „Das könnte ich auch nicht sofort, aber unser Bordsystem meldet eine Flughöhe von rund 5000 Metern, also liegt ihr mit eurer Schätzung gar nicht so schlecht.“
Es war ein sehr schöner Planet! Aus dieser Entfernung sah er wie unsere Erde auf entsprechenden Fotos aus. „Eh, das ist ja unsere Erde! Oder etwa nicht, Robby?“ rief Nicci für uns alle. Robby antwortete mit stolzem Unterton: „Nein, Leute, ist sie nicht. Das da unten ist wirklich der Heimatplanet eurer Schöpfer!“ Als unsere Schöpfer sich wegen ständig häufender Gendefekte in ihrem Erbgut immer mehr in einen ausweglosen Konflikt manövrierten und sich dadurch ihr Untergang, durch viel zu riskante Bioversuche, schon abzeichnete, spaltete sich damals eine relativ kleine Gruppe, immerhin gentechnisch noch gesunder und klug vorausschauender Angehöriger, der zwischenzeitlich auch noch zerstrittenen Blöcke, vom Rest der Uneinsichtigen ab und erschuf auf diesem ehemaligen Wüstenplanet, der damals nur niederste Lebensformen aufwies und fern der alten Heimat um eine Sonne im All kreiste, den ersten Vorläufer der heutigen Zentralrechner. Nach mehreren Generationen waren sie so weit fortgeschritten, dass sie diesen Planeten terratransformieren konnten. So erschufen sie, als ihre

alte Rasse schon sicher dem Untergang geweiht war, die erste Erde, ähnlich, wie ihr heute die eure kennt. Als dann die ursprüngliche Schöpferrasse längst ausgestorben war, lebten die Nachfahren hier weiter und wurden mit Hilfe ihrer unermesslichen Technik fast wie Götter. Sie bereisten mit ihren Teleportern das gesamte Universum, befriedeten es so gut es ging und schufen viele Planeten per Terratransformation wie eure Erde – ebenso, wie ihren eigenen Heimatplaneten. Leider verloren auch sie allmählich ihren Lebenswillen, wurden allmählich im Laufe vieler tausend Jahre dekadent und vernachlässigten zum Ende hin insgesamt ihre Techniken und alle, das Leben lebenswert machenden, Errungenschaften. Das Schlimmste aber war, dass sie die Zentralrechner nicht mehr benutzten und damit alle ihre technischen Fähigkeiten schließlich völlig verloren.
Heute, also jetzt, wo wir gerade über ihrem ersten Heimatplaneten schweben, leben nur noch einige Millionen der Nachkommen als einfache Landbauern und Nomaden auf ihm. Technik ist hier nahezu unbekannt und die alten Relikte aus den glanzvollen Tagen der Schöpfer vermodern in der Natur oder sind längst tief verschüttet. Nur der erste Zentralrechner – so gesehen der Prototyp aller unserer heutigen Zentralrechner – existiert hier noch. Tief, tief unter der Erdoberfläche arbeitet er, von der jetzigen Bevölkerung unbenutzt, weiter. Sich ständig regenerierend und reparierend. Aber er gehört, als einer von vielen, zu unserem aktuellen Zentralrechnerverbund und erledigt da seine Arbeit wie alle anderen hervorragend.
Also, Jungs, wenn man so will, seid ihr vier hier ebenso Nachkommen unserer Schöpfer – nur eben aus universeller Sicht viel, viel jünger! Eure Erde muss demnach einer der letzten erschaffenen Planeten überhaupt sein und das Leben entwickelte sich ja immer unglaublich langsam. So hat eure Menschheit die zwangsläufige Entwicklung bis zum Niveau unserer aller Schöpfer in den nächsten paar tausend Jahren noch vor sich!“
Wow, so lange hatte Robby ja noch nie an einem Stück geredet! Wir waren total baff und brachten so vorerst mal kein Wort heraus. Viel zu viele Neuigkeiten strömten da auf uns ein! Wie nur sollten wir armen Erdenwürmer so viel neues Wissen

verarbeiten? Uff, eine kleine Verschnaufpause wäre jetzt eine sinnvolle und durchaus natürliche Folge dessen, was uns Robby da so ausführlich geschildert hatte!
„Mann, Robby, wir sind doch noch Kinder – na ja, Jugendliche – deren erbsengroße Gehirne leicht überfordert werden könnten!" meinte Jan etwas träge und stand dann wieder wie wir, mit vor Staunen offenem Mund da.
„OK, OK, ist ja gut Jan, habe schon verstanden", lachte Robby mitfühlend, „machen wir lieber eine Pause. Dazu könnten wir gerne auf die Oberfläche runter teleportieren und ihr könntet euch dort an der frischen Luft erholen. Obst und sauberes Wasser sind reichlich vorhanden. Nicht, dass ich das jetzt bräuchte, ihr aber seht mir tatsächlich schon danach aus!" Robby schien ja richtig um uns besorgt zu sein. Wahrscheinlich hatte er bemerkt, dass wir als „jugendliche Kinder" tatsächlich noch nicht für ein derart geballtes Wissen geeignet waren. Intelligentere Erwachsene hätten vermutlich weniger Probleme gehabt, damit souveräner umzugehen. Nur, intelligentere Erwachsene gab es nicht so viele und gerade hier schon gar nicht. Also mussten wir, ob wir wollten oder nicht, die Ehre der Menschheit verteidigen, was hieß, das Gehörte und Gesehene in ihrem Sinne so gut wie möglich verarbeiten und das Beste daraus machen. Robbys Ruf wehte unsere Gedanken wie einen Nebelschleier fort: „Pause Jungs!" Und zack, standen wir zusammen mit- und neben unserem Raumschiff auf der Erdoberfläche! „Uff, wir sagen ja schon „unser" Raumschiff", dachte ich und schaute mich, wie die anderen, interessiert um.
Robby, mit sehr zufriedenem Ausdruck im Gesicht, deutete in die Richtung, wo wir an einem Bach schöne Wiesen mit Obstbäumen liegen sahen. Alles kam uns seltsam vertraut und so bekannt vor. Na ja, egal, Pause war angesagt.
Robby musterte uns und meinte dann: „So, wenn wir uns jetzt etwas erholen – als ob er Erholung bräuchte – kann ich dabei noch mal kurz was vervollständigen. Wie ihr ja bereits mitbekommen habt, benötigen ältere Typen unserer Raumschiffe – diese werden nur noch aus nostalgischen Gründen erhalten – Harnextrakte als Treibstoff. Der damalige „Erfinder" war, wie ich

schon erwähnt hatte, ein Spaßvogel. Aber das Ganze hatte auch einen tieferen Sinn. Weil damals nämlich unsere Schöpfer und auch alle Ab- und Nachkömmlinge über das gesamte bekannte Universum verstreut lebten, gab es eigentlich fast immer jemanden, der eventuelle Treibstoffengpässe „beheben" konnte. Wie ihr selbst ja auch! Somit ein weiterer Beweis, dass ihr Menschen späte Nachfahren der Schöpfer seid. Das wollte ich nur mal geklärt haben, weil ihr teilweise so seltsam geschaut habt, als ich euch das erste Mal über diese „Treibstoffgewinnung" informierte. Aber da ist wirklich nichts Anrüchiges dabei, eben nur eine reine Zweckgebundenheit. Alle Klarheiten diesbezüglich beseitigt?" „Alles klar, Robby", konnten wir da nur lachend zustimmen.

Jetzt aßen wir aber erst mal von dem sehr leckeren Obst und tranken reichlich von dem frischen Wasser. Immerhin nahmen wir ja damit frischen Treibstoff auf – man weiß ja nie. Robby reagierte sofort: „Nee Jungs, bitte keine falschen Annahmen. Dieses Raumschiff dort drüben, mit dem wir gerade flogen, ist viel moderner und benötigt eigentlich gar keinen „getankten" Treibstoff mehr. Es wird mit einem speziellen Materiewandler betrieben, der so ziemlich alle Materie in Antriebskraft wandeln kann. Selbst im Weltraum würde dieser Wandler noch genügend mikroskopisch kleine Materiepartikelchen einsaugen und verarbeiten können!"

Nach dieser Erklärung und unserer zwischenzeitlichen Erholung fragte Robby: „Was wollt ihr jetzt erleben?" Wir diskutierten eine Weile die verschiedenen Möglichkeiten und einigten uns schließlich auf die Erdvergangenheit. Sascha sprach es für uns aus: „Wir wollen mal echte und lebende Dinosauriers sehen. Ginge das?" „Klar geht das", stimmte Robby zu „wie die Herrschaften es wünschen. Stellt euch mal wieder etwas dichter zusammen, damit die Teleportation besser klappt, sonst bleibt noch ein Rest von euch hier zurück und das wollen wir ja nicht!" Robby, der Schlingel genoss sichtlich unsere erschrockenen Gesichter als wir uns hastig zusammenstellten. Und zack, wir befanden uns wieder im Raumschiff. „Setzt euch bitte", riet uns Robby, „es könnte bei der „Ankunft" ein wenig holprig

werden.“ Wir setzten uns auf die ausfahrenden Sitze und waren bereit für neue Abenteuer. Und die kamen.
Zack, schon schwebten wir neben einem erdähnlichen Planeten. Die Wolken waren sehr dicht, grau bis schmutzig braun und bewegten sich sehr schnell. Das Wenige, was wir durch sie hindurch von der Oberfläche sahen, erweckte den Eindruck, dass es nicht die Erde war. Die Landmassen sahen zunächst völlig anders aus, dann aber auch wieder bekannter. Wir waren verwirrt. Robby beobachtete uns, wartete unser aufgeregtes Staunen ab und sagte dann ruhig: „Jungs, da unten seht ihr eure Mutter Erde wie sie vor Jahrmillionen aussah. Die Kontinentalverschiebungen hatten erst begonnen und waren zu der Zeit noch lange nicht beendet – sind sie übrigens bis heute nicht. Es ging damals noch sehr wild zu, Moment!“ Zack. Wir schwebten – allerdings ziemlich wackelig – einige hundert Meter über dem Boden. Ein orkanartiger Sturm beutelte uns und die Stabilisatoren hatten plötzlich sehr viel zu tun. Robby machte über der Steuerkonsole einige Bewegungen und schon wurde das Schiff völlig ruhig und flog sanft auf eine große, steppenartig freie Fläche zu. Wir sahen sie sofort und waren stumm vor Staunen: Große Herden unterschiedlicher Dinosaurierarten zogen träge und langsam über die grasähnliche Oberfläche. Einige schienen vom grünen „Gras“ zu fressen, andere holten ihre Nahrung von den, überall verstreut stehenden, Bäumen. Kleinere und sehr flinke Dinos versuchten allerdings ihren Hunger mit Dinofleisch zu stillen, denn an mehreren Stellen tobten Überlebenskämpfe der damaligen Erdbewohner mit zum Teil sehr blutigem Ausgang. Immer wieder schafften es kleinere Rudel der flinken Zweibeiner sich ein krankes oder altes- doch auch manchmal ein junges unerfahrenes Tier aus den Herden zu isolieren und dann anzufallen. Die großen Dinos rundum schien das nicht zu interessieren; unbeteiligt wirkend zogen sie weiter und überließen die angegriffenen Artgenossen den blutrünstigen Räubern. „Leben und gefressen werden, das war damals hier der Alltag der Lebensformen eurer Erde“, meinte Robby nachdenklich und ebenso wie wir in diesen grandiosen Anblick versunken. Wir selbst konnten nur wortlos starren und staunen. Nicht in

unseren kühnsten Träumen hätten wir uns unsere Vergangenheit jemals so realistisch vorstellen können! Fernsehdokumentationen, z. B. von der BBC oder Filme wie Jurassikpark, OK, da sah man ähnliche Szenen auch. Aber jetzt die tatsächliche Realität direkt vor sich zu sehen – Robby war zwischenzeitlich sehr nah an die Dinos heran geflogen – das war natürlich schon was ganz anderes! Wir vier waren äußerst beeindruckt.
Robby lächelte zufrieden. Ihm schien es ja immer riesig Spaß zu machen, wenn er uns zum Staunen bringen konnte, was ihm auch wirklich nie schwer fiel. „Jungs, wenn ihr wollt, können wir mal landen und ihr könntet auf eurer alten Erde etwas rumspazieren. Lust dazu?“ Wir vier schauten Robby überrascht an. „Ja klar, wenn das geht!“ „Ist denn dort draußen überhaupt Atemluft für uns?“ „Dann greifen uns aber die Dinos doch gleich an!“ „Müssen wir dazu Schutzanzüge anziehen?“ Wie immer bei solchen bevorstehenden Ereignissen waren wir sofort aufgeregt und auch etwas ängstlich und redeten wieder mal alle durcheinander. Robby wartete, bis wir uns beruhigt hatten und meinte: „Klar geht das. Die Luft draußen ist viel sauerstoffreicher und sauberer als die, die ihr gewohnt seid. Schutzanzüge benötigen wir eh nicht, weil uns das Schiff mit Schutzschirmen schützen könnte, wenn so was erforderlich würde. Und Dinos greifen in der Regel nicht von sich aus an – da müsste schon ein „T-Rex“ direkt vor uns auftauchen. Trotzdem landen wir aber lieber in einer „dinoärmeren“ Gegend, man weiß ja nie.“ Gesagt getan.
Unser Raumschiff landete sanft auf einer saftig grünen Wiese, die waldartigem Gehölz umgeben war. Zack, wir standen draußen unweit vom Schiff und atmeten tief diese unsagbar frische und sehr, sehr „würzige“ Luft ein. Ein undefinierbarer, aber durchaus angenehmer Geruch umgab uns. Es roch noch Erde, Pflanzen, feuchtem Gras, Tieren, Früchten.... einfach unbeschreiblich köstlich, dieser exotische Duft! Mann, Mann, Mann, das war schon was! Wir vier mit Robby auf unserer Erde, weit zurück in der Vergangenheit, in der Zeit der „Dinos“ und daher so unwirklich wie wirklich! Wieder einmal waren wir von tiefster Ehrfurcht und größtem Respekt vor Robby und seiner Technik

ergriffen. Jan fasste es für uns in Worte: „Robby, vielen, vielen Dank!“ Du, dass wir dies hier alles mit dir tatsächlich erleben, ist schon der pure Wahnsinn!“ Auf eine sehr einnehmende Art schien der Kleine verlegen zu sein und wollte, offensichtlich um davon abzulenken, wissen: „Danke Jungs, möchtet ihr nun hier noch bleiben oder wollt ihr eine andere Zeit eurer Erde erleben? Oder vielleicht was ganz Neues?“
Wir schauten uns an und überlegten. Nicci meinte schließlich und hatte sofort unsere Zustimmung dazu: „Könnten wir mal zum so genannten Mittelalter in unserer „Vergangenheit“ in die Zeit der Ritter und Burgen gehen? Das würde uns sehr interessieren.“ „Kein Problem“, meinte Robby „auf geht's!“ Wir stellten uns wieder zusammen und zack, schon standen wir alle wieder im Raumschiff. Robby machte bereits am Steuerpult seine rätselhaften Bewegungen und sogleich schwebten wir über einer relativ großen Ansiedlung. Sofort erkannten wir schon an den reinen Äußerlichkeiten, dass wir uns wirklich im Mittelalter befanden. Die Häuser zeigten den typischen Baustil, den wir hinreichend aus Filmen und bebilderten Büchern kannten. Zudem waren die Leute, die in großer Zahl über die unbefestigten Straßen gingen, entsprechend angezogen. Weiter weg sahen wir eine Burg auf einem Berg, hoch über der Stadt, mit starken prächtigen Mauern und schönen, hellgelben Häusern. Ein Fluss schlängelte sich einige hundert Meter vor der Ortschaft durch eine üppig grüne und stark bewaldete Landschaft.
Robby ließ jetzt das Raumschiff in geringerer Höhe langsam über die große Festungsanlage der Burg fliegen, stieg dann aber etwas höher. So konnten wir alles unter uns besser in der Gesamtheit erkennen. Sascha fragte leicht ängstlich: „Du Robby, können uns die Menschen dort unten sehen?“ „Nein“, meinte Robby „wir sind für sie durch ein Tarnfeld um uns herum völlig unsichtbar. So können wir uns alles in Ruhe ansehen und stören niemanden damit. Wäre ja auch ein Schock für die Bewohner, wenn sie am Himmel eine große silberne Kugel schweben sehen würden!“
Nach einer Weile, die Robby zum mehrmaligen Überfliegen der Burg und der Ortschaft in noch etwas größerer Höhe benutzt hatte, fragte er uns: „Kommt euch das da unten irgendwie

bekannt vor?“ Wir schauten uns den Ort, die Burg und die ganze Gegend daraufhin genauer und bewusster an. „Nee, eigentlich nicht, warum? Sollte es das?“ wollten wir wissen. Robby erwiderte lächelnd: „Na ja, ich weiß nicht, wie gut ihr in Heimatgeschichte seid, aber das da unten ist die noch „junge“ Festung Marienberg. Liegt etwas erhoben über dem Maintal auf einer Anhöhe und wurde Ende des 12. Jahrhunderts angefangen. Jetzt, gerade im Moment, haben wir so um 1275 rum, da ist die Feste schon größer geworden. Das Palais ist bereits erbaut und mehrere Wehrtürme stehen schon. Von etwa 1200 bis ins frühe 18. Jahrhundert – so grob bis Anfang 1700 herum – residierten hier eure Bischöfe. Habe das mal kurz in der Datenbank überprüft. Würzburg selbst war nur ein sehr kleines Städtchen am Main. Der Main war zu der Zeit ja auch nur ein unbedeutendes Flüsschen. Lediglich angesiedelte Fischer hatte was von ihm. Schifffahrt kam erst später, nach dem Mainausbau, z. B. dessen Vertiefung und örtlichen Begradigungen.
Tja, wir mussten neidlos zugeben, dass Robby dank seiner Datenbank über unsere Heimat besser Bescheid wusste als wir selbst. „Mit einer solchen Datenflut im Rücken könnten wir das aber auch“, dachte ich bei mir. „Stimmt“, kam es wieder prompt von Robby, dann setzte er hinzu: „Auf den Kopf gefallen seid ihr ja nicht gerade.“ Er ließ plötzlich das Schiff ein wenig absinken, damit wir einen auffälligen Trupp Ritter in Rüstungen auf ihren geschmückten Pferden besser sehen konnten. Das war wirklich ein überwältigender Anblick! Aus dem Festungsmuseum kannten wir ja schon einige Rüstungen und, mit Stoffen umhängte und geschmückte Pferde gab es dort ebenfalls zu sehen, aber die da unten waren echt und die Harnische glänzten silbrig in der Sonne. Die Ritter machten einen stolzen Eindruck, was ja auch in ihrem Sinne war. Immerhin waren sie damals die Oberschicht, also die Herren des einfachen Volkes. Ihre Macht zu zeigen und zu demonstrieren war für sie schon immer wichtig und oft genug auch erforderlich. Robby baute sich vor uns auf und wollte wissen: „So Jungs, was kommt als Nächstes? Weiter im Mittelalter rumschwirren oder eine andere Epoche sehen? Oder was ganz anderes? Patricks Augen leuchteten doch vorhin so

richtig auf, als ich unter anderem vorgeschlagen hatte, mit dem Raumschiff durch einen Meteoritenschwarm zu fliegen. Hättet ihr dazu jetzt vielleicht Lust?“ Klar hatten wir, was für eine Frage! Plötzlich war ich wie elektrisiert und hellwach. Was hat sich Robby da nur wieder einfallen lassen? Nicci rief aufgeregt: „Auf, auf zum fröhlichen fliegen, Robby drück schon mal auf den Startknopf!“

Zack, wir waren wieder im Weltall. Vor uns, es sah fast wie eine lang gestreckte Wolke aus, zogen unendlich viele Meteoriten gemächlich durchs All. Robby erklärte: „Das war mal ein Planet gewesen. Der Druck in seinem Inneren war so stark geworden, dass seine teils noch flüssige Oberfläche ihm nicht standhalten konnte. So explodierte er und wurde von einer nahen Sonne als Schwarm seiner Bruchstücke erst angezogen, dann stark beschleunigt. Schließlich raste er aber an ihr vorbei und somit in die Unendlichkeit des Alls. Jetzt sind alle Reste von ihm natürlich erkaltet und werden so noch viele Millionen Jahre durchs Universum stromern. Also, meine Helden, wollt ihr da jetzt mal von vorne bis hinten durchfliegen? Das ist ein irres Erlebnis, kann ich euch versichern! Schon allein deshalb, weil einer von euch dabei das Schiff steuern soll. Und zwar so, dass wir am Ende heil aus der Sache rauskommen! Na Patrick, du guckst schon so sehnsüchtig, Lust zu diesem Abenteuer?“

Etwas erschrocken schaute ich erst Robby und dann die anderen an. Alle nickten! Um meine aufkommende Ängstlichkeit zu kaschieren, meinte ich übertrieben forsch: „ Na dann, OK, mach ich, Robby wird’s schon richten!“ Robby erwiderte sofort: „Nee, nee, Patrick, das musst du schon selbst machen. Ich bringe uns nur mit dem Schiff vor dem Schwarm in Position und dann bist du ganz allein auf dich gestellt. Sehe ich da etwa blanke Angst in deinen Augen?“ Ich brachte mühsam heraus: „Ja, zugegeben, es wird mir gerade flau im Magen. Das schaff ich doch nie. Dabei gehen wir alle drauf! Angst ist da gar kein Ausdruck. Klar habe ich die! Was würdet ihr denn haben?“ Und mulmig wurde es mir nun tatsächlich, als ich merkte, dass es Robby durchaus ernst meinte. Aber zum Kneifen war es bereits zu spät. „OK, Robby“, sagte ich obercool „wenn du mir ein paar Tipps gibst und mich in die Steuerung einweist, versuche ich es. Aber selbstverständlich auf deine Verantwortung! Im Notfall müsstest du dann schon eingreifen, bevor ich uns alle schrotte. Immerhin fehlt mir in der Raumschiffsteuerung noch ein wenig Erfahrung!“ Robby meinte nur, besonders breit grinsend: „OK, Patrick, damit kann ich leben. Zack, und schon schwebten wir in einem respektablen Abstand vor der riesigen Meteoritenwolke im All. Das Schiff hielt vorerst automatisch den Abstand zum Schwarm ein.

Robby machte eine einladende Geste, um mich an das Kommandopult zu holen. Als ich dann davor stand, verwandelte sich plötzlich ein Teil des Pultes direkt vor mir in so was Ähnliches wie eine Computertastatur! Robby erklärte sogleich: „Patrick, aus deinen Gedanken weiß ich, dass dein Papa dir mal eine Fingerstellung an den Cursortasten gezeigt hat, mit welcher du bisher fast alle Steuer- und Fahrtregelungen in deinen Computer-Rennspielen fast synchron und zeitgleich korrekt durchführen konntest. Diese Kenntnisse, die du außergewöhnlich gut beherrschst, kannst du jetzt hier zum Steuern verwenden. Unser Raumschiff könnte ohnehin nicht beschädigt werden. Die Bordsysteme, zusammen mit dem Zentralrechner, schützen es in allen Situationen mit einem unzerstörbaren Schutzschirm, welcher das ganze Schiff umhüllt. Alle Stöße und Rempler, die du durch deinen Flug im Meteoritenschwarm verursachst, werden so von uns abgehalten. Bremswirkungen, z. B. durch das Aufschlagen eines großen Brockens oder Fliehkräfte bei Beschleunigungen und schnellen Lenkbewegungen kompensiert das System sofort und wir merken überhaupt nichts davon. Nur, Patrick, wenn du zu schlecht fliegst, stoßen wir zu oft an die Meteoritenbruchstücke und bewegen sie damit natürlich – ähnlich wie Billardkugeln – auf Bahnen, auf denen sie dann mit anderen Bruchstücken kollidieren. Das ergäbe dann leider eine etwas kritische Chaossituation mit vielen Unwägbarkeiten, die der Zentralrechner anschließend wieder hinbiegen müsste. Aber ich habe vollstes Vertrauen in deine Fähigkeiten, also gehen wir es an. Patrick, bist du bereit dazu?“

Die drei anderen schauten mich entgeistert an. „Was, Patrick, das willst du wirklich probieren?“ „Bist du irre?“ „Du wirst uns alle

killen!“ „Mann, Mann, Mann, lass das lieber, noch leben wir!“ „Ach Patrick, es gibt auch weniger gefährliche Abenteuer!“ Sie redeten alle durcheinander und versuchten, mich von dem Vorhaben abzubringen. Nicci war richtig käsig im Gesicht und guckte mich fast flehend an und schüttelte dann ständig nur noch den Kopf. Robby der Schlingel, genoss mal wieder das Ganze: „Ach Jungs, glaubt ihr denn wirklich, ich würde euch mit was auch immer gefährden? Nee, hier im Schiff sind wir absolut sicher, egal, was und wie Patrick es macht. Wenn er tatsächlich alle zigtausend Brocken einzeln rammen würde – was er aber sicher nicht macht – würde das uns nicht das Geringste anhaben können. Echt, Leute, glaubt mir, hier seid ihr so sicher wie in Abrahams Schoß!“ Sascha meinte: „Tja Robby, du hast gut reden, aber so was in echt riskieren, das ist doch was ganz anderes!“ Nicci hatte sich wieder gefasst und steuerte mit leicht überdrehter Stimme bei: „Patrick, jetzt sag du doch auch mal was! Sag ihm, dass du ihm nicht traust!“ Jan, cool wie fast immer, versuchte die beiden zu beschwichtigen: „Nicci, Sascha, jetzt macht aber mal halblang! Robby hat völlig recht. Er würde sein Schiff und uns darin nicht einem Risiko aussetzen, wenn er sich nicht hundertprozentig sicher wäre, dass nichts passieren kann! Also beruhigt euch wieder und überlasst Patrick die Entscheidung, schließlich riskiert er dabei ja am meisten!“
Ich nickte, denn bei mir brach sich mal wieder das Wasser von Kist seine Bahn: „Na ja, trauen würde ich mich schon und schaffen könnte ich es auch. Da bin ich mir sicher. Außerdem ist als Notanker immer noch Robby da, der passt schon auf. Er hätte uns das doch erst gar nicht vorgeschlagen, wenn es nicht durchführbar wäre! Oder Robby?“ „Mmmm“, kam es von ihm „das sehe ich auch so. Leute, zeigt doch mal ein wenig Vertrauen in Patrick. Der packt das!“ Er fuhr fort: „Nicci, du hast ihn doch schon so oft bewundert und warst nicht selten verärgert, wenn er dich in den Computerspielen immer wieder besiegte. Und Sascha und Jan können davon auch ihr Liedchen singen, oder?“ Von den drei kam jetzt zustimmendes Gemurmel: „Stimmt schon, wo er recht hat…“ „Interessant wäre es schon Patrick dabei zu beobachten!“ „Vielleicht steckt Patrick dann auch mal eine herbe

Niederlage ein, wäre mal eine gute Erfahrung für ihn!“ Robby reagierte rasch, die Situation nutzend: „So, dann sind wir uns also einig, Patrick soll’s mal probieren, OK?“ Wir schauten uns noch mal alle an und dann riefen die drei: „OK, er soll’s probieren!“
Ich war einerseits hoch erfreut und stolz über ihr Vertrauen aber andererseits auch ziemlich unsicher, ob ich denn wirklich wagen sollte. Dann reckte ich mich hoch und sagte: „Ach was soll’s. Man lebt nur einmal und so eine Chance bekomme ich nie mehr im Leben! Robby, zeig mir alles, was ich zu diesem Höllentrip wissen muss und lass mich mal die Steuerungstastatur testen!“
Robby war sofort dabei und erklärte mir zunächst alle wichtigen Funktionen des Kommandopults. Dann meinte er: „Patrick, du kennst deine Wünsche bezüglich der Tastatur am besten. Deshalb nimm diese hier zunächst mal nur als Testobjekt. Wenn du dann, während der Bedienung Änderungen wünschst, werden diese dann immer sofort gemacht, damit du letztlich eine optimale Tastatur für den Flug benutzen kannst. Ist das OK?“ „OK“, sagte ich und setzte mich, mit den Fingern auf den Cursortasten bereit. Robby machte eine Bewegung und schon konnte ich, mittels unzähliger Hologramme welche die Meteoritenbrocken wirklichkeitsnah vor mir realistisch zeigten, meine spezielle Tastenkombination testen. Sofort spürte ich ständige, kleine Verbesserungen und die Tastenbenutzung passte sich tatsächlich meinem Ideal bei deren Einsetzung an. Nach etlichen Probeläufen – die letzten waren so Wirklichkeitsgetreu, dass ich fast schon glaubte im echten Schwarm unterwegs zu sein – konnte die Tastatur nicht mehr verbessert werden. Jetzt klappte alles so, wie ich wollte. Beim letzten Testlauf traf ich von 100 Bruchstücken nur noch 15! Für eine Simulation doch gar nicht schlecht, oder?
Robby schien auch zufrieden zu sein und wir übten noch mehrere Durchgänge mit ständig steigenden Schwierigkeitsgraden hinsichtlich Geschwindigkeit, Reaktionsvermögen und Ausdauer. Schließlich war Robby und auch ich selbst mit den Resultaten zufrieden.
Robby meinte: „So Patrick, du scheinst jetzt so weit zu sein, dass wir es wagen können.“ Dann fuhr er, zu uns allen gewandt fort: „Aber vorher informiere ich euch noch über einige wichtige

Details, die euch sicher – nach diesen nervenaufreibenden Proben – beruhigen werden. Unsere Zentralrechner müssen bei allen Aktivitäten im Universum stets darauf achten, dass die Masse- und Lageverhältnisse immer ausbalanciert sind. Schon ein geringes Ungleichgewicht könnte schlimme Folgen haben, weil sich damit in der Regel auch immer die Zeit verändern würde. Das darf niemals passieren! Deswegen überwacht und korrigiert der für uns gerade zuständige Zentralrechner im Bedarfsfall Patricks Höllenfahrt. Aus Gründen der galaktischen Sicherheit wird – soweit ich das verstehe – unser Raumschiff um millionstel Sekunden in der Dimension und Zeit verschoben. So sind wir während des gleich beginnenden Schwarmdurchflugs für uns einerseits real aber für das Universum eben nicht. Unser Schiff, mit allem was sich darin befindet, ist damit dann permanent unverletzlich und eine winzige Konstante für sich im All! Egal, was wir hier eventuell dann verändern, der Zentralrechner würde es sofort korrigieren. Im extremsten Fall würde er uns so weit in der Zeit verschieben, bis alles wieder so wäre, wie vor dem Flug. Alles klar? Nun Beruhigt?“
Wir nickten alle nur wie Marionetten an ihren Bändeln und Jan antwortete eher mechanisch für uns: „Was gibt es denn da zu verstehen, Robby, wenn nicht ein einziges Mal Bahnhof in deiner so simplen Erklärung vorkam?“ Einen Sekundenbruchteil stutzte Robby und lachte dann: „OK, ich hab's kapiert!“
Na egal, jetzt war ich am Zug und wartete schon an der Konsole. Robby hatte mir einen sehr bequemen „Pilotensessel“ bereit gemacht und ich hielt meine Finger in der „berühmten“ Lage auf den Cursortasten. Robby setzte das Raumschiff ganz knapp vor den Meteoritenschwarm und fragte mich: „Fertig?“
„OK, von mir aus kann es losgehen“, meinte ich äußerlich ruhig, aber innerlich total angespannt. Robby sagte deswegen mit bewusst beruhigender Stimme: „Patrick, ich werde gleich die Geschwindigkeit in Richtung des Schwarms erhöhen, dann musst du sofort reagieren und uns möglichst kontaktfrei und unbeschädigt durch die Bruchstückwolke fliegen! OK?“ Ich nickte: „OK, lass uns starten!“ Robby machte zwei, drei Bewegungen und es schien plötzlich so, als wäre keine

Schiffswand mehr zwischen uns und dem All. Die holografische 3D-Sicht auf den Meteoritenschwarm war einfach perfekt!
Wir zuckten unwillkürlich zusammen, denn schon kamen die riesigen Brocken auf uns zugeschossen. Sehr geschickt wich ich aus und wir rasten mitten durch die Bruchstücke hindurch! Die torkelten und drehten sich ständig, waren kaum zu berechnen. Das Raumschiff wurde noch schneller. Mit höchster Konzentration saß ich vor dem Realhologramm und manövrierte uns mit exzellentem Geschick durch diese irre „Steinwüste". Manchmal, wenn uns ein Brocken traf – auch ich konnte das mit meinem routinierten Können nicht immer vermeiden – trudelte der von uns weg und verschwand im Chaos des Schwarms. Das Schiff wurde noch schneller! Meine Finger bewegten sich rasend schnell auf den Tasten. Obwohl unser Schiff ununterbrochen, wenn ich den Bruchstücken auswich, die irresten Kurven, Schlenker, Drehungen und dazu dauernd hoch und runter flog, spürten wir überhaupt keine Flieh- oder Beharrungskräfte! Wir wurden auch nicht – was zu erwarten gewesen wäre – während des ständigen Auf- und Ab leichter und schwerer. Die Technik des Raumschiffs und des Zentralrechners war unglaublich!
Aber keine Zeit für abschweifende Gedanken: Denn ein gigantischer Brocken raste gerade irrsinnig schnell direkt auf uns zu! Wenn der uns traf, könnte damit bestimmt das von Robby beschriebene Chaos verursacht werden! Ruhe bewahren! Meine Finger tanzten auf den Cursortasten und Schwupps, schon waren wir rechts an dem „Dicken" vorbei und fast schon um ihn rum geflogen! Unbewusst machte ich eine Bewegung, als würde ich mir den Schweiß von der Stirn wischen. Die Bruchstücke kamen jetzt so schnell und dicht, dass man fast meinen, konnte, gegen eine einheitliche Felswand zu rasen. Aber immer wieder konnte ich in letzten Sekundenbruchteilen ausweichen und so Kollisionen vermeiden. Mittlerweile wunderte ich mich selbst über mich. Dass ich die Tastatur und damit die Steuerung so gut beherrschte, überraschte mich. Machte mich aber auch stolz. Mann, Mann, Mann, das hatte schon was und machte irre Spaß! Nicci, der in meinen Augenwinkeln jedem Brocken durch ducken, hüpfen, weg springen usw. auszuweichen versuchte, rief

aufgeregt: „Wie lange fliegen wir schon, wie lange kann es noch dauern?“ Aber keiner, auch nicht Robby antwortete. Wie gebannt starrten wir alle auf die – zwar nur holografisch, aber dadurch nicht weniger real wirkenden – auf uns ständig zurasenden Meteoritenbruchstücke und machten dabei die gleichen Ausweichbewegungen wie Nicci. Nur Robby blieb ruhig und lächelte seltsam, fast wie verklärt!

Mehrere Bruchstücke hatten uns in kurzer Folge berührt, stoben danach aber so schnell von uns weg, dass wir sie nicht mehr mit den Augen verfolgen konnten. Langsam kam ich echt ins Schwitzen! Unser Schiff machte die unmöglichsten und verrücktesten Drehbewegungen und Kurvenschwingungen. Uijui, und dabei flog es mit wahnsinnigem Tempo auch noch hoch und runter. Ich war wie in Trance! Meine Finger bewegten sich längst automatisch und wie von selbst. Rationales, bewusstes Denken konnte ich mir momentan gar nicht erlauben. Mein Atem wurde heftiger und lauter. Jan war hinter mich getreten und massierte unbewusst, während er die Bruchstücke nicht aus den Augen ließ, meine Nackenmuskulatur. Das half und tat gut! Wieder rasten wir auf ein mächtiges Bruchstück zu. Ich flog fast senkrecht hoch, drüber, dann links, dann rechts, runter, hoch, wieder runter, hoch, links, links, rechts, hoch, runter. Meine Finger müssten doch längst glühen! Ahhh, da vorne sah ich ganz kurz mal die Sterne im All! Lange konnte es also nicht mehr dauern. Noch mal eine irrwitzige Folge verrücktester Raumschiffbewegungen und wir waren durch! Total fertig und geschafft aber stolz, saß ich im Pilotensessel und ließ meiner Freude mit lauten Jubelschreien freie Bahn: „Übelst toll war das!“ „Supercool!“ „Oberaffengeil!“ „Ich bin der Größte!“ „Juhuuuuuuuuuu!“ Nur sehr langsam konnte ich mich beruhigen. Die anderen schauten mich lachend an und gaben dann ebenfalls ihre Kommentare ab: „Patrick, du bist einsame Spitze!“ „Mann, unser Superass!“ „Oh Patrick, nee, King Patrick!“ Alle, auch Robby, klopften mir auf die Schultern! Sascha drückte mich sogar kurz aber heftig. Leicht verlegen erwiderte ich: „Leute, so etwas hin zu bekommen, das hat doch was, oder? Das war das irreste Erlebnis, das ich bisher hatte! Mann, Mann, Mann!“ Jan baute sich vor mir auf, legte beide

Hände auf meine Schultern, sah mir tief in die Augen und meinte dann schlicht: „Patrick, du bist wirklich der Größte!“ Auch Robby kam zu mir, tätschelte meinen Arm und sagte: „Dass du so gut bist, hätte ich nicht vermutet. Das war eine tolle Leistung! Das hätte ich selbst nicht besser machen können.“ Und das war das schönste Lob, das ich bisher erhalten hatte! Ich war einfach glücklich und im Moment ziemlich aufgekratzt. Allmählich fiel die Spannung von uns ab und wir benahmen und bewegten uns wieder normaler. So ein Trip durch einen Meteoritenschwarm kann schon mal zum Aufreger des Tages werden!
Unterdessen hatte Robby das Schiff parallel zum Schwarm gesetzt. Wir schwebten in guter Sichtweite neben den Bruchstücken und konnten noch mal, quasi als optischen Ausklang des Abenteuers, die Gesamtheit der Brocken bestaunen. Schließlich stoppte Robby unseren Begleitflug und der Schwarm zog an uns vorbei und verschwand nach relativ kurzer Zeit im Dunkel des Weltraums. Das gerade Erlebte mussten wir aber trotzdem – mit ständigen innerlichen Wiederholungen der spektakulärsten Szenen – noch längere Zeit verarbeiten. So was geht nicht spurlos an einem vorüber! Mir schwirrte der Kopf und ich setzte mich erschöpft erst mal zum Verschnaufen auf eine der ausgefahrenen und sehr bequemen Sitzschalen.

Fünftes Kapitel: Ferne Welten

Nach mehreren ruhigen Minuten – jeder schien seinen Gedanken nachzuhängen – wollte Robby unvermittelt wissen: „So Jungs, was möchtet ihr nun machen?“ Nicci räusperte sich und wollte von Robby wissen: „Sag mal Robby, vorhin, als du uns die mehreren Möglichkeiten, was wir so alles machen könnten, aufzähltest, hast du was von kriegerischen Organen oder so was geredet. Du meintest, die würden immer nur Zoff machen und wollten einfach nicht friedlich werden.“ Nicci wandte sich uns zu: „Was meint ihr, düsen wir da mal hin und sehen nach dem Rechten?“ Wir schauten uns an, überlegten, sahen dann Robby fragend an. Jan fragte ihn: „Robby, was meinst du dazu?“ Robby schaute einen Moment vor sich hin, schien ebenfalls nachzudenken. Dann erwiderte er: „Na ja, die Origaner, das ist schon ein Völkchen für sich. Ziemlich fiese Typen. Und ständig streitlustig! Wir versuchen schon eine kleine Ewigkeit die zu befrieden. Bisher ohne Erfolg. Ihr Naturell entzieht sich jeder dahingehenden Argumentation. Alle Verhandlungsversuche mündeten in der Regel in einem unsinnigen Krieg, den sie immer mit purer Lust anzettelten. Letztlich haben wir sie dann in Ruhe gelassen und in ihrem Sonnensystem hinter einem freien, breiten Raum ohne nennenswerte Lebensformen isoliert. Da können sie sich weiter gegenseitig sinnlos bekriegen – was sie eigentlich auch dauernd tun – aber sonst kaum Schaden anrichten.“ Robby schien kurz zu seufzen und meinte abschließend: „Aber für euch wäre ein Besuch bei denen ein gutes Lehrstück für Toleranz und dafür, wie man sich in Gemeinschaften nicht benehmen sollte.“ „Aber Robby“, wollte Sascha wissen „mit all eurer Technik und all eurem überlegenen Wissen, schafft ihr es nicht, eine kriegerische Rasse zu friedliebenden Wesen zu wandeln?“ „Tja Sascha, das fragt sich zwar so einfach, ist es aber leider gar nicht. Sicher, wir hätten sie z. B. gleich ganz ausrotten können – ihr Menschen hättet das bestimmt getan – auch hätten wir sie mit unseren Mitteln geistig natürlich wandeln können, aber dann wären sie nicht mehr sie selbst, sondern nur Marionetten von uns. Wir hingegen achten jede Lebensform so wie sie ist, egal wie widerlich sie auch für uns sein mag. Zudem würde eine, nur auf die Origaner beschränkte, Aktion eventuell eine Veränderung für die gesamte Galaxie und vielleicht sogar auch für das Universum bedeuten. Das dürfen wir schon gar nicht riskieren. Nach sehr langwierigen Gesprächen und Verhandlungen, die leider nichts brachten, beschlossen wir, sie ihr Leben so leben zu lassen, wie sie es wollten. Wir hoffen aber immer noch darauf, dass sie doch eines Tages friedlicher werden und sich unserer Gemeinschaft anschließen. Zeit hat das All bekanntlich unendlich. Abwarten ist manchmal die beste Strategie." Robby ließ diese Ausführungen erst mal auf uns einwirken und fragte dann: „Habt ihr euch nun entschlossen? Wollen wir die Origaner besuchen?" Er musterte mich: „Patrick, du guckst so geistesabwesend vor dich hin, hast du was?" Ich fuhr leicht zusammen: „Nee, nee Robby, ich war in Gedanken immer noch im Meteoritenschwarm, gehe das ständig im Geist noch mal durch. Entschuldige, dass ich nicht aufgepasst habe. Aber der Flug vorhin war so saugeil und cool wie die Hölle, dass ich noch nicht so schnell davon loskomme. Was machen wir jetzt?" Alle grinsten. Ich hatte die aktuelle Situation so gut wie gar nicht mitbekommen. Jan und Nicci erklärten mir im Stenostil, was anstand und Sascha ergänzte abschließend: „Alles klar jetzt, Patrick, können wir?" „OK, ich bin dabei", stimmte ich zu und fuhr fort: „Auf zu den ach so lieben Origanern!"

Robby saß schon die ganze Zeit vor seinem Kommandopult und hatte gewartet, bis wir soweit waren. Wie üblich machte er wieder einige Bewegungen über der Konsole und zack, schwebten wir in einem Sonnensystem mit mehreren Planeten in unterschiedlichen Umlaufbahnen um ihre Sonne. Das sah ähnlich wie unser Sonnensystem in unseren astronomischen Karten aus. Aber die Sonne war riesig. Viel größer als unsere. Aber sie leuchtete milder und weicher mit einem angenehmen Orangeton. Wir mussten nicht einmal die Augen zukneifen oder schützen. Aber das Sonnenlicht entsprach durchaus dem unseren – vielleicht so, wie bei uns an einem leicht trüben Tag. Robby machte eine kleine Bewegung und wir flogen langsam auf den Planeten in der fünften Umlaufbahn zu. Zumindest sah es für uns so aus. Zack, wieder ein winziger Teleportsprung, und wir

schwebten hoch über der Planetenoberfläche. Sie erinnerte uns sofort an unsere Erde, als wir sie in der Dinozeit besucht hatten. Unendliche Wälder und großflächige Ozeane wurden nur von den helleren und grünbraunen Festlandrändern der getrennten Kontinente unterbrochen. Wir flogen einige Zeit etwas schneller und tiefer über die Meere, Kontinente, Länder und Wälder.
Plötzlich wurden wir deutlich langsamer und wir schwebten über einer größeren Stadt oder was man sicher dafür halten konnte. Da Robby unsere Geschwindigkeit fast auf null gebracht hatte, glitt die ausgedehnte Ansiedlung gemächlich unter uns durch. Sascha fragte etwas ängstlich: „Robby sehen die uns?“ Robby beruhigte ihn sofort: „Nee, wir befinden uns seit der Annäherung an den Planeten und dem Eintritt in dessen Atmosphäre im Tarnmodus. Die Origaner-Technik ist hoch entwickelt und wäre noch viel weiter, wenn die ständigen Kriege sie nicht immer wieder zurückbomben würde. Deswegen muss ich hier natürlich viel mehr aufpassen, dass wir nicht geortet werden. Aber unser Schiff und der mit uns verbundene Zentralrechner machen das mit links. Die Origaner würden ohne jede Vorwarnung sofort auf uns schießen und sie haben schon Waffen, die uns etwas unangenehm durchschütteln könnten. Mit denen zu spaßen empfiehlt sich also nicht. Um euch das etwas plausibler zu machen, schauen wir uns doch gleich mal eine ihrer vielen Schlachten an. Die toben hier ständig und an vielen Stellen. Da müssen wir nicht lange suchen. Zunächst aber flogen wir ganz langsam über der Stadt weiter. Robby wollte anscheinend, dass wir sie uns in Ruhe ansehen konnten. Am ehesten wäre sie mit New York vergleichbar. Sie war hauptsächlich grau und trist. Aber auch Grünflächen, z. B. wie Parks, waren zu sehen und insgesamt auch viele Farben. Unglaublich viele seltsame Luftfahrzeuge flitzten mit irren Geschwindigkeiten, in allen erdenklichen Höhen, kreuz und quer über den Gebäuden rum. Die Häuser ähnelten unseren Wolkenkratzern. Aber hier waren sie noch gewaltiger und höher! Die Origaner schienen tatsächlich einen schon auffälligen Hang zum Monströsen zu haben. Robby klinkte sich in unsere Gedanken: „Stimmt, das kommt aber daher, dass sie selbst relativ groß sind. Schaut selbst!“ Zack, wir schwebten in geringerer

Höhe bewegungslos direkt über so etwas wie einer Straße. Bodenfahrzeuge gab es hier auch. Aber nur wenige, denn fast der gesamte Verkehr spielte sich in der Luft ab. Aber, und das zog schlagartig unsere Aufmerksamkeit auf sich; es waren Bewohner der Stadt zu sehen! Sehr viele. Sie wimmelten nur so rum! Ähnlich wie Menschen in einer belebten Großstadt zur Rushhour. Tja, Robby hatte völlig recht. Wir sahen es auch sofort. Das waren ja wahrlich Riesen! Bestimmt doppelt so groß wie bei uns ein ausgewachsener Mann. Menschenähnliche Giganten mit zwei Beinen, Armen und Köpfen wuselten da in alle Richtungen gehend herum. Allerdings wirkten sie sehr grobschlächtig und machten einen kantigen Eindruck. Der Kopf war rechteckig, dick und hatte anscheinend nur ein großes Auge oder so was in der Mitte des „Gesichts", denn als Gesicht in unserem Sinne konnte man das nicht bezeichnen. Darunter befand sich eine dicke wulstige Hautfalte – wenn es Haut war – das könnte ein Mund sein. Eine Nase oder Ohren konnten wir nicht erkennen. Auch keinerlei Haare. Unheimlich sahen sie schon aus! Bei allen steckte der Körper in derselben Art Bekleidung. Wie Uniformierte hatten sie damit alle das gleiche Aussehen. Körper, Arme und Beine – soweit überhaupt ein Vergleich mit uns gemacht werden konnte – sahen ebenfalls wie klobige Rechtecke oder besser Quader aus. Fast drängte sich uns der Eindruck von grob geformten Robotern auf. „Mmmm", kam es von Robby, „das ist gar kein so schlechter Vergleich. Sie haben zwar ein individuell arbeitendes Gehirn, sind auch weitgehend organischer Natur, aber gelenkt werden sie immer alle von einer einzigen Zentrale aus. Eine Elektronik in ihren Köpfen steht ständig mit dieser Zentrale in Verbindung und sie bekommen von dort ihre Anweisungen und Befehle. Wir haben schon oft Origaner von ihren Planeten – sie haben hier in ihrem Sonnensystem schon drei besiedelt – weggeholt und untersucht. Ohne Verbindung zu ihren Zentralen sind sie fast wie abgeschaltet.
Sie tun dann nur noch das Allernotwendigste, um zu überleben, wie z. B. Nahrung aufnehmen und so was. Sobald sie wieder Kontakt zu einer Zentrale bekommen, sind sie sofort wieder voll da und dann extrem streitsüchtig! Insgesamt eine sehr seltsame

und sehr unangenehme Lebensform. Sie wohnen tatsächlich in den riesigen Hochhaustürmen, haben so was wie Familien und auf jeden Fall unterschiedliche Bevölkerungsgruppierungen. Wie bei euch auf der Erde die unterschiedlichen Rassen – Europäer, Chinesen, Afrikaner, Amerikaner, Inder, Asiaten oder z. B. Eskimos. Auch hier sind ähnliche „Volksarten“ erkennbar. Und die führen ständig Kriege gegen- und untereinander. Man kann es kaum verstehen, was sie damit überhaupt bezwecken oder erreichen wollen. Um Land und Macht oder so was geht es jedenfalls nie. Wir glauben, dass sie einfach einen irren Spaß am Krieg an sich haben. Für uns vollkommen unverständlich! Zudem ist ihre Waffentechnologie sagenhaft gut entwickelt. Da übertreffen sie so ziemlich alles im Universum! Übrigens auch ein Grund für ihre totale Isolation im All. Wer weiß, was sie alles anstellen würden, wenn wir sie sich im All ausbreiten ließen. Aber keine Bange, wir haben weit draußen im All, noch vor dem Isolationsgürtel, Barrieren installiert, welche sie zwar nie erkennen- aber ebenso nie überwinden können. Versucht haben sie es in der Vergangenheit schon oft, bis sie es letztlich aufgaben, weil sie keinen Erfolg hatten.“
Robby fuhr nach einer kleinen Pause fort: „Wenn wir uns jetzt zum Schauplatz einer Schlacht begeben, hätte ich noch eine Überraschung für euch! Dieses Raumschiff verfügt über eine interessante neue Technik und steht damit in ununterbrochener Verbindung zum Zentralrechner. Wir können uns mit lebensechten Hologrammen direkt als Origaner unter die Beobachter mischen. Etwa so. Wir sprangen erschrocken zurück, als plötzlich ein Origaner vor uns stand! Er war zwar etwas kleiner, weil er sonst schon an der Decke kleben würde, aber erschreckend genug! Robby, das Schlitzohr, wechselte dann so schnell zwischen seiner Figur und dem Origanerhologramm hin und her, damit wir uns den Effekt besser verinnerlichen konnten. Mit schadenfrohem Grinsen fragte er uns, ganz unschuldig tuend: „Na, was meint ihr, wäre das was oder wäre das was?“ „Tja, wenn es funktioniert, warum nicht?“ meinte Jan zustimmend. Nicci und Sascha wollten wissen: „Was ist mit der Sprache?“ „Können oder müssen wir auch reden?“ „Oder reden

Origaner gar nicht miteinander?“ „Doch, schon“. Meinte Robby „aber das wären bei uns nur Simulationen vom Zentralrechner. Ob das dann ausreicht, kann ich auch nicht sagen. Dazu ist diese Technik noch zu neu.“ „Am besten reden wir halt nix“, steuerte ich bei. Und Nicci brachte es auf den Punkt: „Wenn’s eng wird, kann der Zentralrechner immer noch einspringen, oder Robby?“ Der erwiderte sofort: „Stimmt! OK, dann bringe ich uns erst mal zu einem abgelegeneren Platz, wo niemand ist und wir üben können, uns wie Origaner zu bewegen.“

Zack, wir standen auf Origan – so nannten die Origaner ihre Heimatwelt – und wollten panikartig sofort flüchten, als wir die Origaner um uns herum sahen! Aber dann hörten wir Jan lachen und er rief: „Jungs! Keine Panik! Das sind doch nur wir selber, als Origaner!“ Wir lachten jetzt auch, aber unser Lachen klang schon etwas künstlich, weil uns der Schock ganz schön in die Glieder gefahren war! Wir gewöhnten uns aber schnell an unser neues Outfit und begannen – Robby machte es uns stets vor – mit den Versuchen, uns wie Origaner zu bewegen. Untereinander konnten wir wie zuvor weiterreden. Im Hologramm waren wir eh die gleichen, nur die holografische Hülle ließ uns zu „echten“ Origanern werden. Nicci, wie immer vorsichtig, wollte wissen: „Haben die hier die gleiche Luft zum Atmen, wie wir und die Schwerkraft scheint auch zu stimmen, seltsam, oder Robby?“ Robby erklärte kurz: „Nicht wirklich, Nicci, der Zentralrechner macht für euch stets alles so, wie ihr es gewohnt seid. Die origanische Atmosphäre könntet ihr nicht lange atmen. Ihr würdet ersticken. Zu wenig Sauerstoff. Und die Schwerkraft wäre etwa dreimal so groß! Deswegen sind die Origaner ja auch solche Riesen. OK, Nicci?“ „OK, danke.“

Robby testete jetzt mit Hilfe des Zentralrechners mehrmals unsere Aussprache als Origaner. Es waren eigenartige Zisch- und Pfeiflaute, erkennen konnten wir davon nichts. Aber Robby vertraute voll auf den Zentralrechner; der würde es schon richten. Dann beruhigte Robby uns zusätzlich: „Falls unsere Tarnung auffliegen sollte, umgäbe uns ständig ein unsichtbares Schutzfeld mit ähnlicher Technik wie die mit der Dimensions- und Zeitverschiebung. Eigentlich kann uns gar nichts passieren!“

„Eigentlich?“ wollte ich von Robby wissen „was meinst du mit eigentlich?“ Robby cool: „Na Jungs, ausprobiert hat das, was wir hier vorhaben, ja auch noch keiner. Aber nur die Ruhe. Es wird schon nicht schief gehen!“ Unisono kam es von uns: „Dein Wort in Gottes Ohr – ja, ja, wir wissen schon; da ist es bereits.“ „Genau“ konterte Robby trocken lachend.
Dann fragte er, uns herausfordernd anschauend: „Also, was ist nun, wollt ihr bleiben und was erleben oder lieber wieder ins sichere Raumschiff zurück und von dort aus was machen?“ Wir sahen uns an, sahen da Origaner und Jan meinte: „OK Robby, wir bleiben, gehen als Origaner – immerhin können wir an unserer Tarnung nicht auffälliges feststellen – und schauen einfach, ob es klappt.“ Wir waren von Jans Mut und unserem zustimmenden nicken leicht überrascht: Was dieser kleine Schlingel aus uns herausholte, war schon bemerkenswert! Nachdem wir dann noch eine Weile übten, uns wie Origaner zu benehmen und handeln zu können – auch mehrere Aussprachetests verliefen ganz akzeptabel – meinte Robby schließlich: „Jungs, ich denke das reicht jetzt. So können wir es wagen, uns unter die Schlachtbeobachter zu mischen. Alle bereit? Bitte etwas zusammenrücken!“
Zack, wir standen unweit von mehreren echten Origanern und mussten uns eisern beherrschen, um nicht gleich wegzurennen! Aber Robby hatte uns gut darauf vorbereitet und es schien auch niemandem aufzufallen, dass plötzlich fünf weitere Beobachter mehr da waren. Zudem hatte uns Robby sicherheitshalber zwischen großen Kisten und so eine Art von Zelt, am Rande der Massen, eingeschmuggelt. Es achtete keiner auf uns. Wir taten dann auch gleich ähnlich geschäftig wie die anderen origanischen Schlachtenbeobachter. Robby hatte uns im Schiff noch informiert, dass das hier so was wie Reporter, oder eben Berichterstatter der hiesigen öffentlichen Medien, von Origan wäre. Also fast wie bei uns auf der Erde die Kriegsberichterstatter. Da ihre Technik aber viel weiter als unsere entwickelt war, gab es z. B. keine Kameras und Mikrofone oder so was. Die Origaner konnten alles, was sie hier als tätige Beobachter mit ihren großen Augen sahen und in ihren Köpfen

hörten – ihre Augen funktionierten ähnlich wie hoch entwickelte Digitalkameras und hören konnten sie sehr gut mit einer mikrofonähnlichen Membran an jeder ihrer Kopfseiten – sofort in ihren Medien wiedergeben. So, als würden die Zuschauer- und Hörer direkt selbst am Ort des Geschehens sein.
„Sag mal Robby, gibt es hier auch Origanerfrauen?“ wollte Sascha wissen. „Ja, schon“, antwortete Robby „aber man kann sie von den „männlichen“ kaum unterscheiden. Eigentlich sind sie nur etwas kleiner. Sonstige Unterscheidungsmerkmale verbergen sich unter der „Kleidung“ und sind nur den Origanern selbst bekannt. Hier sind „Männer“ und „Frauen“ übrigens voll gleichberechtigt. Also kann jederzeit auch eine „Frau“ vor euch stehen. Das würde aber für euch keinen Unterschied bedeuten. Also passt jetzt einfach nur gut auf, wir gehen jetzt zum „Schlachtfeld“, bleibt immer dicht zusammen! Keine Solotouren bitte, das könnte ins Auge gehen!“ Wir waren nur allzu gerne bereit, zusammen und dicht bei Robby zu bleiben.
Das „Schlachtfeld“ entpuppte sich als riesiger, gigantischer Bildschirm! In der Gesamtfläche etwa so groß wie ein halbes Fußballfeld! Man musste schon weit weg bleiben, um wenigstens einigermaßen das chaotische Geschehen mit zu bekommen. Verstehen konnten wir zunächst gar nichts. Robby erklärte uns die wichtigsten Merkmale: „Jede kämpfende Partei hat hier eine eigene Farbe. Die momentan „Guten“ – die für die hiesige „Regierung“ „kämpfen“ – sind die bläulich schimmernden Raumschiffe und Origaner. Die zurzeit „Bösen“ sind die bräunlich schimmernden. Ich verwende stellvertretend Wörter aus eurem Sprachgebrauch, um hier etwas zu erklären, OK“ „OK, Robby, mach nur weiter“, meinten wir. Robby fuhr fort: „Der derzeitige „Krieg“ geht darum, dass vordergründig die „Braunen“ mehrere Städte und Länder der „Blauen“ haben wollen. Solche „Gründe“ sind immer nur vorgetäuscht, denn den Origanern geht es eigentlich in ihren „Kriegen“ immer nur um ihren pervertierten Spaß! Die „Blauen“ werden das, was die „Braunen“ „wollen“ aber verhindern, weil sie momentan viel stärker und zudem besser organisiert sind. Ah, schaut, diese beiden „blauen“ Schiffe haben gerade wieder je ein Schiff der „Braunen“ im

Traktorstrahl und haben gleichzeitig alle Waffen der Gegner neutralisiert. Die „Braunen“ werden gefangen genommen und deren Schiffe werden danach umgehend in „blaue“ umfunktioniert. Auch die „braunen“ Origaner werden damit sofort zu „blauen“. So läuft hier in der Regel jede „Schlacht“ ab. Getötet wird dabei sehr selten jemand. Wenn überhaupt, durch tragische Unfälle oder gegenseitige Missverständnisse. Das, was die Origaner aber bei all dieser „humanen“ Kriegsführung so unangenehm macht, ist die schlichte Tatsache, dass sie jeden gefangenen Gegner eben zu ihresgleichen machen. Die zuvor gelebte Daseinsform und Volkszugehörigkeit, Familienleben, Freunde usw. gibt es dann für die „Umgewandelten“ nicht mehr. Sie würden – ja tun das ständig – sofort gegen ihre ehemaligen Angehörigen kämpfen, ohne diese überhaupt als solche zu erkennen! Das tragische und wenig angenehme bei Origanerkriegen ist somit der Identitätsverlust der jeweiligen Besiegten. Das ist eine der Gründe, warum unsere Gemeinschaft die Origaner noch nicht aufnehmen möchte. Erst, wenn die sich entsprechend geändert hätten.“
Während Robby uns das alles erzählte, waren wir weiter in Richtung des riesigen Bildschirms und gleichzeitig grob auch in Richtung unseres Schiffes gegangen. Plötzlich standen wir vor einer Art Torbogen, in dessen Durchgang ein weißlich- bläuliches Gleißen zu sehen war. Robby rief uns sichtlich erschrocken zu: „Achtung, Leute, geht da auf gar keinen Fall durch!“ Aber er kam damit zu spät. Nicci war schon einige Schritte weiter gewesen und stand gerade unter dem Torbogen. Gellende Alarmsirenen schmerzten uns in den Ohren! „Was ist jetzt los?“ „Was ist denn passiert?“ „Nicci! Geh da weg!“ riefen wir aufgeregt durcheinander. Nicci verschwand von einer Sekunde zur anderen vor unseren Augen! Robby stand wie versteinert da. „Oh, oh“, kam es leise von ihm während er entsetzt auf den leeren Torbogen blickte. Und dann lauter: „Jetzt haben wir mächtig Ärger am Hals!“ Robby schien, sofern das überhaupt möglich war, blasser geworden zu sein. „Was ist denn los, nun sag schon!“ bedrängte Jan Robby. Der antwortete, wieder leise: „Niccis Tarnung ist aufgeflogen! Diese Torbögen sind überall.

Sie sollen getarnte Eindringlinge erkennen. Was ja gerade auch passiert ist! Alles was da durch geht und nicht zu den Origanern gehört, die die Bögen aufstellten, wird sofort erkannt und der Alarm geht los. Nicci ist jetzt einer ihrer Gefangenen. Unser Zentralrechner konnte ihn nicht rechtzeitig schützen, weil die die Reaktionszeiten und den Abtransport per Teleporter extrem verkürzt haben! Das alles sagte Robby innerhalb einiger Sekunden und fast tonlos – er war wirklich geschockt! Dann trieb er uns an: „Schnell, schnell, wir müssen hier sofort weg! Aber geht unauffällig und meidet alle bläulich schimmernden Durchgänge!“
Wir gingen ruhig – wozu wir uns stark zwingen mussten – und scheinbar unbeeindruckt vom Alarm weiter. Alle taten das hier. Der Alarm hatte anscheinend niemand aufmerksamer werden lassen. Die wussten eben alle, dass der erkannte „Feind“ bereits in Gewahrsam war und bald durch die Umwandlung einer von ihnen sein würde. Wir dagegen mussten mit aller Macht eine aufkommende Panik vermeiden! Jan fragte: „Kann Nicci etwas zustoßen? Könnte er auch umgewandelt werden? Haben wir noch Zeit, etwas für seine Rettung zu tun oder ist es dazu schon zu spät?“ Wir schauten alle gebannt auf Robby. Der antwortete wieder sehr leise: „Nein, Jan, eigentlich kann Nicci nichts passieren. Der Zentralrechner schützt ihn jetzt total. Er hat ihn wahrscheinlich sofort in eine andere Dimension und Zeit versetzt – wie ich es ja schon erklärt hatte – und lässt ihn dort, bis sich hier wieder alles beruhigt hat. Dann bekommen wir Nicci eigentlich unversehrt wieder.“ Robby schien aber trotzdem betroffen zu sein: „Nur, eins ist dabei gar nicht gut: Die Origaner haben dort keinen Gefangenen gesehen, wo aber einer sein müsste. Die sind nicht dumm, Leute. Jetzt wissen sie, dass feindliche Spione – oder was sie halt vermuten – unter ihnen sind und suchen schon längst nach uns! Zudem haben sie bei Nicci in der Mikrosekunde, als sie ihn noch bei sich „hatten“, bestimmt auch noch einen sogenannten „Wandler“ angebracht. Ein sehr winziges Teil, welches automatisch im Moment vor dem Teleport den jeweiligen Eindringlingen verpasst wird. Diese Wandler beginnen dann stets sehr effizient mit der sofortigen

Umwandlung. In Niccis Fall können sie es aber nur versuchen, weil Nicci nicht dem „normalen" Profil entspricht. Da wird der Wandler zwar arbeiten, aber kaum Erfolg haben, sofern Nicci das nicht selbst will. Unser Zentralrechner ist auch schon an dem Problem dran und wird bestimmt eine Lösung finden!" Robby hielt einen Moment inne und rief uns dann im Befehlston zu: „Kommt rasch zusammen, wir teleportieren ins Schiff zurück."
Zack, wir waren wieder in der Kommandozentrale unseres Schiffes. Robby rief uns zu: „Nicci ist in relativer Sicherheit. Zumindest können ihm die Origaner und ihr Wandler gerade nichts tun. Aber, und das passiert so gut wie nie – wahrscheinlich durch den Wandler verursacht, Nicci ist in einer Zeitschleife hängen geblieben und erlebt momentan etwa alle 10 Minuten immer wieder das Gleiche! Der Zentralrechner arbeitet natürlich auch bereits an diesem Problem, aber Zeitschleifen sind so ziemlich das Unangenehmste, was einem überhaupt passieren kann! Da hat selbst der gesamte Zentralrechnerverbund nicht sehr viele Möglichkeiten." Wir hatten völlig entgeistert zugehört. „Was passiert gerade mit Nicci?" „Was wiederholt sich bei ihm dauernd?" „Was erlebt er gerade?" „Was ist eine Zeitschleife?" Wir riefen mal wieder alle aufgeregt durcheinander. Robby machte mehrmals beruhigende Handbewegungen und bat uns wiederholt, doch mal ruhig zu sein. Nach einigen weiteren Sekunden hatten wir uns wieder soweit im Griff, dass wir Robby, jetzt ruhiger, anschauten und dann doch wieder jeder gleichzeitig fragte: „Wie können wir Nicci helfen?" „Können wir was tun?" „Kannst du ihm helfen?" „Welche Möglichkeiten haben wir jetzt?" Robby schien richtig bedrückt zu sein. „Nein", meinte er, wieder sehr leise, „wir können im Moment gar nichts für Nicci tun. Wenn unsere Zentralrechner, die unendlich mehr vermögen als ich, nicht eine Lösung finden, würde Nicci theoretisch unendlich in seiner Zeitschleife hängen bleiben und etwa alle 10 Minuten das Gleiche wie zuvor durchleben. Aber selbst wenn es so wäre, würden irgendwann – vielleicht auch erst in ein paar tausend Jahren – alle Zentralrechner zusammen eine Lösung finden, da bin ich mir absolut sicher! Als Robby fortfuhr, klang seine Stimme schon wieder optimistischer: „Nicci würde dann

sofort wieder von ihnen hierher zu uns in unsere Zeit zurück geschickt. Aber ich bin fest davon überzeugt, dass die Rechner sehr bald schon eine Lösung des Problems haben und Nicci in Kürze wieder bei uns ist."

Wir schauten uns betroffen, ja geschockt an. Nicci, der arme Kleine, tausende Jahre in einer Zeitschleife und alle 10 Minuten wiederholt sich das gerade abgelaufene Geschehen für ihn. Und das immer und immer wieder! Wir waren platt. Keiner sagte was. Wir sahen stumm vor uns hin und konnten das Gehörte nicht fassen; ständig versuchten wir uns Nicci in seiner Zeitschleife vorzustellen. Unzählige Gedanken gingen durch unsere Köpfe: „Nicci für immer weg? Wie sollten wir das seinen Eltern erklären? Wie sollten wir überhaupt etwas davon jemanden erklären können? Nicci war doch unser Freund! Wir können ihn doch nicht – wörtlich – hängen lassen! Was können wir nur tun? Das so was auch ausgerechnet uns passieren musste! Vielleicht hat Robby doch noch eine Idee?"

„Robby, du musst was tun! Tu etwas dagegen! Du hast uns doch in diese Lage gebracht!" rief ich aufgebracht. Dabei unfairerweise vergessend, dass wir selbst ja zu all dem bereit gewesen waren und Robby nun wirklich keine Schuld an dem Schlamassel hatte. Aber in derartigen Stresssituationen neigt man halt zu unüberlegten und voreiligen Schuldzuweisungen, die einem dann meist später wieder leid taten. Robby wusste das auch und nahm mir meinen Vorwurf gar nicht übel; ein ganz klein wenig hatte ich ja auch recht. Robby machte sich sichtlich selbst jede Menge Vorwürfe. Er war noch viel schlimmer als wir dran, weil er die Tragweite des Geschehenen besser erfassen und beurteilen konnte. Mit verzweifelten Mienen starrten wir vor uns hin. Der arme Nicci. Wenn man doch nur was tun könnte! Lange Zeit herrschte Stille in der Zentrale. Jeder hing seinen eigenen Gedanken nach.

Plötzlich, wir erschraken richtig, denn plötzlich tat sich etwas an der Steuerkonsole vor Robby. Lämpchen, die man vorher gar nicht sehen konnte, leuchteten auf und mehrere davon blinkten. Zudem lag ein leises Summen in der Luft. Robby machte sofort seine undefinierbaren Bewegungen über dem Pult und rief uns dann zu: „Nicci kann geholfen werden! Die Zentralrechner lösen gerade das Problem und übertragen dann die Lösung an den für uns gerade zuständigen Rechner! Jungs, nur noch einen kleinen Moment bitte!“ Bevor wir überhaupt in irgendeiner Weise reagieren konnten, stand Nicci mitten unter uns und schaute uns alle verblüfft an. Dann kam von ihm: „Was war das denn gerade? Spinne ich, oder was? Ich habe gerade, weiß der Geier wie oft, immer wieder das Gleiche erlebt! Ununterbrochen! Ständig! Wie geht denn so was?“ Nicci war so mit sich selbst beschäftigt, dass er erst gar nicht so richtig unsere Erleichterung und Freude mitbekam. Er schien erst „aufzuwachen“, als wir ihn, jeder für sich in die Arme nahmen und drückten. Nicci reagierte unbeholfen und verlegen bei jedem von uns mit: „Ist ja gut, ist ja gut!“ oder „Nun mach mal halblang, ist ja gut!“ Aber langsam beruhigten wir uns wieder. Robby hatte uns die ganze Zeit mit einem feinen Lächeln zugesehen und wollte nun von Nicci wissen: „Nicci, was hast du da gerade exakt erlebt?“ „Tja“, erwiderte Nicci, „eigentlich gar nicht so viel. Zuerst stand ich völlig überraschend und schlagartig ohne meine Origaner-Tarnung in einem Raum vor mindestens sechs bis acht Origaneren. Die schienen mich aber nicht zu sehen, obwohl ich direkt vor ihnen war!“ Robby schob kurz ein: „Das war die Schutzaktion des Zentralrechners, der Nicci ohne Zeitverlust in eine andere Dimensions- und Zeitebene versetzt hatte. Nicci war zwar wirklich im Raum der Origaner, aber dadurch für die nicht sichtbar und somit völlig sicher!“ Nicci fuhr fort: „In meinem Gehirn baute sich ein unangenehmer Druck auf. Ständig zog, wie in einem Film, vor meinem geistigen Auge das Leben der Origaner vorbei. Irgendwie glaubte ich, unbedingt so wie sie werden zu müssen!“ Wieder warf Robby schnell dazwischen: „Das war die Wirkung des Wandlers!“ Nicci schaute kurz wie abwesend vor sich hin, straffte sich und fuhr wieder fort: „Dieser „Filmausschnitt“ – wie ein Werbespot kam es mir vor – wiederholte sich ununterbrochen! Alle 10 Minuten etwa! Ich dachte schon ich drehe durch!“ Robby: „Die Zeitschleife!“ Nicci: „Welche Zeitschleife? Na egal. Etwas Seltsames war die ganze Zeit mit dabei: unterschwellig – quasi zwischen den Zeilen so zu sagen – kam auch noch was anders mit dem Umänderungszwang zu mir durch! So, als wäre da noch jemand mit dabei und würde mir eine Art Botschaft übermitteln wollen. Wenn ich das richtig zusammen bringe, war es etwa Folgendes: Die Origaner wollen unbedingt in die Gemeinschaft des Universums aufgenommen werden. Die „Blauen" bauen unmerklich ihre Macht aus und sind bald nicht mehr zu besiegen. Das möchten sie auch so. Trotz ihrem fatalen Hang zum Krieg. Sie selbst hoffen diesen unseligen Hang in den Griff zu bekommen und planen jetzt schon, später, in fernerer Zukunft, keine neuen Kriege mehr anzuzetteln. Sie haben erkannt, dass dieser Hang oder Zwang in ihrer Urnatur verankert ist und kämpfen seit geraumer Zeit immer erfolgreicher dagegen an. Sie wollen friedlicher und zugänglicher werden. Die Umwandlung ihrer Gegner in die eigene Zugehörigkeit lassen sie nur deswegen weiter geschehen, weil sie eine größere Anzahl Gleichgesinnter benötigen, um gegen den Rest ihrer Rasse den Anpassungsprozess an die Gemeinschaft zu ermöglichen. Dazu haben sie die Wandler unmerklich modifiziert und können so bei jeder neuen Wandlung den Trieb zum Krieg vermindern. Leider würden bei den Wandlungen aber nur sehr wenige ernsthaft an die neu gesteckten Ziele glauben. Nur rund 20 Prozent der Umgewandelten Gegner schließen sich dieser „Untergrundbewegung" an. Im Moment hätten sie alle Hände voll zu tun, dass sie nicht auffliegen, bevor die Anpassung an ein friedvolleres Dasein stattfinden könne. So etwa kam es bei mir alle 10 Minuten, eben bei jeder neuen Wiederholung, an. Was meinst du dazu, Robby?" Nicci kam uns plötzlich viel ruhiger und überlegter vor – fast so, als kopiere er Jan! Vielleicht hatte das was mit seiner „Bearbeitung" durch die Origanerrebellen zu tun? „Ganz sich sogar", meinte Robby, „Nicci ist durch dieses Ereignis reifer und erwachsener geworden und das bleibt er auch." „Sind ja schöne Aussichten", dachte ich bei mir, „Nicci, mein kleiner Freund und weise und erhaben!" „Erkennst du da etwa Defizite bei dir, Patrick?" fragte Robby übertrieben unschuldig?" Dann wurde er wieder sehr ernst und leicht unruhig. Er schien nur auf das Ende von Niccis Ausführungen gewartet zu haben und erwiderte sogleich: „Ha! Jaaaa! Leuten, jetzt wird mir

so einiges klar! Die „blauen“ Origaner haben ihre Wandler – weil sie wussten, dass wir von der Gemeinschaft sie schon seit längerem beobachten – technisch so verändert, dass sie unsere, erwischten und somit enttarnten, Angehörigen mit dieser unterschwelligen Zusatzbotschaft versorgen! Das hat bestimmt auch die Zeitschleife verursacht. Die wollen, dass sich die Information ins Gedächtnis einprägt. Ich glaube, dass Nicci ohnehin nach einer bestimmten Zeit selbst aus der Zeitschleife herausgekommen wäre. Auch ohne unsere Hilfe, weil die Origaner ihre spezielle Botschaft gezielt zu unserer Gemeinschaft kommen lassen wollten.“ Robby machte eine Pause und fuhr dann fort: „Das sind ja völlig neue Perspektiven! Der Zentralrechner arbeitet schon dran. Er hat gerade von sich aus alle relevanten Informationen aus Niccis Gedächtnis abgerufen und ordnet diese neu ein. Dass die Origaner – auch wenn es erst mal „nur Rebellen“ sind – friedlich in der Gemeinschaft aufgenommen werden wollen, das ist eine tolle und gute Nachricht! Danke Nicci! So hat dein ungewollter Trip zu den Origaneren für uns alle viel Positives gebracht.“ Nicci, der Kleine, wurde richtig verlegen und brachte, leicht errötend heraus: „Nicht der Rede wert, habe ich doch gerne gemacht.“
Robby stand auf und reckte sich: „So Jungs, was machen wir nun? Weiter bei den Origanern bleiben, um die sich allerdings jetzt die Gemeinschaft kümmern wird, was für euch bestimmt nicht so interessant würde oder etwas Neues erleben?“ Wie üblich schauten wir uns alle an und entschieden uns dann für neue Abenteuer. „Hattest du uns nicht mal vorgeschlagen, bei der Erschaffung einer neuen „Erde“ dabei zu sein?“ Jan, pragmatisch wie immer, schlug das mit seiner Frage gleich vor. „Au ja“, rief Sascha und wir nickten alle zustimmend. Robby setzte sich wieder in seinen Pilotensessel, machte einige seiner seltsamen Bewegungen über dem Pult und zack, schon schwebten wir im All, relativ nahe an einem dunklen Planeten, dessen Oberfläche von hellroten Lavaströmen durchzogen war. Er drehte sich langsam – ähnlich wie die Erde – im Raum. Eine ferne Sonne, auch diese wieder unserer ähnlich, gab ausreichend Licht und

Wärme ab. Einige andere Planeten, teils mit Monden, befanden sich ebenfalls in diesem Sonnensystem.
Robby dozierte: „Dieses System, noch ohne Namen, entspricht weitgehend dem Standard. Was bedeutet, dass in der Regel alle Sonnensysteme, in welchen wir überhaupt Terratransformationen zur Bildung einer neuen „Erde" durchführen, ähnlich dem euren sind. Euer Sonnensystem wurde ja schließlich auch vor vielen, vielen tausend Jahren schon ausgesucht, um „eure" Erde zu formen und darauf Leben anzusiedeln. Unsere Schöpfer – wahrscheinlich damit auch eure – suchten stets nach dieser Systemart, in dem die Sonne die „richtige" Größe und das „richtige" Alter hatte, die Planeten in „richtigen" Abständen um sie kreisten und die zukünftige „Erde" auch alle notwendigen Voraussetzungen erfüllte, damit die Chancen auf Entstehung geeigneter Lebensformen von Anfang an groß war. Weil diese Systematik so in allen Zentralrechnern verankert ist, wurde das Prinzip bis heute beibehalten. Mit Erfolg! Robby schwieg einen Moment und redete dann weiter: „So Leute, jetzt lasse ich gleich – zusammen mit dem Zentralrechner natürlich – mal für euch einen sehr schnellen Zeitraffereffekt ablaufen, damit ihr hautnah die Entstehung einer neuen Erde rascher miterleben könnt. Auf diese Weise „packen" wir etwa vier Milliarden Jahre der Erdgeschichte in nur relativ wenige Minuten! Das für euch auch als kleiner Hinweis auf die Leistungsfähigkeit unserer Zentralrechner. Also aufgepasst, es geht los!"
Plötzlich drehte sich der Planet neben uns, der jetzt eine neue Erde werden sollte, in rasender Geschwindigkeit um seine Achse. Die andere Planeten und ihre Monde hatten die gleiche irre Geschwindigkeit drauf. Und die Sonne, das war jetzt wirklich für uns total irre – weil wir uns ruhig mit unserem Schiff schwebend an einem Ort im All befanden, an dem dieser Effekt besonders auffiel – ging innerhalb von Sekundenbruchteilen auf und unter. Es wirkte, wegen der Helligkeit, wie das extrem schnelle Blinken eines starken Scheinwerfers! Durch die dadurch hohe Tageslichtfrequenz sahen wir den Planeten immer gut sichtbar von der Sonne beleuchtet. Und der veränderte sich unwahrscheinlich schnell! Seit ein paar Sekunden flitzte auch ein

Mond um ihn herum. Das Dunkel der „Erdoberfläche“ war eine- bis zwei Sekunden völlig geschlossen. Die Lavaströme in Sekundenbruchteilen verschwunden. Es bildeten sich feste Landoberflächen. Dann regnete es eine kleine Weile und Ozeane waren entstanden! Plötzlich war eine Atmosphäre – aus unserer Sicht nur Millimeter dick – um den Planeten. Wolken rasten über seine Oberfläche, so schnell, dass man einzelne kaum erkennen konnte, ergossen immer wieder Regen auf das Land unter sich. Dampf, jede Menge. Hellere Wolken. Weiße Wolken. Grünes und braunes Land. Kontinente, die sich rasch über die Ozeane bewegten. Sie drifteten dabei auseinander oder stießen zusammen. Trennten sich wieder, ständig in Bewegung und ständig ihre Form und Größe ändernd. Noch mehr Grün. Noch viel mehr blaues Wasser. Flüsse und riesige Ströme. Die Wolken, jetzt durchweg heller, oft weiß, gaben immer öfter den Blick auf die Erdoberfläche frei. Das ganze hatte bis jetzt nicht mal eine viertel Stunde gedauert! Vor unseren ungläubigen Augen war eine neue Erde entstanden! Fassungslos starrten wir mit offenen Mündern auf das Geschehen da unten. Wir waren in totaler Ehrfurcht erstarrt. Wer so was konnte, der musste tatsächlich wie Gott sein!
Robby stolzierte grinsend vor uns auf und ab und wartete, bis wir uns wieder einigermaßen gefangen hatten. Sascha war der Erste, der ein lang gezogenes „Geiiiiiil“ herausbrachte. Wir anderen nickten nur andächtig und schwiegen. Zu viel musste da in unseren überforderten Hirnen verarbeitet werden! Nur sehr langsam wich die Anspannung von uns. Wir schauten uns gegenseitig an, um uns zu vergewissern, dass wir das eben nicht alleine gesehen hatten. Jan murmelte: „Wie ist denn so was überhaupt möglich? Unfassbar!“ Schlagartig wurde uns unsere eigene Bedeutungslosigkeit und unser mickeriges Wissen klar. Voller Ehrfurcht und mit größtem Respekt schauten wir Robby an. Der verlor sofort sein Grinsen und meinte, leicht betroffen: „Nee, nee Leute, mich dürft ihr nicht so ansehen. Ich kann dafür auch nichts! Das da draußen hat ganz alleine unser zuständiger Zentralrechner gemacht. Ich war dabei nur ein unbedeutendes Werkzeug. Verantwortlich sind aber unsere Schöpfer! Also keine

falschen Beifalls- und Ehrenbezeugungen mir gegenüber. Da würde es nur den Falschen treffen!"
Robby konnte uns da viel erzählen, aber der große Respekt, den wir plötzlich alle vor ihm hatten, ließ sich nicht durch seine Worte vermindern. Robby erschien und momentan gerade wie ein kleiner Gott und das würde sich bestimmt nicht so schnell ändern! „Tja Leute", sagte Robby nachdenklich und tat so, als ob er unsere letzten Gedanken nicht mitbekommen hätte, „jetzt habt ihr die Entstehung eines neuen, lebensfähigen – besser Leben spendenden – Planeten im Zeitraffertempo gesehen. Dank der gigantischen Leistung unseres Zentralrechners. Wenn wir jetzt einige tausend Jahre in die Zukunft reisen würden, könnten wir die Entwicklungen der dortigen Zivilisationen beobachten. „Robby, das könnten wir?" fragte ich aufgeregt. „Klar", erwiderte Robby stolz, „das schafft der Zentralrechner locker. Wollt ihr?" Natürlich wollten wir! Nachdem wir die „Erschaffung" dieses Planeten als „Erde" miterleben durften, wäre es toll, auch die Fortschritte während tausenden von Jahren direkt zu verfolgen. „Also gut Jungs, wir probieren es", meinte Robby. „Probieren?" Robby, hast du gerade probieren gesagt?" „Was verstehst du unter probieren?" „Gibt es dabei etwa mögliche Probleme, weil du probieren sagtest?" Wir redeten mal wieder wirr durcheinander, denn das Wort „probieren" hatte uns schon ein bisschen geschockt und unseren Pulsschlag um einiges erhöht! Wir schauten Robby fragend an. „Ach Leute, jetzt beruhigt euch doch", meinte er nur lachend, „bis heute ist ja noch nichts passiert und der Zentralrechner hat alles im Griff. Also keine Angst, wir schaffen das schon! Wollt ihr es nun wagen oder nicht?" Wie stets in solchen Situationen schauten wir uns an und überlegten erst mal. Schließlich sagte Jan, nachdem er unser zustimmendes Nicken gesehen hatte: „OK, wir denken, dass wir es versuchen sollten. Wenn du es für machbar hältst, machen wir natürlich auch mit!" „OK, Jungs es geht los." Robby drehte seinen Pilotenstuhl zum Kommandopult und machte mehrere, teils ausholende, Bewegungen über ihm. Zunächst geschah aber nichts. Robby erklärte: „Für Zeitreisen in die Zukunft muss der Zentralrechner erst Verbindung zu allen erreichbaren Rechnern

herstellen, weil viel, viel mehr Eventualitäten zu berechnen- und erheblich mehr Sicherheiten geschaffen werden müssen. Aber macht euch keinen Kopf. Das sind alles völlig normale Praktiken. Kaum mehr, als einen neuen Erdplaneten zu terratronsformieren!“ Sascha meinte, immer noch skeptisch: „Na, das beruhigt uns ja kolossal! Aber mittlerweile haben wir in deine Fähigkeiten und eure Technik auch schon so viel Vertrauen, dass wir diese Zeitreise in die Zukunft mit dir riskieren wollen.“ Nochmals schauten wir fünf uns alle an, nickten und schon ging es los!

Vor allen Fenstern und auf jedem Außenbildschirm sahen wir nur noch ein undefinierbares milchiges Grau. Kein All. Kein Universum. Keine Sterne. Nichts. Alles war schlagartig weg. Nur dieses leicht wabernde Grau war zu sehen! Robby beruhigte uns sofort: „Keine Bange, das ist völlig normal und sieht immer so aus. So gehen die Zeitreisen in die Zukunft immer ab. Das dauert jetzt ein paar Minuten, weil es kein Flug oder Teleportation im üblichen Sinn ist. Immerhin reisen wir in eine Zeit, die ja eigentlich noch gar nicht existiert. Ich selbst verstehe den ganzen Vorgang auch nicht. Auch nicht mit Hilfe des Zentralrechners. Das packt mein Hirn einfach nicht.“ „Toll Robby, was sollen wir da erst sagen? Aber was soll's, es wird schon schief gehen!“ antwortete ihm Jan gleich für uns mit. Robby nochmals beruhigend: „OK, Leute, das klappt schon.“ Aber genau das tat es eben nicht! Wir bemerkten es zuerst an Robby Aufregung und seiner sorgenvollen Miene. Er machte plötzlich sehr viel und hektische Bewegungen über seiner Konsole und schüttelte immer wieder den Kopf! „Robby, was ist denn los?“ wollte Jan wissen. Aber Robby reagierte überhaupt nicht auf die Frage. „Hallo Robby!“ Jan stand jetzt neben Robby und bewegte eine Hand vor den Augen von ihm auf und ab. Doch der zeigte wieder keinerlei Reaktion und fuchtelte weiter mit seinen Händen über dem Pult rum. Jetzt waren wir alle vier richtig besorgt und erschrocken. Angst breitete sich aus, fast schon Panik. So hatten wir Robby ja noch nie gesehen und erlebt! Wir standen jetzt alle um Robby herum und Sascha schüttelte in sachte an der Schulter. Endlich schaute uns Robby an. Sein Blick war seltsam leer und schien

weit entrückt, wurde dann aber klarer. Ganz langsam und sehr sorgfältig ausgesprochen kam der klassische Satz über seine künstlichen Lippen: „Huston, wir haben ein Problem!“ Danach schaute er wieder emotionslos vor sich auf das Steuerpult.
„Mann Robby, nun rede schon mit uns!“ „Was ist denn passiert?“ „Was geschieht denn gerade mit uns, was dich so aufregt?“ „Ist was passiert?“ Jetzt wirklich beunruhigt, redeten wir auf Robby ein. Langsam kam wieder ein anteilnehmender Ausdruck in seine Augen und er versuchte es zu erklären: „Jungs, wir haben tatsächlich ein großes Problem! Wir sind plötzlich von unserem zuständigen- und damit leider auch von allen anderen beteiligten Zentralrechnern getrennt worden und treiben im Moment fast antriebslos im „Zwischenraum“, was bedeutet, dass wir weder in der Gegenwart, noch in der Vergangenheit und leider auch nicht – wie beabsichtigt – in der Zukunft sind! Wir bewegen uns in einem Stadium irgendwo zwischen allen Zeitformen. Kurz, ich weiß nicht, wo wir uns überhaupt befinden. Ohne Verbindung zu unserem Zentralrechner bin ich in einer solchen Situation auch hilflos. Nun haben wir nur noch den Bordcomputer mit einer ziemlich eingeschränkten Datenbank, mein künstliches Gehirn und natürlich eure vier Hirne, von denen ja ab und zu auch mal eine gute Idee rüber kam und hoffentlich jetzt kommt!“
„Robby!“ Jan schaute ihn leicht ärgerlich an „was ist denn nun tatsächlich mit uns und dem Schiff los?“ „Das weiß ich eben nicht“, erwiderte Robby leise, „so was ist meines Wissens noch nie vorgekommen. Eine vom Zentralrechner – der dabei ja stets mit allen anderen verbunden arbeitet – gesteuerte Zeitreise zu beeinflussen ist eigentlich unmöglich! Deshalb kann ich mir ja auch gar nicht vorstellen, was hier gerade mit uns passiert.“ Robby machte einen niedergeschlagenen Eindruck und schaute nur vor sich hin, so, als wolle er vermeiden, uns in die Augen zu sehen. Dann straffte sich seine Haltung und ein energisches Glitzern funkelte in seinen Augen. „Jungs! Noch sind wir nicht am Ende! Überprüfen wir doch mal die verbliebenen Möglichkeiten. So schlecht sind die nämlich gar nicht! Also, was haben wir denn alles?“ Aber zu einer Zusammenfassung unserer Hilfsmittel kam Robby erstmal gar nicht!

Er sprang plötzlich auf und stand neben dem Kommandopult. Während er aufgeregt auf eine kleinere holografische Darstellung zeigte, rief er – ja er schrie es fast schon – uns zu: „Die Massenerfassung zeigt in unserer Nähe – laut Anzeige etwa 200 Kilometer entfernt – ein riesiges Objekt! Es scheint zum größten Teil aus Energie zu bestehen!" „Eine Sonne?" wollte Nicci wissen. „Nein, keine Sonne", antwortete Robby nachdenklich, „die würde hier anders repräsentiert und es wäre außerhalb des Schiffs glühend heiß. Ist es aber nicht. „Draußen" messe ich keinerlei Temperaturanstieg. Was oder wer es ist, kann ich noch nicht erkennen. So was habe ich noch nie zuvor in der Massenerfassung gesehen und der Bordrechner arbeitet auch schon eine Weile daran!"

„Was oder wer – wer Robby, wer?" „Kann es denn eine Lebensform sein?" Bedroht es uns?" Können wir uns überhaupt wehren?" Haben wir Waffen?" „Ist unser Schutzschirm noch da?" Wieder mal sehr aufgeregt riefen wir wie üblich wild durcheinander und bombardierten Robby mit unseren Fragen. Der wartete – auch wie üblich – bis wir uns wieder beruhigt hatten und meinte dann: „Wie schon gesagt, Jungs, was oder wer es ist, konnte ich eben noch nicht feststellen. Auch der Bordcomputer ist da keine große Hilfe. So wie ich es momentan sehe, handelt es sich aber wahrscheinlich um eine intelligente Lebensform. Ob „sie" uns bedroht, kann ich ebenfalls nicht sagen. Aber da kann ich euch vielleicht ein wenig beruhigen: Wirkliche Intelligenzen – wie z. B. unsere Gemeinschaft – lösen Probleme oder Konflikte oder, wie hier, neue Kontakte, so gut wie nie mit Waffen. Dazu haben wir meist viel bessere Möglichkeiten, eine heikle oder gefährliche Situation zu lösen. Denkt doch mal nur dabei an unsere Zentralrechner oder die gesamten Leistungen von unserem bestehenden Rechnerverbundes.

Sascha und ich hakten sofort ein: „Aber du sagtest doch vorhin, dass wir vom Zentralrechner und dessen Kumpel getrennt sind. Dann ist diese Hilfe schon mal weg!" Jan steuerte bei: „Haben wir nun Abwehr- und Schutzmöglichkeiten oder haben wir sie nicht. Und, Robby, darauf hast du auch noch nicht geantwortet: Steht unser Schutzschirm noch?" Robby versuchte uns zu besänftigen: „Ja, der Schutzschirm steht. Der wird vom Schiff selbst aufrechterhalten. Allerdings ist er jetzt – ohne die Unterstützung des Zentralrechners und die seiner „Kumpel“ – leider nicht mehr ganz so unzerstörbar, weil die momentanen Energiereserven des Schiffs dafür nicht ausreichen würden. Abwehrmaßnahmen haben wir z. B. gegen Meteoriten und Asteroiden usw., dafür verfügt das Schiff über Materiewandler. Waffen im Sinne von Waffen – wie ihr sie euch eventuell vorstellt – hat das Schiff nicht. Also keinerlei Strahlen- oder Laserkanonen, Faser oder Positronentorpedos und was ihr von euren SF-Filmen noch so alles „kennt“. Wir haben den fast unzerstörbaren Schutzschirm, der auch ohne Zentralrechner sehr wirkungsvoll ist. Weiter einen kleinen Terratransformierer und die Materiewandler, mit denen Bruchstücke und Brocken, wie ihr sie ja schon von unserem Flug durch den Meteoritenschwarm kennt, problemlos beseitigt werden könnten, bevor sie Schaden anrichten können. Die funktionieren zwar tatsächlich ähnlich, wie die überdimensionalen Strahlenkanonen in euren Zukunftsromanen und können auch tatsächlich dickste Brocken pulverisieren. Aber als Waffen würde ich sie trotzdem nicht bezeichnen. Zu all dem könnte ich mit Hilfe des Konverters für den Schiffsantrieb kleinere Materieteilchen im All um uns herum umwandeln und verwenden. So könnte ich z. B. schon aus staubförmiger Weltraummaterie – die übrigens fast überall anzutreffen ist – für euch jede gewünschte Nahrung oder Flüssigkeit herstellen. Verhungern und verdursten werdet ihr also sicherlich nicht. Darüber hinaus können der Bordrechner, mein Gehirn und eure Gehirne ja auch noch gewaltige Denkleistungen vollbringen, die uns in kritischen Momenten meist zugutekommen. So schlecht stehen wir, insgesamt gesehen, also gar nicht da. Aber ob gut, kann ich natürlich auch nicht sagen. Dazu wissen wir noch viel zu wenig.“

Fast hätten wir durch die Diskussion unsere Lage vergessen, wurden aber durch einen Pfeifton und mehrere blinkende Lämpchen am Kommandopult urplötzlich in die Wirklichkeit zurückgeholt. Robby machte sofort mehrere Bewegungen über dem Pult und wir riefen mal wieder aufgeregt durcheinander:

„Robby, was ist los?“ „Werden wir angegriffen?“ „Was bedeutet das Pfeifen und die Blinkerei?“ „Was passiert denn jetzt schon wieder?“ „Robby, tu doch was!“ Robby gab keine Antwort und hantierte schnell an einer Seite des Pults. Dann rief er aufgeregt: „ Wir werden von dem „Objekt“ angezogen! Etwa so, wie mit einem Traktorstrahl. Unser Schiffsantrieb wurde von außen völlig neutralisiert. Wir haben keinerlei Einfluss auf die Bewegung! Ich habe alles, was ich hätte tun können, versucht. Aber leider ohne jeden Erfolg!“

Plötzlich, wir traten unwillkürlich und erschrocken etwas zurück, waren alle Fenster wieder klar und wir konnten hinaussehen! Direkt „neben“ uns, na ja, einige tausend Meter werden da wohl nicht reichen, drehte sich eine schimmernde, gigantisch große Kugel im All. Wegen ihrer unglaublichen Größe war eine Entfernungsschätzung für uns nicht möglich. Fast kam sie uns wie ein kleinerer Planet oder wie ein großer Mond vor! Wäre nicht das metallische Schimmern gewesen, hätte es so was durchaus sein können. Robby sprach leise, um uns bei staunenden Betrachtung nicht zu stören: „Laut Anzeige ist das Objekt über 100 Kilometer von uns weg!“ Wir registrierten diese Ansage aber kaum. Zu sehr waren wir in den Anblick vertieft. Um die Kugel lag offensichtlich ein fast unsichtbarer Schutzschirm. Wahrscheinlich ging von ihm der schimmernde Glanz aus. Zumindest interpretierten wir für uns die kaum wahrnehmbare, sehr Dichte Umhüllung als solchen. Weil wir ständig zu der Kugel hingezogen wurden, wurde dies immer größer und füllte bald – nur noch in Teilstücken in den Fenstern sichtbar – diese dann völlig aus. Vom Weltall sahen wir jetzt nichts mehr. Unser Schiff schwebte aber sanft weiter auf die riesige Kugel zu. Wir konnten schon Konturen, seltsame Kuppeln und Türmchen mit vielen Antennen, oder was es auch immer war, erkennen. Wir schienen jetzt direkt neben – besser über – der Kugeloberfläche zu schweben. Langsam öffnete sich vor uns in der Kugelwandung eine kreisrunde Öffnung, indem sie sich einfach auflöste und ein helles Leuchten seinen Schein in das dunkle All warf. Wir schwebten direkt auf diese Öffnung zu. Das augenscheinliche Größenverhältnis zwischen unserem Schiff und der fremden

Kugel entsprach etwa dem zwischen einem Sandkorn und einem Tennisball! Das Ding war einfach gewaltig! Vor lauter Aufregung und wegen der immensen Spannung sagte keiner ein Wort. Das ließ auch offenbar erst gar keine Angst in uns aufkommen. Zu überwältigend war das gerade Erlebte! Auch Robby starrte gedankenverloren auf seinen Frontschirm vor sich und schien uns sehr beeindruckt zu sein. Ich dachte für mich: „Wenn Robby schon derart überrascht und betroffen wirkt, wo er doch schon so unendlich viel mehr im All erlebt hat, musste das hier was wirklich Großes sein!"
Als hätte Robby meine Gedanken gelesen, sagte er unvermittelt: „Jungs, was wir hier gerade erleben, ist in unserer Geschichte bisher noch nie passiert! Das scheint eine völlig neue Intelligenz zu sein und ich denke nicht, dass „die" uns schaden will. Das hätte „sie" schon längst tun können, ist aber nicht geschehen. So meine ich, dass „sie" wahrscheinlich sogar unglaublich intelligent und fortschrittlich ist. Also keine Panik! Lassen wir uns einfach überraschen!" Jan kommentierte dies trocken: „Na Robby, du hast gut reden, aber wir erleben so was immerhin zum allerersten Mal. Eine neue und noch unbekannte Lebensform! Außer dir und deinen „Leuten" kennen wir ja auch nicht so viele Aliens – unwillkürlich mussten wir lachen – und sind viel gespannter auf das Kommende als du!" Robby erwiderte ebenso trocken: „Wenn du dich da mal nicht irrst, Jan, wenn du dich da mal nicht irrst!" Jetzt wurde uns aber doch mulmig; wenn Robby das schon so sah, was sollten wir dann erst davon halten?
Zwischenzeitlich waren wir an der Kugel angekommen. Deren matt glänzende Außenwand erschien uns nur noch minimal gewölbt, fast gerade, denn sie war wirklich beeindruckend groß! Robby erklärte uns dazu kurz: „Nach meiner Schätzung ist diese unglaublich große Kugel fast so groß wie euer Mond und die naheliegenste Vermutung ist, dass sie ein Raumschiff ist! Wir staunten stumm und versuchten, diese Aussage zu verarbeiten, wurden dann aber von den Ereignissen, welche im Moment stattfanden, zu sehr abgelenkt. Die vor mehreren Minuten noch relativ klein aussehende Öffnung war nun ebenfalls riesig geworden. Aber durch das helle Licht aus dem Inneren konnten

wir aufgrund der Blendung nichts erkennen. Bevor wir überhaupt eine Reaktion zeigen konnten, waren wir schon drin und die Öffnung schloss sich sofort hinter uns! Unser Schiff, eine „winzige" Kugel mit „nur" gut neun Metern Durchmesser, schwebte weiter und unsere Augen gewöhnten sich allmählich an die grelle Lichtfülle. Robby hatte damit keine Probleme, seine künstlichen Augen neutralisierten ja sofort jede unangenehme Blendung. So hatte er bereits das gesehen, was sich für uns erst jetzt langsam zeigte. Wir schwebten in einer Art Halle, relativ groß und geräumig. Allerdings klein im Verhältnis zur restlichen Kugel. Wir konnten immer mehr erkennen und machten so gut zehn kleinere Kugeln – alle rund dreimal so groß wie unser Schiff – um uns herum aus. Wahrscheinlich Raumschiffe wie unseres. Seltsame Fahrzeuge in verschiedenen Farben schwebten direkt über dem Hallenboden oder schienen sich direkt darauf zu bewegen. Ihre Form, die in der Größe stark variierte, erinnerte am ehesten an eine Halbkugel, deren flache Seite „unten" war. Weder Räder noch Öffnungen, Fenster, Kuppeln oder so was waren zu erkennen. Sie schienen völlig glatt zu sein. Plötzlich erschraken wir und drängten uns schockartig reagierend zusammen. Unser Schiff schien sich aufzulösen! Erst wurde es durchsichtig und dann verschwand es gänzlich vor unseren Augen! Allerdings blieben wir wo wir waren, fielen weder herunter noch änderte sich für uns die Härte des Schiffsbodens, auf dem wir noch zu stehen glaubten. Nur, alles war einfach weg! So, als stünden wir, weit über dem Hallenboden, in der Luft! Der Schreck stand in unseren Gesichtern und wir vier waren blasser geworden. Nur Robby schien all das normal zu finden und zeigte gar keine Reaktion auf das Verschwinden unseres Schiffes. Das beruhigte uns zwar einerseits wieder etwas, andererseits aber hatte Robby vorhin noch gesagt, das so gut wie nichts unserem Schutzschirm etwas anhaben könnte. Tja, und jetzt war auch der gänzlich verschwunden! Aber wir waren gerade derart erregt, dass wir das Geschehen um uns herum nicht wirklich und in seiner eigentlichen Tragweite erfassten. Die vielen ungeheuren Neuigkeiten schienen langsam auf uns abstumpfend zu wirken. Na ja, wer würde das, was wir momentan erlebten, auch nur annähernd rascher begreifen können? Gerade änderte sich die Richtung unseres „Fluges“ und wir schwebten auf eine entferntere Stelle der Halle zu.

Sechstes Kapitel: Die Schöpfer

Plötzlich rief Sascha leicht schrill und überdreht: „Schaut doch nur, da vorne, die Gestalten auf die wir zufliegen, sehen die nicht wie Menschen aus?“ Er zeigte dabei auf mehrere Figuren, die tatsächlich wie Menschen aussahen! Wir bewegten uns sanft gleitend auf die kleine Gruppe zu. Waren das vielleicht Angehörige der hier im Kugelraumschiff existierenden Lebensformen? Unsere Aufregung war jetzt so groß, dass wir alles um uns herum ignorierten. Nur die „Leute“ vor uns interessierten uns im Moment! Wenige Minuten später sanken wir direkt vor ihnen auf den Hallenboden, wo wir völlig ruckfrei zum Stehen kamen. Nun trauten wir unseren Augen nicht mehr! Was war das denn vor uns? Ist ja total irre! Das waren exakt wir Fünf selber! Da standen uns Robby, Jan, Sascha, Nicci und ich selber gegenüber! Waren wir etwa verrückt geworden? Oder war das nur ein Trick, ein riesiger Spiegel vielleicht? Unwillkürlich machten wir einige Hand- und Armbewegungen. Doch wir sahen sofort, dass unsere Ebenbilder sich nicht bewegten. Fragend schauten wir Robby an. Aber auch er schien, genauso wie wir, total überrascht zu sein und zuckte nur mit den Schultern.
Unvermittelt hörte ich eine angenehme und sanfte Frauenstimme in meinem Kopf: „Bitte seid nicht verwirrt und ängstlich, wir haben nur die äußere Form von jedem von euch übernommen, um euch nicht zu erschrecken. Wir dachten, dass euch vertraute Formen und Gesichter am wenigsten ängstigen.“ Ich war total baff! Da redete „die“ mit mir in einem klar verständlichen Deutsch! In meinem Kopf! Als wäre das das Selbstverständlichste der Welt! Ein Blick zu den anderen – auch zu Robby – bestätigten mir, dass es denen ebenso erging wie gerade mir. Wir waren völlig platt und das war eine glatte Untertreibung! Unseren Zustand könnte niemand korrekt beschreiben. Er war ja auch mit nichts sonst vergleichbar! Stummes, fassungsloses Staunen würde da als Erklärung nur einen Bruchteil der Wirklichkeit wiedergeben.
Aber schon „redete“ die Stimme in unseren Köpfen weiter: „Also, habt bitte keine Angst vor uns oder dem, was gerade mit

euch passiert. Wir sind friedlich und tun keinem etwas zu Leide. Euer Raumschiff wurde von einem unserer Raumüberwachungssensoren entdeckt und wir erkannten, dass ihr in die Zukunft reisen wolltet. Euer angestrebtes Ziel dort wäre jedoch nicht realisierbar gewesen. Eure geplante Ankunft hätte sich mit einer unserer dortigen „Arbeiten“ überschnitten. Ihr wäret wahrscheinlich gerade mitten in einer von uns initiierten Supernova materialisiert und das mit dieser neuen Nova entstehende schwarze Loch hätte euch „verschluckt“! Soweit unsere Berechnungen. Was dann mit euch passiert wäre, vermögen selbst wir nicht zu sagen. Um das alles zu vermeiden, haben wir euch deswegen sicherheitshalber an „Bord“ geholt. Immerhin sind wir schließlich für euch verantwortlich.
Robby versteht bereits die Zusammenhänge, weil wir ihm den Zugang zu unserem Zentralrechner gestattet haben. Sofort schauten wir vier Robby fragend an und bestürmten ihn mit Fragen: „Was sind das für Wesen?“ „Woher kommen die?“ Was haben die mit uns vor?“ Weißt du schon mehr über sie?“ Was geschieht denn jetzt mit uns?“ „Wollen die uns was tun?“ „Was ist denn mit unserem Raumschiff passiert?“ Hätte Robby nicht beschwichtigend die Hände gehoben und um Ruhe gebeten, hätten wir noch unzählige weitere Fragen auf ihn abgeschossen. So aber beruhigten wir uns wieder etwas und waren bereit, Robby zuzuhören. Tja und Robby hatte uns einiges zu sagen!
„Jungs“, fing er wie üblich an, „wir haben unglaubliches Glück gehabt, dass wir zufällig von unseren Schöpfern aufgegabelt wurden!“ „Was?“ „Wie?“ „Schöpfern?“ „Spinnst du jetzt?“ Schon wollten wir wieder alle durcheinander redend Infos von Robby, ließen es aber als wir Robbys um Ruhe bittenden Handbewegungen und seine flehenden Augen sahen. Er erklärte auch sofort weiter, was er erfahren hatte: „Ja Leute, das sind unsere Schöpfer direkt! Keine Nachkommen oder so was. Nein, sie sind es tatsächlich selbst! Ich werde versuchen, es euch mal kurz zu verklickern, OK Jan?“ „OK“, antwortete der schnell, „bitte erzähl weiter!“ Und Robby verklickerte es uns: „Als damals – ich hatte euch ja schon früher davon berichtet – der Untergang unserer Schöpfer absehbar geworden war, hatten sich,

wie bereits bekannt, Splittergruppen abgespaltet, die ihr damaliges Wissen und ihre Pläne für die ersten Zentralrechner vor der Zerstörung retten wollten. Hier, in diesem riesigen Kugelraumschiff, das sind Angehörige der damaligen Schöpferrasse selbst! Sie fanden, nachdem sie den ersten Zentralrechner fertig gestellt hatten und einsetzten, eine „Formel“ für die Unsterblichkeit. Später – eine direkte Folge davon – verwandelten sie sich von der menschenähnlichen Lebensform in reine Energiewesen ohne organische Anteile. Wenn ihr sie jetzt in ihrer momentanen „Form“ sehen dürftet, würdet ihr eine bläulichweiße Energiekugel in der Größe eines großen Medizinballs sehen. Zwar, wie ich meine, nicht erschreckend, aber doch gewöhnungsbedürftig. Deswegen haben sie erst mal die Gestalt von uns angenommen, um eine kleinere Panik bei uns zu vermeiden. Heute leben sie nur noch in solchen „Kugelraumern“ wie diesem hier. Sie sind unzerstörbar und haben in jedem ihrer Raumer einen Zentralrechner, der jeweils das gesamte Wissen und Können des bekannten Weltalls in sich birgt! Zudem sind alle ihre Zentralrechner – wie übrigens ja unsere auch – miteinander ständig verbunden. Ah, gerade habe ich erfahren, dass sie auch schon immer Verbindungen zu unseren Zentralrechnern hatten, ohne dass wir es wussten! Ihr erinnert euch noch an die Story mit den drei Wünschen? Nun, sie haben diese Wünsche fast für sich erfüllt: 1. Sie können wirklich fast auf jede Frage die richtige Antwort geben, 2. sie können fast alles wirklich besser als der/die/das Beste es kann und 3. sie können wirklich alle ihre begonnen Tätigkeiten mit dem, sofern sie es wollen, besten Ergebnis beenden. Kurz, sie sind eben die Schöpfer! Am ehesten könntet ihr sie mit euren Göttern vergleichen. Die sollen ja angeblich auch alles wissen, können und immer zu einem guten Ende bringen oder so. Wahrscheinlich, ja fast sicher sogar, waren eure Götter schon immer unsere Schöpfer gewesen! So wie ich es sehe, haben sie eure Erde bestimmt auch in grauer Vorzeit terratransformiert und den Samen für eure Menschheit gepflanzt!“

Robby machte nach dieser „kurzen“ Erklärung eine kleine Pause, fuhr aber schnell, bevor wir wieder mit unseren Fragen beginnen konnten, fort: „Unsere „Gastgeber“ hier durchstreifen mittlerweile das gesamte Weltall und unser Universum. Im Weltall gibt es ja, wie schon erwähnt, unzählige weitere Universen. Und sie haben in sehr vielen Galaxien „unseres“ Universums „Erden“ terratransformiert! Ihr Ziel ist das unablässige Erweitern ihres Wissens. Jedes noch so winzige Detail wird sofort in ihrem Zentralrechner aufgenommen und in schier unendlichen Datenbänken gespeichert! So haben sie z. B. von euch Vieren beim Sondieren eurer Gehirne das Skaten kennen gelernt, was sie so noch nicht kannten. Tja, Jungs, eure gesammelten Skaterkenntnisse sind – zusammen mit vielen Detailinformationen über die Menschen – jetzt bereits in ihrem Zentralrechner! Alles für sie Neue aus meinem und euren Gehirnen haben sie sofort übernommen. Dazu noch ein paar kurze Beispiele: Das Patrick mit „Findus“ als „seine“ Katze spielt, obwohl sie den Nachbarn gehört. Oder das Chaos, das Jan überall mit einbringt und meist hinterlässt. Oder die Zeichnungen und Skizzen, die Sascha gerne macht. Oder Niccis Fertigkeiten bei Computerspielen.... und.... und ..... und. Ihr seht, im All geht kein Wissen verloren! Auch mein Gehirninhalt sowie der Inhalt unseres Schiffrechners, von da ausgehend schließlich der gesamte Inhalt unserer Zentralrechner – alles, aber auch wirklich alles wird von ihnen gescannt und Brauchbares oder Neues sofort archiviert. Nahezu unglaublich ist dabei, dass diese Datenzuwächse mit dem neuen Wissen dann im gesamten All auf ihren vielen Zentralrechnern auch immer gleich jedem zur Verfügung steht!“ Robby machte wieder eine kleine Pause und fuhr dann fort: „Nochmals kurz zu „unseren“ drei Wünschen – die haben sie auch gespeichert – zurück: Ihr seht jetzt, dass es natürlich niemals möglich sein wird sie voll zu erfüllen, dazu ist das All mit all seinem Wissen einfach unendlich. Aber ich kann euch eine neue Nuance beisteuern: Würde jetzt z. B. den Schöpfern eine Frage gestellt, auf welche sie keine Antwort wüssten, würden sie sich sofort aus dem Gehirn des Fragenden schon mal alle Informationen dazu holen und den Rest würde dann in der Regel ihr Zentralrechner auffüllen. Ähnlich verfahren sie bei den anderen beiden Wünschen!

Wissenssammler pur eben! Das ist wirklich schon sehr beeindruckend! Diesmal machte Robby bewusst eine kleine Kunstpause, bevor er weiter redete: „Wolltet ihr, nur mal so, das Wissen der Menschheit – hier nur schnell die Möglichkeiten eures Internets bedacht – mit dem Wissen der Schöpfer vergleichen, so verhielte es sich so wie ein einzelnes Sandkorn – das wäre euer Wissen – zum gesamten Sand der Saharawüste – das wäre in diesem Vergleich dann das Wissen der Schöpfer! Kommt ihr mit diesem „leicht hinkenden“ Vergleich klar?“
Außer ein stummes Kopfnicken kam keine Reaktion von uns. Was könnten wir denn zu so einem Vergleich auch sagen? Jan murmelte kaum verständlich: „Ein Vergleich von uns, dazu passend, vielleicht: Wir vier verhalten uns von unserem Wissen her in etwa so zu „ihrem“ Wissen, wie ein einziger Tropfen Salzwasser, der auch noch sehr klein müsste, sich zum Rest aller Meere und Ozeane auf unserer Erde verhält! Das müsste es doch annähernd treffen, oder?“ Zustimmendes Kopfnicken unsererseits. Robby lachte und meinte: „Ach Jungs, macht euch doch deswegen keinen Kopf, da würdet ihr nur unnötig hohe Drehzahlen bekommen!“ Er kicherte, wurde dann aber ernst und fuhr fort: „Als ich vorhin von unserem unglaublichen Glück sprach, meinte ich, dass wir ohne die Schöpfer – bleiben wir für „sie“ einfach bei dieser Bezeichnung – bereits Vergangenheit wären. Womit ich sagen will, dass wir unsere Zeitreise nicht überlebt hätten! Vielleicht wären wir im schwarzen Loch für immer und ewig verschwunden. Was wir da erlebt hätten, kann niemand sagen, weil aus einem schwarzen Loch noch nie jemand zurückgekommen ist!“ Robby musterte uns aufmerksam, bevor er weiterredete: „Hmmmm“, er dehnte den folgenden Satz sichtlich in Vorfreude auf unsere Gesichter: „Hmmmm, bis heute! Denn die Schöpfer hatten mit ihrer „Arbeit“, die sie dort vorhatten, geplant, in das schwarze Loch zu fliegen, um zu erfahren, was sie dort erwarten würde. Dann wollten sie wieder zurückkommen! Irre, nicht wahr?“ Na ja, unsere Mienen erfüllten aber total seine Vorfreude! Wir waren mal wieder so richtig baff! Verstehen konnten wir ohnehin kaum etwas von dem, was uns Robby da erzählte. Hätte er doch nur ab und zu mal Bahnhof gesagt oder

einige bekannte spanische Dorfnamen, jaaa dann…. . Puh, uns schwirrte jeder Kopf einzeln und wir konnten uns nur gegenseitig ansehen, um bestätigt zu bekommen, dass es den anderen ähnlich erging. „Mann, Mann, Mann“, dachte ich bei mir, wir sind doch nur „kleine“ Erdenkinder mit nahezu Null Wissen und einem 99-prozentigen Vakuum im Hirn! Bitte, bitte Robby, geh lieber sachter mit uns um, sonst kommen wir von unseren hohen Drehzahlen gar nicht mehr runter!“ Robby schien zu verstehen, was ich ihm damit sagen wollte und machte einige besänftigende Bewegungen. „Ist ja gut, Jungs, ist ja gut. Lassen wir es ruhiger angehen. Welche übrig gebliebene „Klarheit“ kann ich noch beseitigen? Sprich: Was wollt ihr wissen?“
Jan, mal wieder sachlich bis zum abwinken, meinte stellvertretend für uns alle: „Du, da hätten wir schon noch ein paar Fragen und Wissenslücken, die du klären und auffüllen könntest!“ Und dann legten wir los! Schon alleine deshalb, weil wir damit unsere große Anspannung mildern konnten und von unseren aufgekommenen Sorgen und Ängsten abgelenkt wurden: „Was hat es dann mit „auf jede Frage die richtige Antwort wissen“ auf sich, wenn „sie“ doch gar nicht wissen, was „sie“ dort erwartet?“ „Wann soll das Ereignis denn starten?“ „Was machen wir denn dann, wenn sie weg sind?“ „Wo bleiben wir bei der Aktion überhaupt?“ „Wie unzerstörbar ist ihr „Kugelraumer“ denn wirklich?“ „Was passiert eigentlich in so einem schwarzen Loch, kannst du uns das mal erklären?“ „Würdest du da mitwollen, Robby?“ „Kann denn so was überhaupt klappen?“ „Riskieren die Schöpfer da nicht ein wenig zu viel?“ Unsere Fragen versiegten, als wir Robbys Miene sahen. Er schaute ziemlich unglücklich zu den Schöpfern hinüber, denn während wir hier die ganze Zeit redeten und unsere Fragen auf Robby einprasselten, standen die Schöpfer in unseren Gestalten nur da und hatten bisher keinerlei Reaktionen gezeigt! Sascha flüsterte Robby zu: „Sind „die“ denn überhaupt noch da? Wie sollen wir uns denn jetzt verhalten? Können wir mit ihnen reden? Normal oder telepathisch?“ Bevor Robby was sagen konnte, jammerte Nicci los: „Kommen wir denn jemals nach Hause zurück?“ Dann schien er zu erschrecken: „Huch, da fällt mir gerade ein, was ist

denn eigentlich mit unseren Skateboards passiert? Liegen die noch auf der Streuobstwiese bei uns in Kist rum?" Als er unsere entgeisterten Blicke sah, wurde er rot und meinte verlegen: „Sorry, war dumm von mir, fiel mir nur gerade ein, war wirklich blöd von mir. Ich weiß ja, dass wir momentan andere Probleme haben. Nochmals sorry Leute." Aber genau das hatten wir gebraucht! Niccis banale Frage brachte uns wieder gut in die Realität zurück. Jetzt konnten wir Robbys Antworten auf unsere Fragen ruhiger erwarten und schauten ihn aufmerksam an.

Robby nickte uns kurz zu, dass er verstanden hatte und begann ohne Umschweife sofort mit der Beantwortung unserer vielen offenen Fragen und erklärte zusätzlich noch das eine oder andere gleich mit: „Das mit den „richtigen" Antworten geht so: Wenn eine zunächst noch unbekannte Antwort gesucht wird, erledigt das der Zentralrechner in Millisekunden mit der Vergleich-, Annäherungs- und Einsetzungsmethode. Damit kommt er im „schlechtesten" Fall immerhin auf eine knappe 97-prozentige Genauigkeit und das reicht in der Regel. Die Schöpfer wissen also ziemlich genau, was sie im schwarzen Loch erwartet. Sonst würden sie das Ganze erst gar nicht versuchen. Außerdem sind ihre „Kugelraumer" wirklich durch nichts – bisher Bekanntes – zu zerstören. Sie wollen in ca. fünf Stunden den Versuch wagen. Bis dahin treffen sie noch alle notwendigen Sicherheitsmaßnahmen. Bei den Schöpfern sind fünf Stunden immerhin eine sehr lange Zeit! Bedenkt bitte, was sie mit ihrem riesigen Wissen und ihrer unglaublichen Technik in fünf Stunden alles machen könnten! Andererseits sind für sie fünf Stunden Erdzeit gar nichts, denn wer unsterblich ist und durch nichts zerstört werden kann, für den ist die Zeit nun wirklich relativ geworden! Auch hier bedenkt bitte, dass die Schöpfer fast beliebig in der Zeit reisen können. Viel besser und eleganter, als wir das je konnten. Hier zeigt sich die große Überlegenheit ihrer Zentralrechner und ihrer Technik."

Robby schaute einen kleinen Moment ehrfürchtig vor sich hin und fuhr dann fort: „Wir bleiben dann hier und warten, bis sie zurückkommen. Mit einer Zeitreise dürfte da kaum Zeit „verloren" gehen." Robby grinst nach diesem Satz zufrieden,

erklärte aber sofort weiter: „Wir sind dann im „Kugelraumer“ – übrigens absolut sicher – und werden dort so einiges erleben. Aber dazu komme ich später noch.“ Als wir nicht sofort reagierten – wie sollten wir auch, bei so vielen Neuigkeiten – redete Robby weiter: „Zu eurer Beruhigung wiederhole ich noch mal: Wir sind dort völlig sicher, denn ein Kugelraumer der Schöpfer kann durch nichts Bekanntes – egal, was es auch sei – zerstört oder auch nur beschädigt werden. Was in einem schwarzen Loch passiert, glauben sie jetzt zu wissen. Nach allen Informationen, auch von ihren zusammen- geschalteten Zentralrechnern, bewirkt der Flug in ein schwarzes Loch, abgesehen von der fast unendlichen Massenerhöhungen und der ebenso fast unendlichen Zeitverschiebung, also alles schon jetzt hinreichend bekannte Begleiterscheinungen, einen Übergang in ein Antimaterieuniversum! Einer ihrer Kugelraumer wurde deshalb so verändert und verbessert, dass er alle zu erwartenden Umstände und Ereignisse, ohne Schaden zu erleiden, bewältigen kann. Auch das Problem mit der Antimaterie haben sie lösen können. Die Schöpfer sind sich sicher, dass die Expedition in das schwarze Loch erfolgreich sein wird und, dass niemand zu Schaden kommt.“ Bevor Robby weiterredete, ließ er das gerade Erzählte erst mal wieder bei uns einsickern. Auf eure Frage die Antwort: „Natürlich würde ich sehr gerne mit dabei sein! Das werde ich ja auch! Tja Jungs, ihr aber auch!“
Geschockt starrten wir Robby an. Aber der redete sofort weiter, um uns gar nicht erst die Möglichkeit zu neuen Fragen zu geben: „Die Schöpfer bieten uns die einzigartige Chance, bei ihrem Flug in das schwarze Loch dabei zu sein! Allerdings mit einem winzig kleinen Unterschied: Sie haben uns ja schon als Empfangskomitee dupliziert. Das ist nicht nur so daher gesagt, nein, wir sind jeweils zu 100 Prozent nochmals da! Bisher haben sie unsere Doppelgänger noch nicht aktiviert, weil ihr zu aufgeregt und in einer beginnenden Panik wart, als wir hier ankamen. Die angenehme Stimme kam dabei von einem anderen Schöpfer. Aber, wenn sie jetzt die Aktivierung nachholen, existiert jeder von uns – also auch ich – exakt identisch ein zweites Mal! Die Duplikate von uns sind jedoch

auch Schöpfer, also reine Energie, aber ihre „Seelen“ befinden sich in anderen „Energiekörpern“. Die Schöpfer können sich theoretisch in jedem Körper aufhalten und sie können beliebigste Formen annehmen. Nur das, was ihr unter Seele versteht, kann immer nur einer Existenz zugeordnet werden! Aber zurück zum Thema: Diese Doppelgänger von uns werden dann den Flug mitmachen. Wenn alles wie geplant klappt, können sie uns dann später, nach dem Trip, erzählen, was sie erlebt haben, OK?“ Wieder ohne eine Antwort abzuwarten, redete Robby weiter: „Wir warten demnach einfach mal ab, was so passiert und vertreiben uns die Zeit – falls überhaupt „Zeit“ vergeht – hier im Kugelraumer. Reden könnt ihr mit den Schöpfern eigentlich, wann ihr wollt. Nur haben wir beschlossen, dass erst mal nur ich einen direkten Kontakt zu ihnen habe. Ihr werdet ohnehin ununterbrochen von ihnen gescannt und sie kennen somit natürlich eure Gedanken und Fragen.“ „Natürlich, was auch sonst“, dachte ich bei mir. Aber Robby erklärte schon weiter und so musste ich aufpassen, nichts zu versäumen: „Sie haben immer und überall telepathischen Kontakt zu allen Lebensformen, zu denen so was möglich ist. So ist z. B. ein Gehirn oder ähnliches dazu erforderlich. Umgekehrt stehen damit auch die Lebensformen mit den Schöpfern in ständiger Verbindung und merken dies aber meistens gar nicht. Wie ihr ja auch.“ Wieder machte Robby eine kleine Pause, bevor er fortfuhr: „Um auf Niccis Frage bezüglich eures Zurückkommens nach Hause einzugehen: Eure Heimkehr nach Kist wird auf den Moment „eingestellt“, als ihr auf der Streuobstwiese das zweite Mal von mir in den Bunker teleportiert wurdet. Ihr verliert also keine nennenswerte Zeit und wir haben vor, das gesamte Geschehene, jeweils individuell für jeden von euch, als einen schönen lebhaften Traum in euren Erinnerungen „einzubetten“. So verliert ihr davon nichts und könntet eben nur über einen Traum reden. Das ihr dabei alle von einem Traum redet, wird schon niemanden auffallen – und wenn schon.“ Robby schaute Nicci kurz an und sagte: „So, Nicci, um dich jetzt noch weiter zu beruhigen: Eure Skateboards sind in unserem Schiff. Miniaturisiert auf die Größe von Fingerboards liegen sie in einem Fach. Denen passiert schon

nichts. Wenn ihr später wieder auf der Streuobstwiese seid, habt ihr selbstverständlich wieder eure „normalen“ Boards dabei. Unabhängig davon werden wir, wenn die Schöpfer ihren Versuch gestartet haben, mal zwischendurch auf eurem Kister Skaterplatz skaten. Da bin ich schon ganz wild drauf, weil ich mir die Fähigkeiten und das Können von allen euren weltbesten Skatern angeeignet habe und ich euch so einige tolle Tricks zeigen möchte! OK?“ Wieder redete Robby schnell weiter, damit wie keine Zeit für Fragen oder Unterbrechungen hatten: „So Leute, unsere Doppelgänger werden jetzt aktiviert und ihr könnt mit ihnen reden oder sonst was anstellen. Erschreckt aber nicht, weil einige der Schöpfer sich in ihrer „normalen“ Form zeigen werden. Es sind in diesem Kugelraumer übrigens insgesamt etwas mehr als eine Milliarde von ihnen anwesend. Bleibt einfach so, wie ihr seid – so kennen „sie“ euch ja auch, OK?“
Jetzt wartete Robby, bis wir aus unserer Trance, in die seine ausführlichen Erklärungen uns fast versetzt hätten, aufwachten. Noch leicht abwesend nickten wir alle. Noch traute sich keiner von uns, den Mund aufzumachen, in der angenommenen Befürchtung, dass dabei nur unwürdiges Gestammel herauskäme. Plötzlich bewegten sich unsere Doppelgänger und kamen langsam auf uns zu. Robby ging sofort zu seinem Ebenbild und schien sich – den Bewegungen nach – mit ihm ausgiebig telepathisch zu „unterhalten“. Unvermittelt stand Patrick vor mir und es war, als würde ich in den Spiegel schauen! „Hi, alles klar? Ist doch geil, oder?“ Ich dachte verdutzt: „Genau das wollte ich auch gerade sagen! Na toll, ein Ebenbild, das exakt so ist wie ich selbst; einfach unheimlich. Robby hatte ja gesagt, dass unsere Imitate zu 100 Prozent wir seien! Es gäbe nicht den geringsten Unterschied! Unheimlich!“ Ich sprach meinen „Zwilling“ zögernd an: „Du fliegst also für mich mit den Schöpfern in das schwarze Loch, wenn ich das richtig sehe?“ Ich kam mir gegenüber unbeholfen und unsicher vor und dachte: „Mann, das ist ja ein irres Gefühl, so mit sich selbst zu reden! Da bekommt das Wort „Selbstgespräch“ ja einen völlig neuen Aspekt!“ Mein Duplikat riss mich aus diesen Gedanken: „Geil, cool, ja, das mache ich tatsächlich, Patrick! Ist doch übelst, oder?“ „Patrick“

und ich schauten zu den anderen rüber – da ging offensichtlich genau das Gleiche ab! Eine total irre Situation! Man redete mit seinem 3D-Spiegelbild und das antwortete und bewegte sich! Mann, Mann, Mann.
Schlagartig veränderte sich diese äußerst seltsame Begegnung mit sich selbst, als tatsächlich mehrere Schöpfer erschienen. Als Energiekugeln, vor denen wir nicht die geringste Angst oder sonstige Vorbehalte hatten! „Ah Jungs", kam es von Robby, die manipulieren eure Gedanken und Empfindungen ein wenig, um euch zu beruhigen. Ist schon OK!" Neugierig schauten wir uns diese „Wesen" an. Nicci streckte plötzlich seine rechte Hand nach ihnen aus, fast, als wollte er sie per Handschlag begrüßen. Aber seine Hand kam erst gar nicht an die hell strahlende Energiekugel heran. Als Nicci das merkte, zog er seine Hand wieder zurück und fragte: „Berühren kann man sie also nicht?" „Nee", erwiderte Robby, „die sind genauso, wie ihre Kugelraumer, gegen alle äußeren Einwirkungen bestens geschützt. Auch „sie" könnten sich z. B. in den Kern einer Sonne teleportieren, ohne, dass ihnen das Geringste passieren würde! Unzerstörbar, wie ich schon sagte. Die benutzen da eine weit verfeinerte Version der Zeit- und Dimensionsverschiebung. Wie das funktioniert, entzieht sich aber meinen Kenntnissen." Robby redete nicht weiter und schien auf irgendetwas zu warten.
Plötzlich hörten wir wieder die angenehme Stimme der Schöpfer in unseren Köpfen: „Wir sind jetzt soweit, dass wir starten, bitte verabschiedet euch von „euch". Der echte Robby bleibt ja mit euch echten Menschen hier und wird sich weiter um euch vier kümmern. Wenn wir zurückkommen, was wahrscheinlich nur einen Moment nach unserem Start der Fall sein wird, berichten wir Robby dann das Erlebte und ihr könnt euch dann auch weiter mit euren „Partnern" befassen. Robbys und eure Duplikate, die ja mit uns den Versuch wagen, werden euch danach bestimmt viel zu erzählen haben! Wir sehen uns!" Das letzte Wort klang in uns noch nach, da waren sie schon alle verschwunden! Robby reagierte sofort: „Sie sind gestartet und sollten in wenigen Sekunden gleich wieder hier auftauchen." Kaum hatte er uns das mitgeteilt, waren auch schon die Schöpfer und unsere

Doppelgänger tatsächlich wieder da! Nur in einer anderen Verteilung als eben noch. Robbys Doppelgänger stand starr und reglos da. Auch unsere Duplikate standen nur da und sagten nichts. Einige Sekunden verstrichen auf diese Weise. Dann machte Robbys Zwilling eine Handbewegung in unsere Richtung und legte mit seinem aufregenden Bericht los: „Jungs, das Experiment hat wie vorausberechnet geklappt! Die Schöpfer sind mit ihrem Spezialschiff in das schwarze Loch geflogen. Und durch! Es ist wirklich wie ein Tor in ein Antimaterieuniversum! Es gibt dort ähnliche Galaxiestrukturen und Universen wie bei uns. Vermutlich ist „dort" das Weltall genauso „aufgebaut" wie bei uns. Auch die Lebensformen – wir hatten mehrere Kontakte – ähneln sich stark. Insgesamt waren wir über 50 Jahre Erdzeit „drüben" und haben viel erlebt! Eine sehr wichtige Erkenntnis resultiert aus dieser Expedition: In dem Antimaterieuniversum gibt es viel mehr kriegerische und barbarische Lebensformen als friedliche und intelligentere. Seit Anbeginn der Zeit versuchen diese beiden Hauptarten – die „Guten" wie die „Bösen" – zu unserem Weltall „rüberzukommen"! Wem auch immer dafür zu danken sei, dankt ihm! Denn in „unsere" Richtung hat es bisher noch nie jemand geschafft! Die Schöpfer sind der Ansicht, dass es gar nicht möglich ist, weil irgendwelche Partikelströme nur von „unserer" Seite zu denen durch schwarze Löcher gelangen könnten, umgekehrt aber nicht. Aber das verstehe ich nicht so richtig und der Zentralrechner hat dazu auch noch keine schlüssige Erklärung parat. Aber alle Zentralrechner arbeiten dran, um „unser" Weltall auch zukünftig gegen missgünstige „Antimaterier" schützen zu können. Aber, um hier den Überblick auch nur annähernd zu behalten, ist mein Gehirn zu mickrig!"
„Und unsere erst", fuhr es mir durch den Kopf.
Plötzlich bewegten sich auch wieder unsere Doppelgänger. „Patrick" kam zu mir und fragte, ob ich hören wolle, was er „drüben" so erlebt habe. Klar wollte ich: „Alter! Super cool! Mann ist das geil! Fang schon an!" sagte ich überlaut zu meinem 3D-Spiegelbild. Und „ich" erzählte mir: „Wir sind also mit dem speziellen Kugelraumer zum schwarzen Loch geflogen und ließen uns von dem irre starken Sog, der jede Materie, die sich in seiner

Nähe befindet, in das schwarze Loch zieht, reinziehen. Das war echt geil! Wir sahen uns Sekundenbruchteile – die uns aber ewig zu dauern schienen – als eine endlose Kette von Ebenbildern! Eins immer direkt hinter dem anderen und wir dehnten uns dabei ständig weiter von vorne nach hinten in diesen „Schlangen“ aus. Dann war es längere Zeit total dunkel. Kein Licht – obwohl die Schöpfer es versuchten – war möglich! Auch sie selbst, „normalerweise“ immerhin strahlend helle Energiekugeln, waren in der Schwärze unsichtbar! Wie lange das andauerte, kann ich nicht sagen, aber alles schien sich plötzlich unendlich lange auszudehnen. Alles! Die Materie, die Zeit, diese schreckliche Dunkelheit, eben alles! Ein unbeschreiblich beklemmendes Gefühl war das! Dann waren wir „durch“ und ein Universum, wie „unseres“ mit vielen Galaxien, war zu sehen. Unser Schutzschirm war während des „Durchflugs“ automatisch dicker geworden – die Technik der Schöpfer ist wirklich sagenhaft – und flimmerte leicht bläulich mehrere Meter vor den „Schiffsfenstern“. Tja, Fenstern. Nee, das waren einfach runde Flächen, wo gar nichts war! Man hatte den Eindruck, direkt vor einer unverschlossenen runden Öffnung zum All zu stehen! Robby, sorry Alter, „unser“ Robby, also das Duplikat von eurem Robby, na egal, erklärte auch sofort: „Die Schöpfer schützten damit unseren Raumer vor den Auswirkungen der Antimaterie. Allerdings kann ich euch nicht sagen, wie.“
„Patrick“ vor mir machte eine kleine Pause und fuhr dann mit seiner Erzählung fort: „Die Schöpfer machten mehrere, mit Lebensformen bewohnte, Planeten in unserer Umgebung aus. Ich weiß aber nicht, wie sie das machten. Wir flogen dann gleich zu einem der naheliegendsten. Dort lebten Wesen mit hoher Intelligenz. Sie waren friedlich und die Schöpfer konnten mit ihnen kommunizieren. Sie sahen – wir konnten sie nur auf unseren Bildschirmen sehen – wie eine gelungene Mischung aus Bär-, Giraffe- und Adler aus. Damit ihrem Umfeld und der Schwerkraft ihres Planeten hervorragend angepasst. Sie waren geschätzte drei Meter groß und konnten in ihrer Atmosphäre laufen und fliegen. Sie hatten riesige Städte mit unendlich vielen Türmen und unglaublich schnelle Verkehrsmittel. Ihre Meere –

der Planet glich in seinem Aussehen annähernd unserer Erde – überquerten sie in großen „Schiffen“, die wie überdimensionale Bananen aussahen. Teleportation und Telepathie beherrschten sie aber nicht. Der Zivilisationsstand war deutlich fortschrittlicher als der der Menschen! Kriege gab es nicht und so hatten sie sich eben besser und ungestörter entwickeln können als solche Lebensformen, die durch ständige Auseinandersetzungen und Kriege aufgehalten wurden. Ihr nächster „Feind“ im All – eine bösartige und kriegerische Rasse – war mehrere tausend Lichtjahre von ihnen entfernt und würde frühestens – so die Analyse der Schöpfer – in etwa 10000 Jahren Erdzeit mit ihnen Kontakt aufnehmen.“

Als mein Doppelgänger mal kurz Luft holen musste, nutzte ich die Gelegenheit: „Stopp, stopp, stopp, nicht so schnell und viel auf einmal! Ich komme ja gar nicht mit! Außerdem interessiert mich brennend, warum ihr schon wieder hier seid, obwohl ihr erst vor einigen Minuten gestartet seid und angeblich über 50 Jahre „dort“ gewesen sein wollt. Wie geht denn so was?“ Zudem seid ihr kein bisschen gealtert! Du müsstest doch jetzt ein älterer Mann sein, oder?“ Mein 3D-Patrick grinste nur leicht und meinte: „Das ist mit unserer Zeitreisetechnik erklärbar. Wir haben die „Faltung“ des Raums im All und die Variationen der Geschwindigkeit so verbessert, dass wir zu jedem beliebigen Zeitpunkt eigentlich an jedem gewünschten Raumpunkt sein können. Und bitte, vergiss nicht, ich sehe zwar wie du aus, bin aber ein Schöpfer – warte mal!“

Der 3D-Patrick vor mir war verschwunden und statt ihm schwebte ein Schöpfer in seiner hellen Energiekugelform vor mir! Auch die anderen Doppelgänger waren wieder in ihrer „natürlichen“ Gestalt als Energiekugeln zu sehen. Angst hatten wir keine und „unser“ Robby – jetzt wieder „alleine“ – machte ein zufriedenes Gesicht. „Mein“ Schöpfer vor mir fuhr mit der angenehmen Stimme, die wir ja schon kannten, fort: „Tja Patrick, altern können wir nun nicht mehr. Seit wir unsterblich wurden, verändern wir uns nur noch hinsichtlich unseres Wissens, aber nicht mehr „körperlich“! Ursprünglich war tatsächlich geplant, dass wir erst wieder zu einem späteren Zeitpunkt „zurück“ sein

wollten und Robby sollte in der Zwischenzeit mit euch hier im Raumer einiges erleben. Aber wir entschieden uns dann doch kurzfristig anders und kamen „gleich“ wieder zurück. Zufrieden, Patrick?“ Ich konnte mal wieder nur mit abwesendem Blick nicken. Zu viele Neuigkeiten strömten viel zu schnell auf mich und uns vier ein! Wer kann das schon so rasch verarbeiten? Ich jedenfalls nicht!
Nicci schreckte mich mit seiner neugierigen Frage an die Schöpfer auf: „Habt ihr in den rund 50 Jahren dort „drüben“ auch was Aufregendes erlebt oder „nur“ neue Lebensformen gesucht und beobachtet? Habt ihr z. B. Kontakte zu anderen Intelligenzen gehabt?“ „Klar haben wir“, klang die angenehme Stimme wieder in unseren Köpfen, wir berichten euch jetzt davon: „Einmal wurden wir von einem gigantisch großen und schwarzen Würfel bedroht. Er war größer als unser Kugelraumer und im Dunkel des Alls so gut wie nicht zu sehen! Das war Absicht, denn durch seine schwarze Oberfläche konnten wir ihn nur durch unsere Technik „erkennen“ und „sichtbar“ machen. Wir befanden uns gerade in der Nähe eines vielversprechenden Planeten, neben dem wir nach einem Raumsprung materialisiert waren und wurden sofort von dem schwarzen Würfel angegriffen! „Sie“ schossen mit Antimaterieraketen auf uns! Hätten wir uns nicht schon länger in der Vergangenheit mit Schutzmöglichkeiten vor derartigen Angriffen befasst und Lösungen gefunden, wäre es vielleicht nicht ohne Schäden abgegangen. Aber so konnten „sie“ uns nichts anhaben. Das merkten „sie“ auch schnell und stellten den Beschuss ein. Dafür schwebten aber ganz plötzlich Hologramme der „Besatzung“ des Würfels vor uns in unserer Kommandozentrale! „Sie“ sahen ebenfalls wie schwarze Würfel aus und hatte etwa unsere Größe. Bemerkenswert, selbst für uns, war, dass ihre Hologramme sofort versuchten auf uns zu schießen! Hologramme! „Die“ hatten also auch eine extrem fortschrittliche Technik! Aber auch darauf waren wir vorbereitet und hüllten ihre Abbilder sofort in undurchdringliche Schutzfelder, aus denen „sie“ keinen Schaden mehr anrichten konnten. Als sie auch das erkannten, „redeten“ sie mit uns. Unsere Übersetzungstechnik ist so weit fortgeschritten, dass wir

jede Form und Art einer versuchten Kommunikation oder Sprache für uns relativ schnell in etwas Verständliches umwandeln können. Mit ihrer „Sprache“ gelang das auch sofort. So erfuhren wir, dass sie glaubten, dass wir eine neue Waffe ihrer schlimmsten Feinde seien und wollten uns deshalb gleich vernichten, als wir „neben“ ihnen im All auftauchten. Dieses Missverständnis konnten wir aber rasch aufklären und erfuhren danach mehr über sie. Ursprünglich gehörten sie zu der Minderheit der friedliebenden Lebensformen in diesem Universum. Sie waren technisch sehr hoch entwickelt und hatten ein enormes Wissen! Vor über 500 Jahren Erdzeit wurden sie dann das erste Mal angegriffen. Eine sehr kriegerische und gefühllose Spezies überfiel, gestützt auf ihre ebenfalls hoch entwickelte Technik, fremde Planeten und plünderten diese völlig aus. Ähnlich in ihrer Vorgehensweise wie die Heuschreckenschwärme auf eurer Erde. Die so „eroberten“ Planeten ließen sie dann meist als tote und leblose Wüsten im All zurück! Wenn die „Würfel“ – sie nennen sich übrigens Maruner, weil ihre ursprüngliche Heimatwelt den Namen Marun bei ihnen hat – nicht schon damals eine so tolle Technik gehabt hätten, wäre es ihnen ebenso ergangen. Aber so konnten sie sich bis heute erfolgreich gegen diese üblen Aggressoren wehren. Normalerweise ist eine unserer Hauptregeln, dass wir uns nicht in die Belange anderer Lebensformen einmischen. Außer, wie hier gegeben, eine Rasse würde, beschützt und erhalten, dem jeweiligen Universum mehr Nutzen bringen als ihr Untergang. Wenn dann auch der Aggressor nicht zur Einsicht zu bewegen ist – wie hier ebenfalls gegeben, denn wir haben es wirklich mit allen Mitteln versucht – entschließen wir uns schon mal zur Hilfe. In diesem speziellen Fall haben wir mehrere verwendbare Planeten eines geeigneten Sonnensystems terratransformiert und danach dann für die, leider uneinsichtigen, Angreifer der Maruner bewohnbar gemacht. Anschließend haben wir dann schließlich, mit Hilfe unseres Zentralrechners und erfolgreicher Unterstützung der Marunertechnik, diese „Bösen“ dann komplett mit allem was sie hatten, auf die „neuen“ Planeten teleportiert. Um das ganze System haben wir dann eine undurchdringliche

Barriere geschaffen, welche weder von außen noch von innen überwunden werden kann. Wir beobachten dort die Entwicklung weiter – dazu haben wir viele Raumsonden um das Sonnensystem verteilt – und wenn sich deren Kriegsgelüste mehr und mehr gelegt haben, können wir die später mal vielleicht friedliebenderen, einstigen Aggressoren wieder in die dortige universelle Gemeinschaft eingliedern.
Mit den Marunern haben wir schließlich noch einen Wissensaustausch durchgeführt, ihnen einen ersten Zentralrechner hergestellt und überlassen, welcher sich jetzt auch noch reproduzieren kann und es ihnen so ermöglicht, ähnliche Konflikte in der Zukunft selbst zu lösen. Insgesamt haben wir in den gut 50 Jahren derartige „Eingriffe" in das Antimaterieuniversum neunmal gemacht! Jetzt ist – zumindest in diesem Universum – das Gleichgewicht zwischen „Gut" und „Böse" wieder einigermaßen hergestellt und alle kommen nun aus eigener Kraft mit ihrem zukünftigen Dasein klar."
Wir schauten nach diesem ausführlichen Bericht der Schöpfer lange Minuten gedankenverloren vor uns hin und verarbeiteten das Gehörte so gut, wie wir es konnten. Ganz plötzlich und für uns völlig unerwartet, stand Jan auf, ging zu Robby, baute sich vor ihm auf, schaute ihm in die Augen und sagte nachdenklich: „Du Robby, sag mal, warum machen die Schöpfer das hier alles mit uns? Für die müssten wir doch so unbedeutend sein, dass es für die schon fast an Zeitverschwendung grenzt, wenn sie sich mit uns unterbelichteten Erdlingen aufhalten?" Bevor Robby jedoch antworten konnte, redete die angenehme Stimme der Schöpfer in unseren Köpfen: „Schau Jan, wir beurteilen das schon etwas anders als du gerade meintest. Überleg doch mal, als du damals, als du noch ein kleiner Junge warst, die vielen Ameisen – nachdem dir ein Glas Wasser auf dem Gartentisch umgekippt war und das ablaufende Wasser die Tierchen unter der Bank zu ertränken drohte – gerettet hast, indem du jede einzelne Ameise mit einem Grashalm rausfischtest, da hast du dich ja auch sehr lange damit beschäftigt. Im Lebensverlauf der Ameisen war das eine sehr lange Zeit und sie hätten sich auch fragen können, warum du das machst, wo du sie doch mit nur

einem Fingerschnick hättest zerquetschen können. Ihnen gegenüber verhielt sich das Kräfte- und Machtverhältnis zwischen euch ähnlich wie zwischen uns und dir. Nein Jan, wir interessieren uns einfach für alles, was um uns herum passiert. Zeit haben wir dafür ja unendlich und lernen können wir fast aus jeder Situation etwas. Für uns gibt es eigentlich gar keine „unwürdigen" Lebensformen. Da unterteilen wir es eher dahingehend, dass wir prüfen, inwieweit die jeweilige Lebensform überhaupt merken kann, dass wir uns für sie interessieren. Tut sie es, ist sie in der Regel schon höher entwickelt. Ihr Menschen seid unter diesem Aspekt, im Verhältnis zu unendlich vielen anderen Lebensarten, relativ weit oben angesiedelt, weil ihr ja eine eigene und gute Intelligenz, gepaart mit einem soliden Intellekt, besitzt und damit schon weiter fortgeschritten seid.
Als Tüpfelchen auf dem „i" sehen wir sogar erfahrungsgemäß, dass „Kinder" – im übertragenen Sinne gilt das für alle Lebensformen, die organisch entstanden sind – eine reinere und realistischere Intelligenz als Erwachsene haben. Deshalb kommunizieren wir gar nicht so ungern mit ihnen. Wie gesagt, Zeit haben wir unendlich und verlieren mit solchen Kontakten nie etwas. Im Gegenteil, in der Regel hat dann zum Schluss jeder etwas davon und wir meist mehr, weil wir es oft besser beurteilen können. Eine weitere unserer Erfahrungen ist die, dass unintelligente, also wirklich dumme, Lebensformen sich selten mit anderen auseinandersetzen. Schon alleine deswegen, weil sie mangels erforderlichem Durchblick sich für nichts interessieren. Nur für ihre kleine Welt um sich rum eben. Deren Horizont ist einfach zu beschränkt."
Jan vor allem, aber auch wir waren total baff, dass sich die Schöpfer so viel Zeit mit uns nahmen! Jan hatte, von unserer Warte aus betrachtet, recht: Wir waren nach unserem ureigensten Selbstverständnis mikroskopisch kleine Unbedeutsamkeiten für sie und konnten nicht verstehen, warum sie uns für so viel mehr hielten. Sie, die doch schon so viele Galaxien, Universen und das ganze Weltall durchstreift hatten und seit ewigen Zeiten ihr Wissen mehrten! Unwillkürlich schüttelte jeder von uns vier

seinen Kopf. Das ging halt jetzt über unseren eingeschränkten Horizont!
Aber, das mussten wir uns geschmeichelt eingestehen, Ihre Aufmerksamkeit und offensichtliches Interesse an uns machte uns schon sehr stolz! Unendlich stolz sogar, dass wir hier mit dabei sein durften und die Schöpfer uns dafür auch noch als würdig betrachteten! „Na seht ihr“, kam prompt die angenehme Stimme wieder, „und schon habt ihr was davon!“ Nach einem Moment der Stille fuhr die Stimme fort: „Robby profitiert noch viel mehr von unserer Begegnung. Wir haben ihn und sein Gehirn, zunächst unmerklich für ihn selbst, verbessert und den Bordrechner in eurem kleinen Schiff sowie alle restlichen Zentralrechner eurer „Gemeinschaft“, mit unserem Wissen versorgt und ausgestattet. Wir wissen, dass niemand damit Missbrauch treibt und das neue Wissen in guten Händen ist. Für euch Menschen dauert es zwar noch einige Zeit, bis ihr zu „eurer“ universellen Gemeinschaft gehört, aber ihr seid auf dem besten Weg dorthin. Wir und Robby mit seinesgleichen werden euch beobachten und die schlimmsten Fehler – wie z. B. eine Selbstvernichtung – rechtzeitig korrigieren oder verhindern. Für euch vier Jungs bleibt von all dem hier Erlebten letztlich nur ein schöner Traum. Der allerdings wird nicht wie üblich verblassen, sondern immer so plastisch und realistisch für euch sein, wie ihr es tatsächlich erlebt habt! Auch ein Gewinn, meinen wir, wenn auch nur ein kleiner.“ Die Stimme in unseren Köpfen schwieg nach dieser Information. Völlig perplex, konnten wir in Gedanken dem nur voll zustimmen.
„So“, fuhr die Stimme aber schon wieder fort, „viel mehr aufregende Dinge können wir von unserem Trip in das Antimaterieuniversum nicht erzählen. Für uns wird es Zeit, weiterzureisen und ihr wollt ja schließlich auch mal wieder zuhause ankommen. Hier trennen sich gleich unsere Wege, aber Robby hat noch was mit euch vor, auf das auch wir uns freuen und schon gespannt sind! Verdutzt schauten wir Robby an. Was hatte sich der Schlingel denn für uns da schon wieder ausgedacht? Robby grinste wieder sein zufriedenes Grinsen und meinte: „Tja, Jungs, eine Überraschung hatte ich wirklich, vor

dem Flug der Schöpfer in das schwarze Loch, für euch geplant und werde sie – die Überraschung – jetzt mit deren Einverständnis und Hilfe mit euch auch erleben.“ Er stand unvermittelt auf und rief uns zu: „Auf, auf, los geht’s! Wir laufen ein wenig und schauen, was dann mit uns passiert!“ Sascha tippte Robby kurz auf die Schulter und meinte: „Du, Robby, ich hätte da noch zwei Fragen.“ „OK, schieß los!“ erwiderte Robby. Sascha fragte: „Warum haben die Schöpfer nicht auch in unserem Universum für Ruhe und Ordnung gesorgt wie im Antimaterieuniversum und weiter interessiert mich noch, warum alle bisher verwendeten und von uns gesehenen Raumschiffe Kugeln waren?“ Robby antwortete sofort: „Tja, Sascha und Jungs, euer – oder unser – Universum ist sehr viel größer als das Antimaterieuniversum. Alle bekannten Universen haben unterschiedliche Ausdehnungen und die Häufigkeit der Galaxien schwankt auch erheblich. Unser Universum ist eines der größten bekannten Universen. So gibt es beispielsweise bei „unserem“ auch wesentlich mehr unterschiedliche Lebensformen und Intelligenzabstufungen. Wollten die Schöpfer hier auch die Balance zwischen „Gut“ und „Böse“ herstellen, müssten sie tausende Galaxien mit Millionen bewohnten Planeten befrieden und das wäre selbst für die Schöpfer eine zu große Aufgabe. Sie müssten dann ihre Zeit – von der sie zwar unendlich viel haben – nur noch diesem einen Vorhaben widmen und das wäre ein klein wenig unfair gegenüber anderen Dingen, die sie zu erledigen haben. Wie z. B. die Terratransformierungen, um bewohnbare Planeten zu erschaffen usw., usw., usw.… . Außerdem kann ich euch hierzu noch etwas beruhigen: Unser Universum ist überwiegend von friedliebenden Lebensarten bevölkert. Galaktische Kriege wie in euren SF-Filmen finden so gut wie nie statt. Zu groß gewordene Konflikte werden in der Regel von der Gemeinschaft rechtzeitig geregelt und meist einvernehmlich beendet.“ Robby machte eine winzige Denkpause und fuhr fort: „Doch nun zum zweiten Teil deiner Frage, Sascha: „Die „Kugelraumer“, in ihren vielen unterschiedlichen Größen, werden in erster Linie wegen der höheren Stabilität gebaut. Das machen fast alle Lebensformen so, wenn sie technisch in der

Lage sind, Raumschiffe herzustellen. Als einen weiteren Grund könnte man die gute Raumausnutzung innerhalb einer Kugel nennen. Zudem sind kugelumgebende Schutzschirme leichter herzustellen und wegen ihrer gleichmäßigen Dichte damit auch sicherer. Bei Quadern würden da die Ecken viel mehr Probleme aufwerfen. Mit Würfeln als Raumschiffe hatten wir ja, wie ihr euch bestimmt erinnert, trotzdem unliebsamen Kontakt. Aber der Hauptgrund ist immer die große Stabilität, weil eine Kugel sich rundum überall selbst in sich trifft und somit ununterbrochen und gleichmäßig abstützt. Alles klar, Sascha?"

Sascha nickte und meinte: „Alles klar, soweit man bei uns armen Erdlingen hier überhaupt von „klar" reden kann!" Wir nickten auch, denn uns kam im Moment die „Klarheit" ein ganz klein wenig abhanden. Aber für die Klärungen der Klarheiten hatten wir ja Robby. „Eben, eben", kam es prompt von ihm zurück. „Telepathie kann manchmal auch ganz schön nerven, oder Robby?" dachte ich und Robby grinste nur mal wieder belustigt vor sich hin und meinte: „Wem sagst du das, Patrick, wem sagst du das?" Robby schaute uns alle so unschuldig an, dass wir einfach lachen mussten.

Er wurde wieder ernster und meinte: „So, Leute, jetzt kommt aber erst mal eure Überraschung. Schaut doch bitte mal da vorne über den Rand. Wir gingen vorsichtig zu besagtem – es war wie der ein riesiges Tal umgebende Rand einer gigantischen Bodensenke, von dem man aus in das darunter liegende Tal blicken konnte. Was wir dort sahen, ließ uns mit offenen Mündern staunend und still hinab starren: Vor uns, in der Senke, sahen wir den kompletten Skaterplatz von uns in Kist! „Also Glückwunsch, Robby, die Überraschung ist dir voll gelungen!" meinte Jan, nachdem er sich wieder gefangen hatte. Robby antwortete bescheiden: „Danke Jan und danke Jungs, aber gemacht haben das die Schöpfer, die euch mal skaten sehen wollen und ich selbst, weil ich mit meinen, mir angeeigneten Kenntnissen über das Skaten, euch noch ein paar neue Tricks zeigen möchte. OK?" Bevor wir dazu etwas sagen konnten, redete Robby schon weiter: „OK, legen wir los!" Er machte eine Handbewegung und schon standen wir mitten auf dem Skaterplatz. Es war exakt unser Platz!

Nicci sah auch sofort unsere Skateboards, schnappte sich seins, stand drauf und stieß sich mit einem Fuß ab, rollte zu der Betonschräge vor ihm und sprang dort vom Board, uns erwartungsvoll anschauend. Auch Sascha, Jan und ich hatten unsere Boards vor uns ausgerichtet und probierten bereits Ollies und andere leichtere Kunststückchen zum anwärmen, steigerten uns dann aber und zeigten, was wir so „drauf" hatten: Asphaltsurfen, Fliptricks, Catchen, Coping-Slides, grinden an Curbs, Fakie, Flips und noch so einiges. Gaps, Grabs und auch das meiste Grinden konnten wir jedoch noch nicht. Oder in einer Halfpipe skaten konnte ebenso keiner von uns – auf unserem Platz in Kist hatten wir ja keine. Sascha hatte zwar schon mal vergeblich Handplants versucht, sowie Handrails, die er aber auch nicht schaffte. Von Leaps of Faith, Nine-Hundreds, Rails, Spines, Vertskating oder gar Wallrides konnten wir eh nur träumen.
Nachdem wir eine Weile mehr schlecht als recht unser geringes Können demonstriert hatten, sprach plötzlich die angenehme Stimme der Schöpfer in unseren Köpfen: „Nicht verzagen, Jungs, das lernt ihr schon noch. Was ihr gerade mit euren Boards gemacht habt, hat uns schon sehr beeindruckt. Auf jeden Fall könnt ihr mit euren Brettern umgehen und der Rest findet sich schon." „Des Schöpfers Wort in Gottes Ohr", dachte ich bei mir, verbesserte mich aber sogleich: „Hoppla, na da hätten sie es ja in ihren eigenen Ohren!" „Genau", bestätigte die angenehme Stimme meine Überlegungen. „Oh, oh, an die Telepathie werde ich wohl nie gewöhnen!" „Stimmt", meinte jetzt Robby grinsend zu unserem „Wortwechsel". „So, Jungs", fuhr er fort, „jetzt zeige ich euch – denkt hier bitte an die drei Wünsche – mal, was ich mir so alles von euren irdischen Skaterassen abgeguckt habe."
Plötzlich dehnte sich der ganze Platz um uns herum aus. Er wurde erheblich größer! Eine volle Halfpipe, neue und größere Rampen, zusätzliche und längere Betonblöcke mit Curbs, verschieden hohe und lange Edelstahlrohre, Handrails an neu erschienenen Wänden – zum Teil mit Kinks, mehrere neue Kicker, Gaps zwischen künstlich angelegten Betontreppen und Klötzen – darunter auch die sagenhafte Leap of Faith, einige Miniramps,

verschiedene allgemeine Obstacle, ein Pool, eine Quaterpipe, wieder verschiedene Rails, eine Spine und spezielle Wände für Wallrides! Wir waren hin und weg! Ein Skaterplatz vom Feinsten! Robby war der King! Wir standen und staunten, mehr war bei uns gerade nicht drin! Sascha, der mit Abstand Beste von uns vieren, kam als Erster aus dem Staunen raus, griff sich sofort sein Board und legte gekonnt einige Slides an die Kanten der neuen Blöcke. Dann rollte er das Flat vor einer der Rampen lang, holte Schwung über die Rampe, flog und kam fast wie ein Profi gut auf. Wir beneideten Sascha da schon ein wenig, weil er viel mehr konnte als wir. Als Abschluss gelangen ihm sogar noch ein Grind über ein Edelstahlrohr und ein guter Gap zwischen zwei Betonblöcken. Zufrieden mit sich fragte er stolz: „Na, war das was oder war das was?“ „Das war was“, meinte Robby anerkennend, „aber jetzt bin ich mal dran! Aufgepasst!“

Schon stand das kleine Kerlchen auf einem Board und flitzte los: In die Halfpipe. Dort jede Seite hoch und wieder runter mit hervorragenden Verts. Vertskating konnte er auf jeden Fall so gut wie unsere weltbesten Skater! Aber es kam noch viel besser! Plötzlich merkten wir, dass Robby immer schneller in der Halfpipe wurde und die Verts dabei ständig höher. Langsam, immer wenn Robby gerade auf der anderen Seite war, zog sich die freie Oberkante des Pipes höher und dabei gleichzeitig nach innen. Die Rundung der Pipe wurde dadurch immer größer und geschlossener. Tja und dann machte Robby, was noch nie ein Skater vor ihm gemacht hatte: Er flog in einem großen Kreis von einer Seite durch die Luft, setzte auf der anderen Seite der Halfpipe wieder auf, beschleunigte mit irrem Tempo und flog erneut durch die Luft zur anderen Seite. Das Ganze wiederholte er etwa zehnmal und fuhr dann mit einem wahnwitzigen Speed aus der Halfpipe raus, raste auf eine der Wände zu, sprang hoch und legte einen der wohl schnellsten Wallrides hin, den die Welt je gesehen hatte!

Na ja, wir versuchten das alles zwar zu verdauen, konnten aber einfach nicht glauben, was für eine Schau Robby da gerade mit dem Board abgezogen hatte!

Er stand am Pool auf dem Board, hüpfte hoch, dreht sich in der Luft und stand erst mit beiden Händen, dann mit nur einer Hand auf dem Board, stieß sich mit der freien Hand kräftig ab und landete bei voller Fahrt nach einem gekonnten Salto wieder mit den Füßen auf dem Board! Dann fuhr er weiter auf die große Rampe zu, raste sie hoch und sprang weit in die Luft, nahm sein Board dabei in beide Hände, drehte sich mehrmals um seine Achse und landete sauber stehend wieder auf dem Board. In kurzen Abständen folgten Handplants und Handrails, dann – als besonders coole Einlage – einige Nine-Hundreds und schließlich vor dem Abschluss die waghalsigsten Sprünge und Akrobatiken mit dem Board, die wir je zu sehen bekommen hatten! Als Robby danach wieder vor uns stand, hatte er ein eigenartig zufriedenes und stolzes Grinsen im Gesicht; richtig glücklich sah der Knilch aus!
Er reckte sich vor uns hoch: „Na, Jungs, war das was oder war das was?“ Während dieser Worte ging er von einem zum anderen von uns und klappte uns jeweils mit einer lässigen Bewegung die Kinnladen wieder nach oben. Wir konnten ihn nur ehrfürchtig ansehen und bewundern! Was sollten wir auch schon zu solch einmaligen Skateboardleistungen sagen? Toll, einfach toll, was Robby da gezeigt hatte. Alle Skateboardasse unserer Erde wären da vor Neid erblasst! Aber Robby, fair wie immer, rückte sogleich das Geschehene zurecht: „Jungs, das war natürlich nicht wirklich ich! Das hat alles der Zentralrechner vom Kugelraumer getrickst. In Wahrheit kann ich überhaupt nicht von mir aus skaten – obwohl ich es geil finde und durchaus lernen könnte.“ Tja, da waren wir aber beruhigt! So ein Schlingel, mit Hilfe des Zentralrechners also, na dann. „Wollt ihr es auch mal versuchen?“ fragte Robby verschmitzt und ehe eine Reaktion unsererseits kam, standen vier neue Super-Skateboards vor uns! Wir probierten sie sofort aus und waren begeistert: So leicht und gleichzeitig sanft war noch nie ein Board gewesen! Die Dinger rollten fast von selbst, ein kleiner Anstoß und schon rasten sie mit uns los. Unsere Kommentare waren deshalb bezeichnend: „Supergeil!“ „Supercool!“ „Superübelst!“ „Geil!“ Robby sah uns grinsend zu und meinte dann: „Versucht doch mal die Halfpipe!

Das wird schon klappen." Sascha traute sich als Erster, rollte in die Halfpipe, nahm Schwung auf, zischte die eine Rundung hoch, machte einen Supervert, ging dann in ein gleichmäßiges Vertskating über und wieder bogen sich die Rundungskanten oben nach innen. Sascha wurde auf seinem Board sichtlich immer schneller und flog schließlich auch in der Kreisbewegung – die wir ja schon bei Robby so bewundert hatten - zur anderen Halfpipeseite, setzte dort sauber auf und machte, wie Robby, mehrere solcher Durchflüge! Ein jauchzend jubelnder und langgezogener Schrei kam von Sascha.
Er schrie zu uns rüber: „Das ist saugeil, das müsst ihr unbedingt selbst probieren!" Wieder kam dieser Freudenschrei von ihm und er raste aus der Halfpipe raus und stoppte gekonnt auf dem Platz vor uns. Wir schauten uns an, nickten kurz und Nicci fuhr in die Halfpipe. Auch er schaffte nach wenigen Sekunden den Kreisflug. Auch Nicci stieß einen ähnlichen Freudenschrei wie Sascha aus. Erst als Jan zu ihm rüber schrie, dass er es jetzt auch mal versuchen wolle, flitzte Nicci in irrem Tempo aus der Halfpipe raus und kam sauber vor uns zum Stehen. Jan wiederholte das bereits Gesehene ausgiebig und ließ dann endlich auch mich in die Halfpipe fahren. Als mir der erste Kreisflug gelang, löste sich wie von selbst dieser gigantische Schrei und ich war wie berauscht! So ein Gefühl hatte ich bisher in meinem ganzen Leben noch nicht gehabt. Es war mindestens wie hundertmal Weihnachten auf einmal! Als ich dann endlich auch die Halfpipe verlassen hatte, ermunterte uns Robby zu weiteren Skateboardtricks. Was uns dabei dann – obwohl wir es schon ahnten – doch noch überraschte, war, dass wir alle – egal welche – Tricks sofort souverän konnten. Völlig egal, was wir auch probierten, es gelang uns immer sofort! Als hätten wir nie etwas anderes gemacht! Das war einfach ein unwahrscheinlich schönes und geiles Gefühl, ein Skateboard unter sich derart meisterhaft zu beherrschen! Selbst die normalerweise schwierigen Leap of Faiths gelangen uns toll an den extra dafür erstellten Betonwänden mit den breiten Aufsetzrampen für kurze Zwischenstopps. Wir skateten jetzt alle fünf gleichzeitig auf dem riesigen Platz, ohne uns in die Quere zu kommen oder sonst

gegenseitig zu stören. Da gab es immer genügend Spielraum. Jede auch nur angedachte oder gewünschte Schwierigkeit konnten wir nach Belieben ausführen und uns dabei austoben. Aber am tollsten war ganz klar die Halfpipe mit dem irren Kreissprung, den wir immer mal wieder versuchten. Allmählich hörten wir, nach und nach immer erschöpfter werdend, auf – außer natürlich Robby, denn der kannte keine Erschöpfung – und trafen uns schließlich alle etwa in der Mitte des Platzes, der sogleich schrumpfte und letztlich wieder nur unser bekannter Skaterplatz von Kist war. „Robby“, wollte ich wissen, „behalten wir was von diesem unglaublichen Können?“ „Nee Patrick, leider nicht“, erwiderte Robby mit leicht tröstender Stimme und fuhr fort: „Die Schöpfer könnten das zwar locker mit euch machen, aber es wäre letztlich nicht fair. Ihr hättet bestimmt große Probleme, so ein plötzliches Superkönnen zu erklären. Lassen wir es lieber bei eurer ursprünglichen Boardbeherrschung, welche ihr aber trotzdem mit den gerade gemachten Läufen und Tricks aufpolieren konntet.“

Nicci, bei uns hinreichend für seine Sprunghaftigkeit bekannt, wollte plötzlich von Robby wissen: „Du Robby, gerade fällt mir wieder ein, was ich dich schon mehrmals fragen wollte, aber immer kam was dazwischen: Sag mal, die Story mit dem Urin zu Beginn unseres Abenteuers, das war doch geschwindelt, oder? Du wolltest uns damit bestimmt nur auf den Arm nehmen?“ Nee, nee, Nicci, ich sagte ja bereits, dass wir nicht lügen oder schwindeln können, zumindest nicht so bewusst und direkt. Meine Erklärung zu dem benötigten „Treibstoff“ für unser erstes Schiff stimmte schon. Nur, es ist halt ein relativ altes Modell gewesen, bei dem „unsere“ Schöpfer – also nicht diese hier – tatsächlich mit etwas Humor Urin als „Grundstoff“ verwendeten. Aber von diesem Schiffstyp wurden dann doch nicht allzu viele hergestellt. Irgendwie auch verständlich, denn wer „muss“ denn schon „immer“ oder findet dann jemanden, der es gerade „könnte“? Heutige, modernere Raumschiffe arbeiten, wie mittlerweile fast alle Antriebe bei uns, mit der Verwertung des kosmischen Staubs. Da hatte ich euch ja schon mal gesagt, dass es den eigentlich überall im Weltall gibt und somit sehr selten

Treibstoffmangel herrscht. Zufrieden, Nicci?“ Verlegen schaute Nicci kurz zu uns rüber und antwortete leicht errötend: „Ja, danke Robby, sehr aufschlussreich, hatte mich halt interessiert.“
Robby nickte nur, machte eine kleine Handbewegung und schon standen wir wieder alle am oberen und äußeren Rand des Tals. Das verschwand dann auch. Nur unsere neuen Boards, die wir so toll benutzen konnten, waren noch da. Robby meinte: „Jungs, diese Boards könnt ihr behalten. Sie dürften momentan wahrscheinlich die besten im gesamten All sein! Zudem sind sie unzerstörbar und die Räder drehen sich in einer kleinen Ewigkeit noch genauso schnell und reibungslos wie eben.“
Wir waren mal wieder baff und bedankten uns überschwänglich: „Mann Robby, Alter, das ist ja ein tolles Geschenk!“ „Robby, du kannst Freude bereiten! Hut ab!“ „Cool, vielen, vielen Dank!“ „Mensch Robby, geil, danke!“ Robby beschwichtigte: „Danke für das Wort Mensch, Patrick, das war nett, aber dankt nicht mir, dankt den Schöpfern, die haben die Boards für euch gemacht, weil sie euch mal skaten sehen wollten!“ Wir hielten zwar Robby immer noch für den eigentlichen Initiator, dem man danken müsste, bedankten uns aber trotzdem herzlich und aufrichtig nochmals bei den Schöpfern für dieses Supergeschenk. „Kein Problem, machen wir doch gerne“, hörten wir die angenehme Stimme in unseren Köpfen, „immerhin hat uns euer Skaten wirklich beeindruckt – auch wenn wir etwas nachhalfen – und unsere Datenbanken wurden damit ja auch um ein interessantes Thema bereichert!“ Auch Robby schien leicht überrascht und schaute gedankenverloren sein eigenes neues Board an. „Jungs“, sagte er dann, während er sein Board drehte und wendete, „für mich ist es noch viel mehr wert, denn ich behalte natürlich alle Skaterfähigkeiten! Da werde ich zukünftig wohl einen Teil meiner Freizeit mit Skaten verbringen.“ „Na, ist ja toll!“ schloss er lachend ab. Da kam bei uns schon ein Portiönchen Neid auf. „Aber was soll’s?“ dachte ich, „Robby hatte es dreimal verdient und wir hatten schließlich gerade eines der geilsten Erlebnisse unseres Lebens hinter uns!“ „Wo du recht hast….“, kam es leise von Robby in meinen Gedanken. „Tja, die Telepathie. Schon

schwer, sich daran zu gewöhnen!“ „Gelle“, konnte Robby, der Filou, sich nicht verkneifen, beizupflichten.
Noch lächelnd baute sich Robby vor uns auf, drehte ganz langsam sein Board zwischen den Händen und sagte: „Übrigens, schaut doch mal auf die Unterseiten eurer Boards.“ Verdutzt kamen wir dem nach und jeder von uns sah plötzlich sein persönliches Lieblingsmotiv in den wunderschönsten und leuchtendsten Farben! „Mann, Robby, Alter! Toll, danke noch mal extra dafür!“ rief Sascha für uns gleich mit und wir nickten dazu. Robby deutete nur grinsend mit seinem rechten Zeigefinger nach oben und prompt hörten wir die angenehme Stimme: „Keine Ursache, war uns ein Fest!“ Jan meinte, auch, um sich zu bedanken: „Alleine mit diesen supertollen Skateerlebnissen haben wir ja jetzt die angenehmsten Erinnerungen für lange Zeit und könnten unseren Enkeln noch was davon erzählen! Robby, die Schöpfer und du, ihr seid die Größten! Danke!“ Manchmal kam es uns so vor, als könne der Schlingel doch ein ganz klein wenig rot werden.
Robby reckte sich und sagte: „So, Jungs, wir müssen uns aber nun von den Schöpfern verabschieden und auf unser eigenes Schiff zurück. Eigentlich war noch eine Führung auf dem Kugelraumer geplant, aber die Schöpfer wollen lieber gleich ihre Aktionen im Antimaterieuniversum auswerten und möchten dabei ungestört sein. Schließlich können wir ihnen unendlich dankbar sein, dass sie uns das Leben gerettet haben und für alles, was wir mit und durch sie erleben durften. Das findet ihr doch auch, oder? „Klar Robby“, antworteten wir zusammen, „auf jeden Fall! Das war schon was Einmaliges. Werden wir nie vergessen!“ „Na ja“, erwiderte Robby, „zumindest nicht in euren Träumen. „Also los geht’s!“ Er machte eine kurze Handbewegung und wir standen im Kommandoraum „unseres“ Schiffes. Verblüfft schauten wir uns um. Alles erschien uns so klein, winzig und gedrängt, nach der eben noch erlebten Weite und gewaltigen Größe des Kugelraumers. Aber wir hatten kaum Zeit, darüber nachzudenken, denn schon hörten wir alle wieder die angenehme Stimme in unseren Köpfen: „Macht’s gut, Jungs, und Robby, du auch. Wir haben euer kleines Schiff technisch weitgehend

verbessert und annähernd unzerstörbar gemacht. Zudem habt ihr jetzt einen neuen Antrieb, dessen „Treibstoff" nie zu Ende geht. Robby, den wir auch „verbessert" haben, hat gerade von uns die nötigen Einweisungen bekommen und kennt sich bereits damit aus. Wir wünschen euch noch eine schöne Zeit und eine gute Heimreise. Lasst es euch gut gehen!" Und schon schwebte unser „kleines" Raumschiff ein Stück weit weg von dem riesigen Kugelraumer. Wir bedankten uns auch noch mal in Gedanken und wünschten den Schöpfern ebenfalls alles Gute für ihre weitere Zeit. „Keine Ursache", kam wieder prompt die angenehme Stimme ein letztes Mal, „viel Spaß noch!" Robby konnte sich gerade noch für das Gewünschte bedanken, da war der Kugelraumer auch schon verschwunden. Robby meinte: „Tja, Jungs, so sind die halt. Nett und hilfreich, aber immer auf dem Sprung!" Wir lachten alle und versuchten, unsere wild rotierenden Gedanken auch nur etwas zu ordnen. Zu viel war in so kurzer Zeit auf uns eingeströmt! Da hatten wir im Sortieren und Archivieren noch mächtig viel zu tun. „Das wird schon", kam es beruhigend von Robby „ihr habt ja ausreichend Zeit dafür. Jetzt fliegen wir aber erst mal zur Erde zurück und dort setze ich euch dann auf der Streuobstwiese wie besprochen wieder ab. Eure Superboards hier ersetzen dann einfach die alten. Die alten bekommt ihr als Fingerboards natürlich auch mit und wenn ihr dann bei denen die beiden Achsen in einer bestimmten Weise gegeneinander dreht, werden sie wieder normal groß. Wollt ihr sie wieder als Fingerboards haben, müsst ihr nur alle vier Räder diagonal versetzt gegeneinander in Rotation versetzen. Schaut, etwa so." Robby hatte plötzlich eines unserer alten Boards in den Händen und demonstrierte uns das wechselnde Groß- und Kleinwerden. „Mann, Robby", rief begeistert Jan gleich wieder stellvertretend für uns mit, „das ist ja cool! Danke!" „Ach komm", antwortete Robby leicht verlegen, „dafür doch nicht. Das ist doch nur eine kleine unbedeutende technische Spielerei." „Bescheidenheit ist eine Zier", ging mir ein banaler Spruch durch den Kopf. „Danke Patrick", kam's sofort zurück. „Mann, Mann, Mann, Alter! Diese Telepathie ist schon was Verrücktes!" „Sag ich doch die ganze Zeit", scherzte Robby, fuhr

aber dann betont sachlicher fort: „Ich habe zusätzlich was in eure neuen Boards eingebaut. Wenn ihr mal wieder mit mir Kontakt aufnehmen wollt – quasi in euren Träumen sozusagen – und ich zu weit weg von euch im All rumkurve, drückt dann, von unten gesehen, an der vorderen Achse außen mindestens zehn Sekunden auf die Achsmutter der rechten Rolle und ich werde mich baldmöglichst melden. OK? Versucht es mal!“
Wieder mal baff und staunend überrascht folgten wir zögernd seiner Aufforderung. Nach einer kurzen Weile meinte dann Robby: „OK, Signal von Nicci….. von Jan….. Von Patrick……OK…. von Sascha? Nee. Hallo Sascha drücken, nicht streicheln! Ah ja, jetzt auch von Sascha! Geht doch!“ Er grinste mal wieder sein zufriedenes Grinsen. Wir testeten alle diese neuen „Boardfunktionen“ an unseren alten und neuen Boards nochmals ausgiebig durch, bis wir mit den Handhabungen gut vertraut waren. Robby schaute zu und gab immer mal wieder Ratschläge oder zeigte es uns noch mal. Schließlich verstaute er sämtliche Boards wieder hinter diversen Klappen in der Wand und meinte dann: „So, Jungs, jetzt bringe ich euch erst mal heim. Das dauert einen winzigen Moment, weil ich den Zeitpunkt errechnen muss, an dem ihr zum ersten Mal auf der Streuobstwiese wart, kurz bevor Patrick den Bunkereingang „gefunden“ hat. Den habe ich allerdings ja bereits so versiegelt und geschützt, dass ihn eigentlich keiner mehr finden wird. Ich teleportiere euch dann vom Schiff aus, wenn wir in Erdnähe unsichtbar über Kist sind, auf die Wiese und ihr wisst von eurem Trip insgesamt zunächst erst mal nichts mehr. Später denkt ihr, ihr hättet das alles geträumt. Wobei dieser Traum nicht wie üblich verblassen wird, ihr alle den gleichen Traum „hattet“ und alles so realistisch in euren Gedächtnissen bleibt, wie ihr es erlebt habt. Ihr werdet nicht glauben, es wirklich erlebt zu haben, sondern, dass ihr es eben nur geträumt habt. Das schützt euch und eure diesbezüglichen Erzählungen würden nicht für voll genommen. Damit ist jedem gedient: Ihr bewahrt eure schöne Erinnerung an die tollen Erlebnisse und Abenteuer und wir sind vorerst sicher, weil auf Träume und Fantastereien Jugendlicher hin erst gar keiner auf die Idee käme an eure Geschichten zu

glauben, uns für echt zu halten und nach uns auch noch zu suchen. OK?“
Wieder mal blieb uns nur ein zustimmendes Nicken, weil Worte in solchen Momenten einfach nicht kommen wollen. Zu sehr schwirrten und die Gedanken durch die Köpfe. Schade, dass es jetzt schon vorbei sein sollte. Wir hätten gerne noch weitere Abenteuer mit Robby erlebt. „Tja, so ist das halt im Leben eben“, meinte Robby, „irgendwann ist auch mal mit den schönsten Zeiten Schluss. Tut mir ja auch leid, aber ich muss, wie ihr ebenso, wieder mal ernsthaft was anderes tun, denn ich war lange genug „verschollen“ und habe auch noch das eine oder andere nachzuholen. Da denke ich z. B. nur an meine „Verbesserungen“, die die Schöpfer mir spendierten. Immer alles nur mit Zeitsprüngen und Zeitreisen lösen zu wollen, geht nicht. Da wäre in kürzester Zeit das Chaos perfekt. Eine gewisse Zeitkonstanz muss in den Universen und im All unbedingt erhalten bleiben. Denn jeder Zeitsprung und jede Zeitreise verändert irgendwie den Zeitfluss. Das „was wäre wenn“ z. B. oder, wenn ein Zeitreisender in die Vergangenheit reist bevor er überhaupt geboren wurde. All so was muss genauestens berechnet- und chronologisch stets exakt durchgeführt werden. Mal weniger, mal mehr Korrekturarbeiten sind dann fast immer notwendig. Manchmal sogar so viele, dass wir es, trotz unserer Zentralrechner, kaum schaffen, das dann wieder einigermaßen in den Griff zu bekommen und „hinzubiegen“. Das versteht ihr doch, oder?“
Diesmal schüttelten wir nur mit den Köpfen und Jan meinte schließlich: „Robby, oh Robby, denk doch bitte auch mal an unsere kaum gefüllten, innerlich erbsengroßen und unterbelichteten Gehirne, die zwar äußerlich groß erscheinen mögen, aber….!“ Nach einer kurzen Pause fuhr Jan fort: „Nach dem, was wir mit dir erlebt haben, wissen wir, dass wir nur vier Kinder einer völlig unterentwickelten Spezies sind. Bis die Menschheit so etwas verstehen kann, müssen noch viele, viele Jahre vergehen – und wir, na ja, da kennst du uns bestimmt besser als wir selbst uns kennen!“ „Jetzt mach aber mal halblang, Jan“, lachte Robby, „so unterbelichtet seid ihr gar nicht. Im Gegenteil!

Ihr vier seid schon recht clever und das lässt uns für die restliche Menschheit hoffen. So wie es gerade aussieht, werden die Menschen in absehbarer Zeit das All bereisen und dann in die universelle Gemeinschaft aufgenommen. Also macht euch nicht kleiner als ihr seid. Jan hat recht: Da kenne ich euch tatsächlich besser als ihr euch selbst kennt!" Robby grinste immer noch. „Das scheint den Schlingel ja mächtig zu belustigen", dachte ich bei mir. „Stimmt, Patrick, macht Spaß, macht echt Spaß!" kam es glucksend von Robby, der, jetzt sachlicher, fortfuhr: „So, Jungs, jetzt aber im Ernst, wir sind soweit, dass ich euch zur Erde zurückbringen kann. Die Zeitfaltung wäre nur unwesentlich und wir würden gerade nichts Negatives mit dem Zeitsprung bewirken. Seid ihr bereit?" Etwas bedrückt antwortete Sascha: „So gefragt eigentlich nicht, aber wir sehen ein, dass wir tatsächlich mal wieder heim müssen. Leider können unsere Abenteuer mit dir ja auch nicht ewig weitergehen, obwohl wir es uns wünschen." Sascha schaute uns an und wir nickten traurig dazu.

„OK", kam's von Robby, der die aufkommende Schwermütigkeit erst gar nicht aufkommen lassen wollte, „dann machen wir jetzt den Zeitsprung zur Erde. Während Robby mit seinen Bewegungen am Kommandopult schon anfing, riefen wir wieder aufgeregt durcheinander: „Robby! Mach keine Sachen!" „Zeitsprung? Kann da nicht wieder etwas schief gehen?" „Überleg es dir lieber noch mal!" „Hoffentlich geht es diesmal gut!" Robby hielt kurz inne und versuchte uns zu beruhigen: „Ach Leute, das mit dem ersten unterbrochenen Zeitsprung musste doch sein. Sonst wären wir vielleicht in die Supernova geflogen oder im schwarzen Loch auf nimmer Wiedersehen verschwunden. Das haben die Schöpfer doch völlig richtig verhindert. Sonst wären wir bestimmt schon „Schnee" von gestern! Aber „normale" Zeitreisen sind eigentlich absolut sicher und durch nichts und niemanden aufzuhalten oder zu unterbrechen. Glaubt mir, das wird schon klappen!" Jan meinte trocken: „Bei uns heißt das allerdings korrekt: Wird schon schief gehen!" Robby sah einen Moment irritiert zu ihm rüber, grinst dann und erwiderte: „Ah, kapiere, klar! Wird schon schief gehen, Jungs!“ Und das tat es dann ja wohl auch.

Siebtes Kapitel: Die Stalanter

Robby drehte sich wieder zu seinem Pult zurück und machte darüber mit seinen seltsamen Bewegungen weiter. Wenigen Sekunden später zeigten die Fenster und Robbys Bildschirme das schon bekannte Einheitsgrau. Wir warteten, beobachteten die Fenster und dachten, jeden Moment deren Klarwerden und dann unsere Erde wieder zu sehen. Aber nichts davon passierte. Das milchig- wabernde Grau blieb. Wir bemerkten erst, dass etwas nicht stimmte, als wir zu Robby rüber schauten und sahen, dass er plötzlich stocksteif und bewegungslos vor seinem Pult stand und blicklos den Frontschirm vor ihm anstarrte. Schlagartig hatten wir Angst. „Robby!" riefen wir aufgeregt und in aufkommender Panik, „Robby, was ist denn nun schon wieder los?" „Sag doch was, wir haben Angst!" „Mach doch irgendwas!" „Robby, wach auf!" „Was ist denn mit dem los?" „Jan!" Jan schien durch den Zuruf zusammenzuzucken. Er ging die paar Schritte zu Robby und rüttelte sanft an seiner Schulter. Keine Reaktion. Er machte wieder die üblichen Handbewegungen vor Robbys Augen. Keine Reaktion. Dann schrie er ihn an: „Robby!" Keine Reaktion. Uns wurde jetzt ganz schön mulmig. Wieder riefen wir wirr durcheinander: „Was ist denn nur passiert?" „Hängen wir schon wieder in der Zeit fest oder was?" „Sind wir vielleicht im Nirwana verschollen?" „Jetzt haben wir den Salat!" Immer wieder schauten wir zu den Fenstern, zu Robby und seinen Bildschirmen. Aber nichts veränderte sich! Das wabernde Grau blieb. Bei den Frontschirmen sah es so aus, als hätte man bei uns zuhause einen Fernseher vom Satempfänger getrennt: Nur helles Grau, sonst gar nichts! Wir schauten, in der Hoffnung, das sich was änderte, ständig hin.

Plötzlich, wir zuckten alle erschrocken zusammen, ging ein kleiner Ruck durch Robby und wir hörten einen seltsamen Seufzer von ihm in unseren Köpfen. Sonst nichts! Robby stand wieder stocksteif reglos da. „Robby!" Jetzt standen wir alle um ihn herum und versuchten, ihn aus seiner Starre aufzuwecken. „Robby, bist du wieder da?" „Sag doch was, beweg dich mal!" „Jan, rüttle ihn mal!" Bevor Jan das machen konnte, bewegte sich

Robby! Aber wie in einer gedehnten Zeitlupe! Wieder kam dieser seltsame Seufzer, der uns eher erschreckte und unsere Angst verstärkte. Robby regte sich wieder nicht mehr. „Robby, wach doch auf!“ rief Sascha etwas schrill und sein Gesicht war blass geworden. Wir wussten jetzt, dass etwas Schlimmes passiert sein musste! Wenn ein Zeitsprung, der ja angeblich durch gar nichts beeinflusst und auch nicht unterbrochen werden konnte, sich so untypisch zeigte, musste mit uns und unserem Schiff was Größeres geschehen sein! Hoffentlich waren wir wenigstens hier im Schiffsinneren sicher. Die Schöpfer hatten es ja fast unzerstörbar gemacht. Aber eben nur fast! Auch Robbys Verhalten dämpfte in keiner Weise unsere hochkommende Panik, verstärkte sie nur noch. Robby bewegte sich wieder! Unwillkürlich wichen wir etwas vor ihm zurück. Er drehte sich sehr langsam zu uns herum. Sein Blick, erst noch ausdruckslos, bekam wieder Substanz. Er beugte sich leicht vor und stützte seine kleinen Hände auf seine Knie. So stand er einige Sekunden reglos da. Dann richtete er sich zu seiner vollen Größe auf und sah uns, wieder völlig wach, mit einem besorgten Blick in die Augen. Wieder ließ er einen Moment verstreichen und sagte dann: „Jungs“, er schaute jetzt jeden einzelnen von uns nacheinander direkt an, „Jan, Sascha, Patrick, Nicci, es ist etwas passiert, was ich nicht kenne und auch noch nie selbst erlebt habe. Unser Zentralrechner gibt dazu ebenfalls nichts her. Vom restlichen Universum sind wir im Moment völlig abgeschnitten. Das ist zwar während einer Zeitreise normal und immer so. Aber dieser Zeitsprung, der ja nur wenige Sekunden dauern sollte, hört nicht auf! Es ist so, als ob wir mitten in dem Sprung eingefroren worden wären! Aber eines kann ich euch versichern: Das, was wir gerade erleben, ist absolut unmöglich!“
Wir starrten Robby entgeistert an, zunächst nicht fähig, dazu Stellung zu nehmen. Jan war als erster soweit. Immer noch erschrocken und geschockt von Robbys eigenem „eingefrorenem“ Verhalten vorhin wollte er wissen: „Robby, was war denn mit dir los? Du warst wie abgeschaltet! Wir hatten echt Angst um dich.“ Wir nickten und Robby schaute einen Augenblick ruhig und nachdenklich vor sich hin und meinte

schließlich: „Tja, Jan, das weiß ich selbst nicht. Mit dem Vergleich des Abschaltens kommst du der Sache am nächsten. Ich könnte meinen Zustand vor wenigen Minuten auch nicht besser erklären. Es war für mich schlagartig alles weg und ich hatte keinerlei Kontrolle oder Funktion mehr! Außerdem war mir – und das beunruhigt mich dabei am meisten – als wäre „etwas" in meinem Gehirn. So, als würde sich da „jemand" mal umsehen. Ich weiß, das klingt alles ziemlich verrückt, aber anders kann ich es nicht beschreiben. Da bin ich ebenso verwirrt wie ihr!"
Plötzlich stieß Nicci, der die ganze Zeit neben einem der Fenster gestanden hatte, einen schrillen und lauten Schrei aus und rief dann zu uns rüber: „Seht doch, die Fenster werden wieder klar!" Wir wirbelten herum und schauten zu den Fenstern. Robby saß bereits in seinem Pilotenstuhl und starrte auf seine Bildschirme. Tatsächlich! Wir konnten wieder die Sterne sehen und das All zeigte sein gewohntes Bild. Wir sahen auch sofort, dass wir mit unserem Schiff bewegungslos im Raum schwebten. Sonst geschah nichts. Das verunsicherte uns mehr, als eine fast schon erwartete Aktion – von wem oder was auch immer! Robby machte einige Bewegungen über seinem Pult und meinte dann: „Zumindest befinden wir uns in eurer Galaxie und auch in der korrekten Zeit. Nur nicht bei der Erde, sondern mehrere Lichtjahre von ihr entfernt. Moment!" Robby klang plötzlich sehr aufgeregt, „was ist das denn? Der Massenabtaster hat eine künstliche Materieanhäufung, weit weg, rechts von uns im All, entdeckt! Etwas sehr Großes! Aber kein Kugelraumer der Schöpfer! Ich versuche, mehr Informationen zu bekommen." Wir drängelten uns alle vor einem Fenster an der rechten Seite und suchten die Umgebung ab, konnten aber in der Schwärze des Raums nichts Auffälliges sehen. Wir zuckten richtig zusammen, als Sascha, mit beiden Händen wedelnd in eine Richtung deutend rief: „Schaut doch! Da drüben ist was! Das lange Ding da, das wie Silber im schwachen Sternenlicht glänzt! Seht ihr's?" Wir starrten alle in die gezeigte Richtung und Robby fummelte an seinen Schirmeinstellungen herum. Jetzt konnten wir es auch erkennen. Schwach zwar, aber wenn man es erst einmal gesehen hatte, wurde es deutlicher. Prompt riefen wir wieder alle

durcheinander: „Was ist das nur?“ „Sieht ja fast wie ein langgezogenes Dreieck aus!“ „Ist das wirklich künstlich?“ „Beeinflussen „die“ uns?“ „Robby, kannst du schon mehr erkennen?“ „Robby hast du schon mehr?“ „Was genau meldet denn der Massenabtaster?“

Robby reagierte zunächst nicht auf unsere Fragen und machte weiter mit seinen hektischen Bewegungen über seinem Pult. Dann rief er zu uns rüber: „Moment Jungs, gleich habe ich es und dann können wir es besser sehen!“ Er wirbelte noch mal ganz kurz mit Armen und Händen über einer Pultstelle und dann zoomte der Frontbildschirm – Robby hatte das Schiff zu dem „Objekt“ ausgerichtet – glasklar auf das eigenartige Gebilde. Es schien dadurch sehr schnell auf uns zu zukommen. Jetzt konnten wir sehen, dass „es“ wirklich wie eine sehr, sehr schlanke „liegende“ Pyramide aussah, besser wie ein sehr langgestreckter, vierseitiger und gleichmäßiger Kegel oder, und dieser Vergleich traf es auch ganz gut, wie eine schlanke Speerspitze aus blankem Metall. Es schwebte wie wir bewegungslos im All. „Robby“, wollte ich wissen, „weißt du schon, wie weit es von uns entfernt ist und wie groß es ist?“ Robby antwortete sofort: „Ja Patrick, da liefert mir der Zentralrechner sogar ganz exakte Daten. Das „Ding“ ist 10527 Km von uns entfernt und hält diesen Abstand korrekt ein, Es ist wahrlich riesig! Die Massenermittlung zeigt ein Gewicht von 375 Millionen Tonnen! Die Länge wird mit 25000 Kilometern- und die Kegelbasis mit einer gleichmäßigen Kantenlänge von je 2500 Kilometern angezeigt! So etwas Gigantisches und Großes habe ich noch nie zuvor gesehen. Also, nichts Künstliches in einer solchen Größe, meine ich! Und es ist wirklich künstlich, Leute, das zeigen unsere Abtastinstrumente eindeutig. Da kommen einem selbst die riesigen Kugelraumer der Schöpfer klein vor!“ Exakte Zahlen zwar, aber wir konnten uns die wahre Größe des Objekts nicht mal annähernd vorstellen. Nur grob im Vergleich: Unsere Erde hat einen Durchmesser von rund 14000 Km – aber auch ihre Größe überstieg ja bereits unser Vorstellungsvermögen.

Plötzlich stand Robby direkt und sehr nah vor mir. „Patrick!“ hörte ich telepathisch seine Stimme in meinem Kopf, die jetzt aber ungewöhnlich scharf und schneidend klang, „was denkst du da gerade? Dir kommt die Duplizität der Ereignisse „spanisch“ vor? Du wunderst dich, dass wir jetzt schon zum zweiten Mal auf einer Zeitreise, die ja eigentlich unbeeinflussbar stattfinden sollte, „angehalten“ wurden und beide Male durch ein, von mir noch nie zuvor gesehenes Riesenraumschiff? Du denkst tatsächlich, ich hätte damit etwas zu tun? Und dann geistert schon wieder „ER sprach zu ihm“ von deinem Opi in deinen Gedanken rum; das hattest du ja schon mal gedacht und ich wollte wissen, was es bedeutet. Du dachtest dann „lassen wir es vorerst dabei“! Jetzt will ich aber wissen, was du damit meinst und warum du denkst, dass ich mit den Stopps der Zeitreisen was zu tun haben könnte. Also?“ Ich war richtig erschrocken als ich Robby in einem so scharfen Ton mit mir „reden“ „hörte“! Eingeschüchtert dachte ich, jetzt auch nur per Telepathie mit Robby „redend“: „Na ja, Robby, immerhin hast du uns ja selbst erklärt, dass nichts und niemand einen Zeitsprung in irgendeiner Form beeinflussen kann und jetzt passiert so was ausgerechnet uns schon zweimal! Da muss man doch stutzig werden. Und da wir vier ja nicht dafür verantwortlich sein können, weil wir nicht mal einen milliardstel Teil von allem hier verstehen, dachte ich halt, dass du eventuell mit „drin steckst“. Vielleicht, um uns zu beeindrucken oder uns noch größere Abenteuer erleben zu lassen. Ich habe nie geglaubt, dass du uns absichtlich schaden würdest! Robby, es tut mir leid. Das waren einfach nur dumme Gedanken eines dummen Jungen, der von nichts wirklich eine Ahnung hat. Bitte verzeih mir diesen Unsinn. Und das mit dem „Er sprach zu ihm“ hat nur eher einen lustigen Ursprung und ist schon gar nicht böse gemeint. Mein Opi sagt das öfters zu mir, wenn er mich frotzeln oder aufziehen will. Nur ein Beispiel: Als ich mich bei meinem Opi mal sehr dumm angestellt hatte, kam prompt von ihm: ER sprach zu ihm: „Siehe Patrick, als ich dich vor rund 16 Jahren auf die Welt kommen ließ, gab ich dir in meiner schier unendlichen Güte auch ein Gehirn mit. Meinst du nicht, dass es langsam Zeit wird, es zu benutzen?“ So was in der Art eben. Und mit „ER“ ist unser Gott gemeint. Mehr ist da nicht!“ Ich zögerte, traute mich dann doch: „Aber jetzt möchte ich noch was von dir wissen, Robby: Mir fiel

schon öfters auf, dass wir vier meistens zwar „normal“ reden – auf jeden Fall untereinander – und du dann oft auch redest, dann aber wieder hört manchmal nur der eine oder andere von uns dich in unserem Kopf alleine oder wir „hören“ dich eben alle telepathisch in unseren Köpfen. Warum ist das so?“
Robby hatte sich in der sehr kurzen Zeitspanne unseres telepathischen „Gesprächs“ anscheinend wieder beruhigt – er kicherte sogar wegen der Story mit „ER sprach zu ihm“ – und antwortete telepathisch mit seiner übliche Stimme wiederum nur in meinem Kopf: „Patrick, da muss ich doch noch ein paar Dinge zurechtrücken: Erstens könnte ich – selbst nach meinen „Verbesserungen“ durch die Schöpfer – auch eine Zeitreise, wenn sie mal gestartet wurde, nicht unterbrechen. Wenn überhaupt nur in höchster Not mit Hilfe des Zentralrechnerverbundes. Aber an den beiden Unterbrechungen hier war ich wirklich nicht beteiligt. Von uns aus gesehen gab es ja auch keinen Notfall. Beide kamen für mich eher noch erschreckender als für euch, weil ich die Tragweite besser beurteilen kann und verstehe, welch ungeheure Technik da bei beiden Malen im Spiel sein musste. An deiner Stelle, Patrick, würde ich es als „göttliche“ Fügung sehen; das erste Mal wurde damit unser aller Leben gerettet und ihr konntet die Schöpfer kennen lernen. Bei diesem zweiten Mal sehe ich ja auch noch keine Gefahr für uns und denke, dass es wieder für uns gut ausgeht. Und, was die unterschiedliche Anwendung der Telepathie angeht: Hier ist es so, dass ihr vier – oder eigentlich alle Menschen untereinander – nicht per Telepathie kommunizieren können solltet. Das ergäbe ein unheilvolles Chaos. Stell dir nur mal vor, jeder könnte die meisten Gedanken der anderen lesen. Grauenvoll! Ich hingegen kann immer alle eure klareren Gedanken „einordnen“ und habe damit keine Probleme. Und wenn ich mal mit einem von euch „alleine“ „reden“ möchte, tue ich das und die anderen drei bekommen meist gar nichts davon mit. Alles wieder paletti?“ Von dieser Rede Robbys beeindruckt, konnte ich nur mechanisch antworten: „Alles paletti. Aber das müsste ich eher dich fragen; du schienst mir ja verärgert zu sein!“ „Ist schon OK, Patrick, ich hab’s jetzt verstanden und stehe wieder auf dem „Teppich“ OK?“ „Ja, OK,

klar, danke dir, Robby!“ konnte ich nur schnell stammeln und war froh, dass Robby nicht dachte, ich würde ihn schlimmer Dinge verdächtigen. „Nee, tue ich schon nicht“, kam es prompt wieder von ihm, „aber ich möchte dir noch kurz was zur Telepathie erklären. Ich kann Gedanken von organischen Gehirnen nur „lesen“, wenn sie klar formuliert sind. So, als würde die Lebensform, bei welcher ich „lese“ es z. B. aussprechen. Bei euch Menschen ist das nur so. Gedanken, die du nicht schon klar denkst, um sie zu sprechen oder telepathisch an mich richtest, kann ich nur sehr undeutlich erkennen. So vorhin deine Gedanken um „ER sprach zu ihm“, die waren nur undeutlich und andeutungsweise für mich erfassbar. Bei so was muss ich dann immer nachfragen oder lasse es dabei, dass ich sie nicht „lesen“ kann. Oft soll ich das ja auch gar nicht. Bei künstlichen Gehirnen, so wie meines, ist das anders; die können gegenseitig immer sofort alles vom anderen „empfangen“, wenn es so gewollt ist. Ungewollt geht das aber nicht, weil wir „Künstlichen“ da ausreichend Sicherungen und Sperren vorschalten können. Alles klar jetzt, Patrick?“ „Ja, jetzt hast du erfolgreich alle Klarheiten beseitigt und keiner blickt mehr durch!“ versuchte ich zu scherzen, denn der Schreck von vorhin hatte meine Glieder noch nicht so ganz verlassen.
Jan, der gesehen hatte, wie Robby zu mir ging, war zwischenzeitlich zu uns beiden gekommen und schaute von einem zum anderen. Er schien zu ahnen, dass etwas zwischen Robby und mir „abging“. Aber er sagte nichts, nickte nur mit dem Kopf, schaute dann Robby einen Moment lang an und wollte mit seiner gewohnten Sachlichkeit wissen: „Robby, funktioniert – außer, dass wir uns nicht bewegen – sonst noch alles mit dem Schiff? Was ist z. B. mit unserem Schutzschirm? Sind wir hier sicher?“ Robbys Antwort kam diesmal nicht ganz so schnell. „Ja, Jan und Jungs, unser Schiff ist noch – abgesehen vom abgeschalteten Antrieb – voll funktionsfähig. Der Schirm steht noch und scheint sicher zu sein. Wir sind hier also relativ gut aufgehoben. Den Antrieb konnte ich allerdings bisher noch nicht neu starten – obwohl ich es mehrmals versuchte – der ist und bleibt funktionslos.“ Plötzlich riefen Sascha und Nicci

aufgeregt: „Wir bewegen uns! Schaut, die Sterne bewegen sich in den Fenstern!“ Tatsächlich bewegte sich unser Schiff, erst langsam, dann immer schneller auf das Objekt zu! Robby ruderte wild mit den Armen über dem Pult, konnte aber offensichtlich nichts dagegen tun. „Wir werden von dem Ding angezogen“, meinte er leise. Es klang schon ein wenig resigniert. „Ob die uns was tun?“ Nicci hatte die Frage gestellt, aber anscheinend keinen von uns direkt angesprochen. Nach einigen Sekunden antwortete Robby: „Ich denke nicht. Ich hatte euch ja schon mal gesagt, dass Aggressionen bei Treffen unterschiedlicher Arten im All selten ein Thema sind. Wenn eine Lebensform so intelligent ist, dass sie so ein riesiges Raumschiff – ich bin mir da mittlerweile ganz sicher, dass es eines ist – bauen kann, wird sie kaum noch Zeit mit Kriegen oder Überfällen oder so was vergeuden. Wie gesagt, ab einer gewissen Intelligenz, gepaart mit entsprechendem Intellekt, hört in der Regel das Interesse an aggressivem Handeln auf. Zudem, das denkt ihr ja auch bereits, wenn „sie“ uns etwas hätten tun wollen, wäre das längst geschehen. Denkt da mal kurz an den sofortigen Angriff des Würfels, der uns nur aus einem Missverständnis heraus zerstören wollte. In allgemeinen laufen solche Begegnungen im Raum aber meist nach einem gewissen Schema ab: Die Lebensform, die fortschrittlicher ist, schaut sich die andere erst mal an und entscheidet dann, was zu tun ist. Angriffe und Zerstörungsversuche – wie leider bei dem Würfel – finden sehr, sehr selten statt. Auch, dass unser Schiff nicht in seinen Funktionen – außer dem Antrieb – beeinträchtigt wurde, deutet auf eine friedliche Kontaktaufnahme hin. Bei dem Treffen mit den Schöpfern lief es ja ähnlich ab. Die stoppten uns auch, holten uns zu sich ins Schiff und wollten uns kennen lernen. Ja, gut, natürlich in diesem speziellen Fall der wichtigere Grund: Sie retteten damit unser Leben. Ich denke, dass das hier ähnlich wie sonst üblich ablaufen wird. Also bleibt erst mal ruhig und kommt mir nicht unnötig in Panik und auf sonstige, Horror erzeugende, Gedanken. Das wird schon. Warten wir einfach ab, was passiert und dann entscheiden wir, ob es gut oder schlecht für uns ist. Ganz wehrlos sind wir ohnehin nicht und ich konnte – ohne Störung von „denen“ da draußen – Verbindung mit dem

Kugelraumer der Schöpfer aufnehmen. Die wären sofort hier, wenn es wider Erwarten brenzlig würde.“ Das beruhigte und dann schon und wir schauten wieder gespannt auf das schnell näher kommende und dabei immer größer werdende Objekt. Ich sah Robby kurz an und er nickte unmerklich. Wir waren beide froh, dass den anderen drei dieser zweite „Stopp“ einer geplanten Zeitreise nicht so zu schaffen machte, wie mir.

Nach wenigen Minuten schwebte unser Schiff nur wenige Kilometer neben dem riesigen Raumschiff – es konnte eigentlich nur so was sein – der Fremden und bewegte sich momentan nicht weiter darauf zu. Deutlich waren jetzt auf dessen Oberfläche Aufbauten, Türme, Masten, Kugeln und große Antennen oder so was in der Art zu erkennen. Die gesamte Oberfläche glänzte mattsilbrig. Unsere Aussicht auf das Raumschiff war natürlich sehr beschränkt, weil wir schon so nah dran waren. Aber das, was wir sahen, war sehr beeindruckend. Robby rief uns zu, dass er es mit allen erdenklichen Kommunikationstechniken versucht habe, mit den Fremden Kontakt aufzunehmen. Bisher aber ohne jeden Erfolg, sagte er sichtbar enttäuscht. Robby versuchte es trotzdem – leider erfolglos – weiter. Plötzlich hielten wir uns die Ohren zu: Ein leicht schmerzhaft hoher Ton war überall zu hören. Auch Robby reagierte sofort und hantierte über seinem Pult. Dann war der Ton schlagartig weg. Sogleich kamen dafür ein leiseres Rasseln und dann ein Piepen. Dann war wieder Stille. Robby meinte, dass anscheinend auch die Fremden versuchten, mit uns in Verbindung zu treten.

Seit einigen Sekunden spürte ich einen dumpfen Druck in meinem Kopf. Es war, als wolle jemand etwas aus ihm herausholen. Ich hatte dafür aber keine greifbare Erklärung. Ein Blick zu Jan, Nicci und Sascha zeigte mir, dass es ihnen scheinbar ebenso erging. Nicci rieb sich ständig am Kopf und Sascha schüttelte seinen, so als wolle er sich damit von etwas befreien. Jan jedoch schaute nur leicht gequält und nickte mir zu. Robby signalisierte uns, dass er glaube, wir und unsere Gehirne – auch seins – würden „gescannt“ und untersucht. Schlagartig war der unangenehme Druck weg. Ein sehr helles, orangefarbenes Licht hüllte unser Schiff ein und tauchte auch das Innere in eine gelbrote Lichtfülle. Dieses Licht blieb einige Minuten an, in denen ich überstark ein Gefühl der Beobachtung empfand. Auch den anderen schien es so zu ergehen. Dann waren auch das Licht und dieses Gefühl wieder weg und es geschah erst mal nichts, bis sich unser Schiff wieder weiter in Richtung des fremden Raumschiffs bewegte. Dann stoppte es wieder und schwebte, näher an dessen Bordwand, neben einem sehr großen, mattgrau silbrig schimmernden Turmaufbau. Im nächsten Moment waren wir schon im Turm drin! Die hatten uns mit unserem Schiff komplett in das Innere des ihren geholt! Durch die „Wand"! Wie auch immer. Teleportation? „Ja", meinte sogleich Robby, „so was in der Art muss es gewesen sein. Dass sie uns mitsamt unserem Schiff „reingeholt" haben, deutet auf eine sehr hoch entwickelte Technik hin!" Robby fuhr fort: „Zudem habe auch ich mit unseren Scannern und Mitteln versucht, sie zu überprüfen. Organisches Leben gibt es hier überhaupt nicht. Alles scheint demnach ausschließlich künstlich zu sein. Dadurch, dass ich Vieles nicht scannen konnte, wird die Annahme von mir bestätigt, dass ihre Technik wesentlich weiter und höher entwickelt ist als alles, was ich bisher kenne. Kurz beurteilt würde ich sogar meinen, ihre Technik ist viel besser als die der Schöpfer!"

Jetzt waren wir mal wieder so richtig baff und versuchten, das gerade von Robby Gehörte zu verdauen. Eine noch höhere und bessere Technik als die der Schöpfer? Das wäre ja unglaublich! „Robby, kann es denn so was überhaupt geben?" wollte Jan wissen. Robby erwiderte sofort: „Eigentlich nicht. Zumindest ist nichts auch nur Annäherndes in unseren Datenbänken erfasst. Rein von „ihrer" Technik auf „sie" geschlossen, müssten „die" über ein fast schon „unendliches" Wissen verfügen!" Wir zuckten alle zusammen, selbst bei Robby kam es uns so vor, als wir eine völlig gefühllose und kalte Stimme in unseren Köpfen hörten: „Das tun wir tatsächlich! Wir haben eure Kommunikation entschlüsselt und das, was ihr Sprache nennt. Wir benutzen gerade auch die von euch angewendete Form der Telepathie, um mit euch in Verbindung zu treten. Ebenso verwenden wir dazu – um uns sofort verständlich zu machen – eure Wörter und eure

Denkweise. Seid deswegen bitte nicht überrascht, wenn wir, genauso wie ihr selbst, „reden". Wir sind euch – und auch „Robby", der wie wir künstlich ist und auf ein enormes Wissen zurückgreifen kann – wirklich unbeschreiblich weit in Technik und Wissen voraus. Wir existieren in unserer jetzigen Form bereits seit Millionen Jahren. Vor sehr, sehr langer Zeit, wir wissen selbst nicht, wann es war, wurden wir von ehemals organischen Wesen erschaffen, die aber jetzt auch schon unendlich lange nicht mehr existieren. Wir „leben" nur in diesen „Raumschiffen" und nennen kein Sonnensystem oder Planeten unsere Heimat. Wir teleportieren mit unseren „Raumschiffen" von Galaxie zu Galaxie, von Universum zu Universum und haben so das gesamte All durchstreift. Unsere Technik, die wir, wie auch bei uns selbst, ständig verbessern, ermöglicht es uns, jeweils das gesamte Wissen aller Intelligenzen im Umkreis von rund 100 Lichtjahren zu erfassen und zu speichern. Jedes derart neu „erworbene" Wissen steht uns dann unverzüglich voll und ganz zu unserer Verfügung. Unsere Technik, nur um euch deren Möglichkeiten verständlicher zu machen, kann eine ganze Galaxie erschaffen. Mit allen Sonnensystemen, Lebensformen und Intelligenzen. Und das, ohne das restliche All dadurch „durcheinander" zu bringen. Robby hatte euch ja schon die Zusammenhänge mit der Zeit und Masse erklärt. Es würde uns nicht wundern, wenn einst eines unserer „Schiffe" eure Systeme und ebenso eure „Schöpfer" erschaffen hätte. In allen Universen – auch in den Antimaterieuniversen – sind wir das, was als Götter bezeichnet wird." „Eingebildet sind die dann ja gar nicht", dachte ich so bei mir. „Stimmt, Patrick", antwortete augenblicklich die kalte Stimme in meinem Kopf, „wir kennen überhaupt keine Emotionen oder irgendwelche Gefühle. Wir sind – wenn man es von eurer Seite aus betrachtet – seelenlose Maschinen. Roboter, ähnlich wie Robby, wenn ihr so wollt. Nur wesentlich fortgeschrittener eben." „Was auch sonst", dachte ich wieder dazu. „Sarkasmus, Patrick, kennen wir auch nicht." „Ups, wir müssen unsere Gedanken besser im Zaum halten", meinte ich daraufhin zu den anderen. „Haben wir auch schon selbst gemerkt", kam die Antwort von Jan. Auch Robby nickte

bestätigend. Die kalte Stimme – man hätte fast frösteln können – fuhr fort: „Wir haben euch, auch Robby, gescannt. Dabei fiel uns auf, dass Robby, obwohl er künstlich ist, ähnlich wir ihr „Organischen“ so was wie Gefühle hat und kennt. Das ist seltsam und irritiert uns. Deswegen haben wir all euer Wissen – auch das sämtlicher Zentralrechner, auch alle der „Schöpfer“ – übernommen, um es zu analysieren. Die ersten „Scans“ von euch vier „Organischen“ haben uns schließlich, nachdem wir euer Schiff aus Neugier aus der Zeitreise holten, dazu bewogen, mit euch Kontakt aufzunehmen. Ihr Menschen seid es, die unser Interesse weckten. Robby – mal abgesehen von seinen durchaus sehr verblüffenden Gefühlsempfindungen – und die „Schöpfer“ oder andere derart weit entwickelte organische und künstliche Lebensformen und Intelligenzen kennen wir schon sehr lange. Da ist kaum etwas Neues für uns dabei.
Aber die Menschen, momentan von euch vier „Jungs“ vertreten, so extrem primitiv sie einerseits sind, haben andererseits etwas, was wir selbst bis jetzt noch nicht gekannt haben: Spontaneität! Diese Spontaneität, die aus Situationen entsteht und dann zu Handlungen führt, die nicht vom Wissen alleine gesteuert werden. Dass so was überhaupt möglich ist, wussten wir bis jetzt tatsächlich noch nicht! Ihr Menschen seid in der Lage, etwas zu tun, ohne euer Wissen dazu vorher abzufragen! Das ist einzigartig! Aus diesem Grund haben wir beschlossen, euch vier Menschen bei uns zu behalten um weitere Tests und Untersuchungen mit euch durchzuführen.“ Das, wie alles von ihnen „gesagte“, kam unverändert kalt und gefühllos rüber! Wir starrten, Hilfe suchend, Robby an. Jeder von uns war bei diesen emotionslosen Worten blass geworden. Der Schock saß tief! In was waren wir da bloß hineingeraten?
Bevor wir Vier wieder alle durcheinander reden konnten – schon um unsere große Angst zu kaschieren – machte Robby eine entschiedene Handbewegung, die uns erst gar nicht „loslegen“ ließ. Robby deutete unmerklich auf eine Stelle vor uns in der Luft. Ein Schrifthologramm erschien plötzlich vor unseren Augen, mit dem Text: „Achtung, Jungs, ab sofort möglichst nichts Konkretes, sondern nur Belangloses denken! Am besten

singt ihr bewusst in euren Gedanken ständig ein Kinderlied – wie z. B. „Hänschen klein…“ oder so was simples – und denkt auf keinen Fall über uns und unsere Möglichkeiten nach! Ich habe gerade einen Weg gefunden, um mich vor ihrem telepathischen Zugriff zu schützen. Auf „ihrer“ Seite bekommen die nur noch unwichtige Gedanken von mir mit und auf „eurer Seite“ kann ich gleich wieder mit euch telepathisch „reden“ ohne, dass die was davon mitbekommen. Also hört mir „nebenbei“ zu und singt innerlich ständig weiter eure Kinderliedchen. OK?“ Als wir das gelesen hatten, verschwand die Schrift vor uns sofort. Doch nun war Robby wieder mit leiser Stimme in unseren Köpfen, während wir, wie von ihm empfohlen, ununterbrochen Kinderlieder „sangen“: „Jungs, wie ihr seht, habe ich auch noch einige Tricks drauf, welche die – trotz ihres sagenhaften Wissen – noch nicht kennen! Wir müssen irgendwie verhindern, dass die Fremden euch „einsacken“! Das wäre so ziemlich das Letzte, was ich wollte. Unbemerkt von „denen“ konnte ich eine Nachricht zu den Schöpfern absetzen und sie um ihre Hilfe bitten. Die kennen nun unsere momentane Situation und werden sich schon was einfallen lassen. Immerhin handelt es sich bei den Fremden um künstliche Intelligenzen, die uns einen Nachteil von sich selbst gerade offenbart haben: Sie können nicht spontan reagieren. So können sie auch nichts mit euren Kinderliedchen anfangen und ordnen das eurer „Primitivität“ zu. Lassen wir sie in dem Glauben. So können wir uns noch besser – ohne, dass die ständig „mithören“ – verständigen. Alles klar?“ Wir nickten, während wir innerlich ununterbrochen „Hänschen klein…“ oder „Ein Männlein steht im Walde….“ Oder „Alle meine Gänschen….“ usw. „sangen“. Es fiel uns zwar schwer, nicht „bewusst“ zu denken, aber wir wussten, dass davon unser Leben abhängen konnte! Robby fuhr leise beruhigend fort: „Ein gewaltiger Vorteil für uns ist, dass es sich bei den Fremden wirklich nur um eine künstliche Intelligenz handelt, denn da haben wir – also meine Art – sehr, sehr viel eigene Erfahrung, eben, weil wir „Robbys“ ja ähnlich wie „die“ künstlich sind. Künstliche Intelligenzen haben – und damit liegen die Fremden völlig richtig – nämlich wirklich das gewaltige Defizit, dass sie zu keiner Spontaneität fähig sind.

Künstliche Gehirne entscheiden in der Regel nur nach vorherigen Berechnungen oder auch zusätzlich z. B. durch irrsinnig schnelle Ausschließungsverfahren bzw. ähnliche Methoden. Anders gesagt: Wir haben zwar ein wahnsinnig großes Wissen angehäuft, können es aber nur bedingt einsetzen, weil unsere künstlichen Gehirne analytisch empirisch arbeiten, aber niemals zu intuitiven Handlungen fähig sind. Dadurch „erkennen" wir oft Sachverhalte nicht so, wie sie z. B. ein Mensch sofort sehen würde. Also noch kürzer, aber etwas verständlicher: „Wir sind noch nicht in der Lage, rein gefühlsabhängige Entscheidungen zu treffen. Aber wir arbeiten schon sehr lange an diesem „Problem" und, das könnt ihr ja bei mir beobachten, haben schon erste Erfolge erzielt. Wir „Robbys" können, dank unserer großen Anpassungsfähigkeit, Beteiligungen an gefühlsbetonten Aktionen jetzt schon fast „echt" simulieren. Das hatte die Fremden ja auch bereits verwirrt. Dass sie es nicht können, ist unsere Chance! Bei mir ermöglicht das aber, dass ich jetzt mit euch „rede", gleichzeitig „denen" aber ständig inhaltsleere Gedanken präsentiere. Ihr könnt das im Moment ja noch mit den banalen Kinderliedchen bewirken. Hoffen wir, dass die das nicht herausfinden! Wenn man so will, hilft „denen" ihr schier unendlich großes Wissen auch nicht weiter. Sie können es in Echtzeit schlicht gar nicht immer rechtzeitig situationsgerecht anwenden. So, wie ich es sehe, mussten sie das offenbar bis jetzt auch noch nie. Somit ist ihr Nachteil unser Vorteil und vielleicht die einzige wirkliche Chance, die wir gegen sie haben. Da „die" nur in der gefühllosen, kalten Kommunikationsart mit uns in Verbindung treten, sind die ganz offensichtlich emotional gesteuerte, organische Lebensformen nicht gewöhnt und können somit nicht „zwischen den Zeilen" lesen. Das nutzen wir gerade aus, um uns ohne „sie" zu verständigen. Alles klar soweit?"

Wir nickten nur, denn wir hatten so viele Fragen, die wir jetzt erst mal lieber gar nicht stellten, um uns nicht doch noch zu verraten. Allein das dauernde „singen" der Kinderlieder war anstrengend genug. „Gut so" kam Robbys leise Stimme durch. „Eine scheußliche Situation, ich weiß. Aber die Gemeinschaft arbeitet schon mit Hochtouren an einer Lösung. Lange wird das nicht mehr dauern." Robby versuchte natürlich uns damit zu beruhigen. Er „redete" leise weiter: „Diese Fremden sind anscheinend das erste Mal in unserer Galaxis aufgetaucht. Nach meiner Einschätzung sind sie als einzelne Intelligenz – also, wenn man nur einen von ihnen betrachtet – nicht sonderlich klug oder erfahren. Am besten könnt ihr euch das so vorstellen: Nehmt einen beliebigen Durchschnittsmenschen der Erde. Er allein ist in der Regel nicht auffällig intelligent oder klug. Aber er hat ja dazu viele Hilfsmittel, um es damit dann doch zu sein: Eure immerhin auch schon sehr weit entwickelte Technik, das Internet, Lexika, Sach- und Fachbücher fast zu jedem Bereich, Fernsehen, Radio, Zeitungen, Fachmagazine, Bücher und vieles mehr. So ähnlich ist es auch bei „denen". Ihre Technik ist zwar unglaublich und ihr angesammeltes Wissen nicht minder, aber der Einzelne von ihnen kann das alles nicht sofort und direkt verwenden. Das können sie eben auch nur im Verbund mit „ihren" Zentralrechnern, die sie garantiert haben. Da bin ich „denen" gegenüber sogar im Vorteil, weil mein Gehirn auch ohne Zentralrechner riesige Datenmengen gespeichert hat. Also, Fazit der Erklärung ist, dass wir durchaus Chancen gegen „die" haben. Unsere Schöpfer sind informiert, energetisch – also schon eine Stufe über künstlich – und haben ein fast ebenso großes Wissen wie „die" mit ihren bestimmt vorhandenen Zentralrechnern. Auch die Technik der Schöpfer muss sich sicher nicht hinter der von „denen" verstecken. Ich bin sicher, wenn die Schöpfer es nur wollten, könnten sie bestimmt auch schon eine Galaxie erschaffen. Alles nur eine Frage des Könnens und des Wissens sowie der anwendbaren Technik. Ich vermute, dass „sie" uns nicht mehr allzu lange hier in unserem Schiff zusammen lassen. Bestimmt holen sie uns in Kürze hier raus und beginnen mit ihren Tests. Wahrscheinlich trennen sie uns dazu voneinander, um uns einzeln zu untersuchen. Bereitet euch also darauf vor und denkt niemals irgendwelche Gedanken, die uns schaden könnten. Singt in Gedanken schön weiter eure Kinderliedchen, konzentriert euch nur darauf, dann werden sie kaum klare und zusammenhängende Gedanken von euch „lesen" können. Falls wir getrennt werden – was ich jeden Moment erwarte – versuche ich mit euch Kontakt zu halten und hoffe, dass „die“ das nicht merken. Gerade haben mir die Schöpfer, unbemerkt von „denen“, eine Info übermittelt. Sie kommen der Lösung unseres Problems näher. Die Schöpfer haben herausgefunden, dass nur ein einziges, aber wirklich unglaublich großes, Schiff der Fremden einen Zentralrechner, für alle ihrer Art, hat. Die Schöpfer wollen versuchen, dieses spezielle Schiff, sozusagen das Mutterschiff von denen, ausfindig zu machen und so zu isolieren, dass die restlichen „Raumplaneten“ – das sind „ihre“ Schiffe übrigens: Künstliche „Planeten“, in denen sie leben und durchs All ziehen – nicht mehr Verbindung zu „ihrem“ Zentralrechner aufnehmen können. Dann wären sie fast hilflos gegenüber den Schöpfern und der Gemeinschaft. Die Schöpfer wollen dann deren Zentralrechner so umfunktionieren, dass „die“ in die allgemeine Universalgesellschaft mit aufgenommen werden können und „ihr“ Wissen und „ihre“ Technik der Gemeinschaft insgesamt zukäme.“ Puh, jedem Einzelnen von uns schwirrte der Kopf: Soviel und so lange „verdeckt“ hatte Robby selten mit uns kommuniziert, während wir uns ja weiter bemühen mussten, unsere Kinderliedchen zu „singen“. Wir probierten, so gut es eben zwischen den „Liedzeilen“ ging, Robby zu vermitteln, dass wir im Groben alles soweit verstanden hatten und auch versuchten, mit ihm Kontakt zu halten, wenn wir von ihm getrennt würden. „Gut so, Jungs!“

Das kam gerade noch von Robby zu mir durch, doch zack, saß ich zu Hause, bei mir im Zimmer auf meinem Stuhl vor meinem Computertisch! „Was ist denn jetzt los?“ Panik erfasste mich und drohte mich handlungsunfähig zu machen! Oder hatte ich das alles nur geträumt und die verrückten Abenteuer gar nicht erlebt, sondern die ganze Zeit nur geschlafen? Aber dann könnte ich mich sicher nicht so gut an alles erinnern! Ahhh, jetzt dämmerte es mir: „Das war doch genau das, was „die“ von uns wollten! Immerhin hatten „sie“ ja anfänglich von Tests und Untersuchungen „geredet“, um eine brauchbare Erklärung für sich zu unserer Spontaneität herauszufinden!“ Ich zwang mich zur Ruhe. Atmete mehrmals tief durch und versuchte, die neue Situation besser zu erfassen. „Was wohl mit den Anderen passiert

war? Bestimmt das Gleiche wie mit mir." Ich schaute mich in meinem Zimmer um. Doch das war ja gar nicht mein Zimmer! Überall gab es kleinere Unstimmigkeiten und unklare Ansichten. Ich stand auf und schaute aus meinem Dachfenster. Ja, da war tatsächlich Kist zu sehen! So, wie ich es in Erinnerung hatte. „Halt, stopp", genau das war es: „Das, was ich zu sehen glaubte, war wirklich nicht mein zu Hause und mein Zimmer! Nee, „die" hatten das alles aus meinen Erinnerungen gestaltet, um mich glauben zu lassen, ich sei daheim!" Auch der Blick aus dem Fenster bestätigte das. Überall dort, wo ich mich nicht so genau an Details erinnerte, war improvisiert worden! Diese „Stellen" waren irgendwie „unsauberer" und leicht verschwommen; wie hinter einem leichten Nebelschleier. Auch mein Zimmer hatte örtlich begrenzte Unschärfen. Das hatte mich gleich zu Anfang schon unbewusst irritiert. Ich ging zur Zimmertür, raus auf den Flur, die Treppe runter und dann ins Wohnzimmer. Überall gab es diese leichten Unschärfen! Das waren wohl alles nur meine Erinnerungen! Zwar schlau von „denen" versucht, aber nur unzureichend umgesetzt. „Was wollten „die" bei mir damit erreichen? Wie sollte denn hier bitteschön eine Spontaneität entstehen?" Was und wie, das sollte ich schon gleich- und später dann leider auch auf unangenehmere Weise erfahren.
Es klingelte plötzlich an der Haustür! Erschrocken zuckte ich zusammen. Eine schlagartige Anspannung ließ mich leicht zittern. Was sollte ich jetzt tun? Was dachten „die", dass ich tun würde? Sollte das ein weiterer Spontaneitätstest sein? Ich beschloss, vorerst mitzuspielen. Vorsichtig trat ich im Flur etwas seitlich hinter unsere Haustür, weil sie in der Mitte eine lange und schmälere Mattglasscheibe hatte. Durch diese konnte ich eine schemenhafte Gestalt draußen vor der Tür erkennen. Ich stellte meinen linken Fuß knapp hinter der Tür fest auf den Boden, um damit ein weiteres Aufgehen zu verhindern. Dann öffnete ich die Türe den so möglichen Spalt. Draußen stand mein Opi vor der Tür! Zumindest sollte er es sein! Er sah auch genauso aus. Eben so, wie ich ihn in Erinnerung hatte. Er fragte: „Hallo du Ei, willst du mich hier stehen lassen? Darf ich nicht reinkommen? Was ist denn los mit dir? Du siehst so blass aus, bist du krank?"

Tja, so hätte sich mein Opi sich auch wirklich verhalten, wenn er es gewesen wäre. Ich öffnete die Tür weiter und Opi kam herein. „Warum bist du nicht in der Schule?“ Die Frage kam von Anni, meiner Oma, die plötzlich statt Opi vor mir stand! Erschrocken wich ich einen Schritt zurück. „Patrick, was ist denn mit dir? Du bist ja weiß wie die Wand!“ Die letzte Frage kam jetzt aber von meiner Mutter! Anni und Opi waren verschwunden! Während dieser schockartigen Situation hatte ich ständig ein unangenehmes Druckgefühl im Kopf. Fast so, als wollte jemand in meinem Gehirn mit dabei sein. „Die“ schon wieder! „Die“ versuchten, mich zu scannen! Das musste immer noch der blödsinnige Test sein, mit welchem „sie“ versuchten, menschliche Spontaneität für sich nachvollziehbar zu machen und deren Ursachen herauszufinden! „Na, dann testet mal schön!“ Tja, genau das taten „sie“ dann auch. Ein wahrer Alptraum begann für mich!

Von einer Sekunde zur anderen war unser Haus weg! Ich „fuhr“ gerade mit meinem Skateboard auf unserem Kister Skaterplatz und raste mit einer irrwitzigen Geschwindigkeit über den Asphalt direkt auf eine Schräge zu. So schnell war ich selbst noch nie auf dem Board gewesen! Schon ging es mit einem Affenzahn die Schräge hoch, dann hob ich ab und flog mit dem Board auf eine Wand der Halle zu, die sich neben unserem Skaterplatz befand. Im nächsten Moment krachte ich gegen die Wand. Innerhalb von Sekundenbruchteilen war mein Körper nur so von Schmerz überflutet. Bei dem Aufschlag musste ich mir bestimmt mehrere Rippen und Knochen gebrochen haben! Mein Körper prallte von der Wand ab und ich stürzte hinunter. Bevor ich aber auf dem Asphalt vor der Hallenwand aufschlug, waren die Halle und der Skaterplatz bereits verschwunden und ich hing, mich nur mit meinen Finger-und Fußspitzen haltend, an einer senkrechten Kletterwand. Sie war genauso aufgebaut wie die einzige Kletterwand, die ich mal mit Anni und Opi besucht und erklettert hatte! Nur, die damalige Übungswand war lediglich 18 Meter hoch gewesen und ich war mit Gurten, Wandhaken mit Stahlringen und den zugehörigen Seilen daran gegen einen möglichen Absturz gesichert. Zudem hielt Opi ständig noch eine weitere Sicherungsleine fest in seinen Händen. Dagegen hatte diese Wand hier weder über mir noch unter mir ein erkennbares Ende! Ich stand zwar momentan mit beiden Füßen auf guten und ausreichend großen Kletterhilfen und auch meine Fingerspitzen hatten genügend Halt. Aber was hier total fehlte, waren alle Sicherungen! Kein Körpergurt! Keine Sicherungsleinen mit ihren Ösen und Karabinerhaken! Kein Opi mit einem Sicherungsseil! Nur die Wand, die Kletterhilfen und ich. Soweit ich in alle Richtungen blicken konnte, war nur diese, mir unendlich erscheinende, Kletterwand zu sehen! Jetzt, nachdem sich der erste Schreck des Wechsels vom Skaterplatz zu dieser Wand gelegt hatte, spürte ich wieder alle meine Schmerzen. „Na toll, die Szene wechselte, aber die mir zuvor zugefügten Schmerzen bleiben. Das kann ja heiter werden!“ Kaum hatte ich das gedacht, als die ganze Wand erzitterte und bebte! „Was soll das denn jetzt?“ fragte ich mich und klammerte mich verzweifelt noch fester an die Kletterhilfen. Das Beben wurde stärker. Mein rechter Fuß rutschte ab und um ein Haar wäre ich abgestürzt. Doch im letzten Moment fand mein Fuß wieder Halt und ich konnte an der Wand einen neuen Standplatz für meinen rechten Fuß finden. Das Beben hatte aufgehört. „Puh, das war knapp gewesen!“ Nicht auszudenken, wenn ich von dieser hohen Wand abgestürzt wäre. Mühsam versuchte ich weiterzuklettern. Alles tat höllisch weh. Nach einer Weile schmerzten meine Fingerspitzen. Sie waren rissig geworden und bluteten schon leicht. Auch meine Waden waren krampfartig verhärtet. Mein ganzer Körper tat höllisch weh. Ich konnte und wollte nicht mehr! Was sollte ich hier denn noch? Endlos weiterklettern? Wohin? Wozu? Weiter hoch klettern? Oder lieber nach unten? Oder wäre vielleicht seitlich ein Ende der Wand? Erst mal etwas ausruhen! Ich suchte mir dafür extra große Fußstützen und Handhalter aus und machte eine dringend notwendige Verschnaufpause. Nur wenige Sekunden Erholung waren mir vergönnt als das Beben der Wand wieder mit ungeheurer Stärke anfing! Ich konnte mich nicht mehr halten, stürzte ab und flog dicht an der Wand unglaublich schnell nach unten. Ein Versuch, mich an der vorbeirasenden Wand festzuhalten, brachte mir nur einen äußerst schmerzhaften Schlag

an der betroffenen Hand ein. Etwa so, als hätte mit jemand mit einem Hammer auf die Finger geklopft. Ich hatte Tränen in den Augen. Ob vor Schmerz oder wegen meiner aussichtslosen Lage, weiß ich nicht mehr. Die Tränen wurden vom Fallwind sofort weggeblasen. Wie ich momentan, in welcher Form auch immer, spontan reagieren sollte, war mir ein Rätsel. Was mit mir gerade passierte, sah ich eher als realitätsfernen Unsinn an. „Seltsam, was für eigenartige Gedanken man in einer solchen Stresssituation hat!“ dachte ich, während ich verzweifelt versuchte, mit dem Gesicht nach unten eine einigermaßen „stabile“ Lage bei dem Sturz zu halten. „Der Fall dauerte doch bestimmt schon Minutenlang!“ schoss es mir durch den Kopf. Ich hatte jedes Zeitgefühl verloren. In meinen Ohren war ein tosendes Rauschen und meine Augen brannten durch den Wind und das Salz der Tränen. Ich erkannte kaum noch die vorbeirasende Wand. Mir wurde übel. Mühsam konnte ich einen Brechreiz unterdrücken. Eine panikartige Angst, bewusstlos zu werden, ergriff von mir Besitz.
Plötzlich sah ich weit unter mir den Boden! Er schien felsig zu sein und raste mit einer unglaublichen Geschwindigkeit auf mich zu. Jeden Moment musste der zu erwartende Aufschlag kommen! Als ich deswegen schon mit meinem Leben abgeschlossen hatte, saß ich einen Sekundenbruchteil später am Steuer eines Autos! Alle Schmerzen waren schlagartig weg. Mein Körper war wieder völlig in Ordnung und ich fühlte mich topfit. Nach einer kurzen aber unangenehmen Orientierungslosigkeit erkannte ich mühsam, dass ich mich anscheinend in einem meiner PC-Autorennspiele befand! Ich war der Fahrer eines der Autos, die gerade durch eine Wüstenlandschaft rasten! Nur, und das erschreckte mich: Das Auto, die Landschaft und auch die wahnsinnige Geschwindigkeit kam mir sehr real vor! In der Wirklichkeit war ich noch nie in einem echten Auto selbst gefahren. Vielleicht fehlten hier deswegen die Pedale? Weder ein Brems- noch ein Kupplungs- und ebenso wenig ein Gaspedal waren vorhanden. Nur mit dem Lenkrad in meinen Händen konnte ich Lenkbewegungen durchführen. Aber leider lenkte ich damit nicht das Auto. Das Lenkrad drehte sich, ohne mit den Rädern

Verbindung zu haben! Mein Fahrzeug raste, wild schlingernd und sich manchmal fast schon quer stellend, über die staubige Sandpiste. Irgendjemand musste also gerade das Auto in diesem „Spiel“ lenken! Nur wer? „Vielleicht Opi?“, überlegte ich. Immerhin kam die ganze Szenerie ja aus meinen Erinnerungen und zusammen mit Opi hatte ich dieses PC-Spiel schon öfters gespielt. Aber wenn es Opi war, hatte ich kaum Chancen, hier „lebend“ raus zu kommen. „Denn Opi ließ so gut wie kein Hindernis oder Felswand in dem Spiel aus, um da dran zu knallen!“ Kaum hatte ich das gedacht, stellte sich mein Auto quer, schleuderte, drehte sich um seine eigene Achse und schoss dann geradewegs auf eine Felswand zu! Zeit zu weiteren Überlegungen blieb mir nicht mehr: Das Auto krachte mit voller Geschwindigkeit an die Felsen! Bevor ich überhaupt reagieren konnte, befand ich mich unter Wasser! Eiskaltes Wasser! Die Kälte schnitt mir förmlich ins Fleisch. Hier hätte ich, ohne zu erfrieren, keine fünf Minuten überleben können! Unter mir war es pechschwarz. Aber über mir, viel zu weit entfernt, sah ich einen leichten bläulichen Schimmer. Meine Lunge schmerzte. Wenn ich nicht bald Luft holen könnte, würde ich ersticken. Ich schwamm, so gut es in der Kälte und mit meinen nachlassenden Kräften ging, nach oben. Ich musste atmen! Der zwingende Reflex wurde übermächtig. Schließlich riss ich meinen Mund weit auf und „atmete“ tief ein! Im gleichen Augenblick stand ich auf dem Flachdach eines großen Gebäudes und atmete mit diesem erlösenden Atemzug Rauch mit erhitzter Luft ein. Das Gebäude brannte! Die Hitze versengte meine Haut. Meine Kopfhaare schienen zu brennen und zu verkohlen. Wohin ich auch schaute, überall nur Flammen! Kein Ausgang. Kein Fluchtweg. Kein Platz, an dem ich Schutz vor der Hitze hätte finden können. Ein Wind frischte auf und entfachte die Flammen erst recht. Aber er wehte auch den Rauch und ein wenig die Hitze von mir weg. So konnte ich zu einer der Dachkanten laufen und hinuntersehen. Vielleicht bekam ich von dort Hilfe? Nein, nichts. Auch nur Flammen, die aus den geborstenen Fenstern hochschlugen. Den Boden konnte ich deswegen gar nicht sehen. Ein Blick in den Himmel zeigte nur braunschwarzen Qualm und

Fetzen von hellroten Flammen. Wenn ich nicht bald etwas unternahm, verbrannte ich bei lebendigem Leib! Ich schaute mich nochmals um. Keine Fluchtmöglichkeit! Ich rannte ein Stück zurück, holte Anlauf und sprang, soweit es möglich war, über die Dachkante. Lieber wollte ich mir mit diesem Sprung alle Knochen brechen und eine winzige Überlebenschance behalten, als hier oben sicher zu verbrennen!

Doch im gleichen Moment befand ich mich wieder auf dem Skaterplatz. Aber es war der von Wertheim! Anni und Opi saßen auf einer Holzbank und schauten mir beim Skaten zu. Sie schienen meine immer noch verbrannte und geschundene Haut gar nicht zu bemerken. Auch nicht, dass meine Haare fast völlig versengt waren! Ich stand an der oberen Kante der Halfpipe und war gerade dabei, nach vorne zu kippen. Schon löste sich mein Board von der Kante und fuhr, sehr schnell werdend, die nach innen gewölbte Halfpipeseite runter. Bisher war ich noch nie in einer Halfpipe von der oberen Plattform aus gestartet. Dazu konnte ich noch viel zu wenig mit dem Board umgehen. An das Skateabenteuer mit Robby und den Schöpfern hatte ich, wie auch schon auf dem ersten fiktiven Kister Skaterplatz, überhaupt keine Erinnerung. Tatsächlich konnte ich mich, hinsichtlich des „Robbyabenteuers" insgesamt, an gar nichts erinnern. Das merkte ich deswegen zwar gerade nicht, aber „die" hatten das offensichtlich so geplant. Warum? Wer weiß das schon?

In dem Moment, als ich an der unteren Auslaufkurve der Pipe mit vollem Speed ankam, stürzte ich dann auch schon und flog mit dem Kopf voran auf die andere Halfpipeseite zu, schlug dort hart auf und es wurde mir schwarz vor Augen. Leichtere Schläge gegen meine Wange weckten mich. Anni und Opi knieten neben mir und redeten auf mich ein: „Patrick, wach doch auf!" „Was ist denn mit dir?" „Patrick, hörst du uns?" Wieder einige Klapse auf meine Wangen. Ich wollte ihnen sagen, dass ich wach wäre und sie hören konnte und, dass mir nichts fehlte. Aber ich konnte mich in keiner Weise bemerkbar machen! Kein Ton kam bei meinem Rufen heraus. Keine von mir durchgeführte Bewegung wurde sichtbar! Und schon begann ich ganz langsam aufsteigend über mir zu schweben! Ich lag horizontal in der Luft und schwebte immer höher! In mehreren Metern Höhe schwebte ich nun über meinen Großeltern und sah mich selbst zwischen ihnen auf dem Boden liegen. Anni und Opi versuchten verzweifelt weiter mich aufzuwecken. Vergeblich. Ein Mann, der den Vorfall beobachtet hatte, lief herbei. „Bitte lassen Sie mich mal ran, ich bin Arzt“, rief er schon von weitem. Anni und Opi machten ihm Platz und er untersuchte mich. Vorsichtig drehte er meinen Kopf hin und her. Seufzte. Dann horchte er an meiner Brust. Seufzte wieder. Dann schüttelte er seinen Kopf, stand auf und rief mit seinem Handy einen Notarzt herbei. Anni und Opi knieten sofort wieder neben mir und fragten den Arzt: „Was ist denn nur mit ihm?“ „Was hat er denn?“ „Ist es schlimm?“ Der Arzt hob beschwichtigend die Hände und sagte: „Es tut mir unendlich leid, aber der Junge hat das Genick gebrochen und scheint bereits tot zu sein. Ich habe einen Notarzt verständigt. Der wird jeden Moment hier sein. Tatsächlich hörten wir schon das Martinshorn und sahen kurz darauf den Notarztwagen mit Blaulicht auf uns zu kommen. Mit quietschenden Reifen hielt er direkt neben uns. Der Notarzt und zwei Helfer eilten zu uns. Sofort untersuchte der Notarzt mich, während der da gewesene Arzt ihm Bericht erstatte. Ich selbst sah das alles von meiner höheren Schwebeposition aus und langsam dämmerte es mir, dass ich wahrscheinlich tot war. Im gleichen Augenblick, bevor ich darüber weiter nachdenken konnte, saß ich aber schon wieder in meinem Zimmer in unserem Haus und spielte mit meinem Computer. Alle meine Wunden, äußerlichen Veränderungen und Schmerzen waren verschwunden!

Plötzlich sah ich, wie meine Hände sich in winzige, staubförmige Partikel auflösten, sich langzogen, dabei verdichteten und schließlich als ein zusammenhängender Partikelstrom in den Bildschirm gesogen wurden! „Jetzt geht’s aber los!“ konnte ich gerade noch denken, als ich mich komplett in einer Partikelwolke auflöste und im Bildschirm verschwand! Irre war, dass ich zwar einerseits das Ganze mit anschaute, so, als säße ich noch normal vor dem Computer, aber andererseits vollkommen in Staub aufgelöst in der Bildschirmoberfläche verschwand! Einige Sekunden später war ich zu einer der Spielfiguren in dem

Computerspiel geworden! Ich war einer von unzähligen Soldaten, die auf einem Planeten eine neu gegründete Siedlung, mit vielen Neubauten, verteidigen sollten. Die Gegner waren gewaltige Monster, die über mächtige Strahlenkanonen verfügten und uns locker einzeln packen und in der Luft zerreißen konnten. Was sie auch ständig taten! Ich bekam einen sehr harten Schlag in den Rücken. Als ich mich umdrehen wollte, sah ich, dass ich in der Klaue eines Monsters war. Das Biest hob mich hoch vor sein Gesicht und stieß einen lauten, langgezogenen Schrei aus. Sein heißer Atem stank fürchterlich nach Karbid und nahm mir fast die Luft weg. Dann kam von links seine zweite Pratze auf mich zu, packte meinen Unterkörper und im explodierenden Schmerz konnte ich noch sehen, wie ich in zwei Teile zerrissen wurde! Im selben Moment saß ich in einem unserer Kampfpanzer und feuerte wie verrückt auf die angreifenden Monster. Der Strahl einer ihrer großen Kanonen traf uns. Wir lösten uns auf. Der Panzer verschwand einfach. Dann sahen wir uns selbst noch als verglühende Skelette und es wurde total schwarz um mich. Völlige Dunkelheit. Als ich eine Stimme hörte, durchzuckte mich – weil sie so unerwartet kam – ein Schreck wie bei einem Stromschlag: „Patrick, jetzt mach doch mal das Licht an, ich kann doch gar nichts sehen!“ Meine Mutter!? Ich hörte in mir das Blut rauschen und mein Herz bollerte wie wild. Fahrig tastete ich nach dem Lichtschalter, fand ihn schließlich und schaltete das Kellerlicht ein! Verdutzt blinzelte ich wegen der plötzlichen Helligkeit und sah verwundert, dass wir im Holzraum unseres Kellers standen.

Meine Mutter meinte: „Wurde aber auch Zeit, was hast du denn so lange getrödelt? Komm, holen wir etwas Holz, nachher müssen wir noch mal was auflegen, heute Nacht wird es kalt.“ Meine Hand zitterte, aber ich auch, als ich nach dem ersten Holzscheit griff. Der Schreck von eben saß mir noch in allen Gliedern. Meine Hand fühlte jedoch statt Holz Wärme und ein weiches Fell oder einen Pelz. Und ich stand nicht mehr im Keller unseres Hauses, sondern zwischen Bäumen und Gestrüpp in einem Wald und meine rechte Hand griff gerade in das Fell eines Bären! Laut knurrend und seine Zähne fletschend stand ein großer, dicker Braunbär, auf seinen Hinterbeinen hoch aufgerichtet, vor mir und stieß jetzt ein wütend klingendes Gebrüll aus. Ich riss die Hand zurück und rannte reflexartig von dem Bär weg. Der stutzte kurz, ließ sich auf seine vorderen Tatzen fallen und sprang hinter mir her. Mein Blick fiel auf einen Baum in meiner Nähe, dessen Äste weit herunterhingen. Schon war ich dort, hüpfte hoch und griff fest in die ersten Äste und hangelte mich, wild mit den Beinen strampelnd, weiter höher. Der Bär war auch schon angekommen, richtete sich wieder auf und schlug mit seinen Vorderpranken nach meinen Füßen. Mit seinen langen, gebogenen Krallen bekam er einen zu fassen und riss mich mit einem gewaltigen Ruck vom Baum! Ich flog ein paar Meter durch die Luft und blieb benommen liegen. Der Bär war sofort bei mir, riss sein Maul auf und wollte mir ins Gesicht beißen. Ich kniff die Augen zu und erwartete hilflos den Biss. Warm, nass und schleimig spürte ich über das ganze Gesicht seine Zunge, die mich ununterbrochen ableckte! Als ich vorsichtig meine Augen öffnete, sah ich über mir einen Hundekopf, dessen Zunge ständig über mein Gesicht leckte! Mit einem raschen Dreher rollte ich unter ihm vor und setzte mich auf meinen Hintern. Dann starrte ich den Hund an und wusste gar nicht, wie mir geschah! Sofort kam der Hund schwanzwedelnd zu mir und stieß mich dauernd mit seiner feuchten Nase an. Er bellte mehrmals kurz, tollte und sprang um mich herum. Doch mitten in einem seiner Sprünge war aus ihm „meine“ Katze „Findus“ geworden! „Jetzt drehe ich aber wohl langsam durch“, dachte ich bei mir. Doch dann griff ich mir Findus und wollte gerade mit dem üblichen Knuddeln und Streicheln anfangen, als ich wieder in unserem Haus im Wohnzimmer auf der Couch lag und Findus sich neben mir auf dem Sessel räkelte und zufrieden schnurrte. Kaum hatte ich diese neue Situation einigermaßen erfasst, stand ich bereits wieder in einem Korb unter einem Heißluftballon, dessen Hülle in hellen Flammen lohte und der Rest des Ballons mit mir gerade abstürzte! Offensichtlich war ich alleine in dem Korb. Ein Blick nach unten zeigte mir, dass ich noch sehr hoch über dem Boden war. Die Bäume und Büsche unter mir sahen winzig klein aus. Aber immerhin waren da viele freie

Grasflächen. Aber ob das mir eine Überlebenschance einräumte, bezweifelte ich. Der Korb mit mir und den brennenden Ballonreste stürzte sehr schnell ab. Die Erde kam unglaublich schnell auf mich zu. Einen kurzen Moment dachte ich: „Ist ja wie bei einem schnellen Zoom mit der Videokamera!“ Aber meine Lage brachte mich sofort auf andere Gedanken. Mein Körper zitterte und flatterte mittlerweile von dem ständigen Dauerstress. Ich konnte einfach nicht mehr. So viele Szenenwechsel in so kurzer Zeit! Das konnte kein normaler Mensch auf Dauer vertragen. Zwar passierte mir bisher nicht wirklich etwas, ich war unversehrt und lebte ja noch! Aber ich verlor trotzdem die Beherrschung. Meine extreme Nervenanspannung entlud sich in einem Strom von Tränen. Ich tat mir gerade selbst unendlich leid. Aber die „Wirklichkeit“ riss mich wieder aus meinem Selbstmitleid. Vom Ballon selbst war so gut wie nichts mehr vorhanden. Letzte Flammenfetzen verschwanden über mir. Der Korb schaukelte mit mir darin wild im Fallwind. Ich hatte große Mühe, nicht herausgeschleudert zu werden. Mit den Füßen stemmte ich mich fest an einer Korbecke ab und meine Finger krallten sich in die Korbwände. Plötzlich, es war fast wie ein Schlag ins Gesicht, erinnerte ich mich wieder an Robby und die letzten Minuten, bevor dieser wahnsinnige „Test“ mit mir begann. Da gingen meine Nerven vollends mit mir durch! Ich schrie so laut ich nur konnte: „Robby, wo bist du? Hilf mir!“ Als ich, völlig überrascht, Robbys Stimme in meinem Kopf hörte, beruhigte mich das sofort. Er sagte nur kurz: „Gleich, Patrick, wir arbeiten dran!“ Allein seine Stimme zu hören, rettete mich in diesem Moment wahrscheinlich vor einem drohenden und totalen Nervenzusammenbruch. In dem Moment, als ich mit dem Korb auf dem Boden aufschlug, befand ich mich wieder in der Kommandozentrale unseres Raumschiffs!

Robby stand vor mir und drückte mich gerade sanft auf einen Stuhl. „Beruhige dich erst mal, Patrick“, meinte er leise. „Du bist hier in Sicherheit!“ Nach einer kurzen Pause, in der er mich aufmerksam ansah, fuhr er fort: „Wir konnten „die“ überlisten und ich habe dich und die Anderen gerade mit Hilfe der Schöpfer hierher holen können. Ich selbst bin schon etwas länger frei und

arbeitete seitdem zusammen mit den Schöpfern an eurer Befreiung." Robby streckte eine Hand aus und wollte mich beruhigend an der Schulter tätscheln. Ich wich unwillkürlich vor ihm zurück. Angst stieg in mir auf und ich dachte: „Wenn das hier jetzt auch nur alles Kulisse und gespielt war? Wenn ich immer noch getestet wurde?" Ich schaute mich um und sah sofort die anderen Drei, die, wie ich, auf Stühlen saßen. Auch sie sahen sehr geschafft aus und versuchten offenbar gerade selbst mit der veränderten Situation klar zu kommen. Robby versuchte uns sogleich zu beruhigen: „Nee, Jungs, ihr seid wirklich und tatsächlich wieder bei mir in unserem Schiff! Kommt erst mal in aller Ruhe zu euch und entspannt euch bitte. Wir sind hier vor „denen" sicher und weit von „ihnen" entfernt. Da kann ich euch ohne Stress erzählen, was seit euren „Tests" so alles passiert ist.
Plötzlich brach sich bei mir ein erneuter Tränenstrom Bahn. Durch mein Schluchzen hilflos zuckend saß ich da und ließ das ganze Elend der letzten Erlebnisse mit meinen Tränen aus mir herausfließen. Ein Blick zu Jan, Sascha und Nicci zeigte mir, dass es ihnen ebenso erging. Einmütig heulten wir uns unseren Schmerz und unser Selbstmitleid von der Seele. Robby ließ uns gewähren, bevor er mit seinem angekündigten Bericht anfing. „Lasst euch Zeit, Jungs, lasst euch Zeit!" Wieder empfand ich allein schon das „Hören" seiner Stimme in meinem Kopf als sehr beruhigend. Allmählich kamen wir zur Ruhe und entspannten uns. Nachdem wir, alle etwas verlegen, unsere Tränen abgetrocknet hatten, waren wir für Robbys Report bereit. Er merkte das und fing auch sogleich damit an: „Jungs, die „Stalanter" – so nennen „sie" sich selbst – haben uns ganz schön zu schaffen gemacht. Deren Wissen und Können ist schon enorm. Es ist weit größer, als unseres. Aber sie haben einen entscheidenden Nachteil. Sie sind selbst rein künstlich und kennen fast gar nichts Organisches. So sind sie in ihrer Gemeinschaftsstruktur sehr unflexibel und starr. Sie können nur gemeinsam reagieren und sind von ihrem Zentralrechner absolut abhängig. Ein Stalanter allein vermag ohne die Verbindung zu anderen Stalantern oder zum Zentralrechner fast gar nichts. Zudem überschätzen sie sich gewaltig. Das kommt vermutlich

daher, dass sie bisher selten auf wirklich höhere Intelligenzen trafen. Seltsamerweise auf nur ganz wenige Organische, die dann aber auch noch in ihrer Entwicklung sehr weit unter ihnen standen. Das bestärkte sie in ihrer Selbstüberschätzung und so glaubten sie, allen anderen Lebensformen im All weit überlegen zu sein. So was fördert auch bei künstlichen Intelligenzen den Hochmut. Vielleicht dort sogar mehr. Wir selbst haben solche Phasen auch schon gehabt, wurden aber immer rechtzeitig eines Besseren belehrt. Wir achten heute jede Art Leben und der Intelligenz und fördern sie, wo es nur möglich ist. Arroganz ist pure Anmaßung und eigentlich immer auch pure Dummheit. Das versuchen wir stets zu berücksichtigen. Die Stalanter haben aber dafür keinerlei Sensibilität entwickelt. Ihre Überheblichkeit half uns dann auch, sie zu überlisten. Sie waren dermaßen fest von sich überzeugt, dass sie nicht merkten, was wir zwischenzeitlich so alles zu eurer Befreiung vorbereiteten. Die Schöpfer und mehrere ihrer Zentralrechner vereinigten sich weitgehend. Dann stellten sie von euch Vieren absolut exakte Duplikate her. Diese wurden, von den Stalantern unbemerkt, während der unsinnigen Tests mit euch – denn Spontaneität kann man mit derartigen „Untersuchungen" natürlich niemals erklären – gegen euch ausgetauscht. Bei Patrick im Moment des Korbaufschlags auf die Erde, bei Jan, als er gerade am Fuß der Felswand auf dem Boden aufschlug, bei Nicci, als er im geschrotteten Auto seiner Eltern verbrannte und bei Sascha, als er im Eis eingebrochen war und unter dem Eis zu ersticken drohte. Also alles Momente, in denen die Stalanter den Austausch gar nicht so leicht merken konnten."
Wir nickten bei Robbys Aufzählung der Ereignisse, denn noch zu gut hatten wir diese im Gedächtnis. Robby redete weiter: „Als sie den Austausch dann doch endlich mitbekamen, wart ihr schon hier bei uns in Sicherheit. Den Schöpfern gelang es dann auch mit vereinten Kräften, die Stalanter in ihrem „Planeten" zu isolieren und in Schach zu halten. Jetzt sind die Verhandlungen mit ihnen schon so weit gekommen, dass sie eingesehen haben, falsch vorgegangen zu sein. Die Stalanter, die ja nun wirklich nicht dumm sind, wollen sich auch in unsere bisherige Gemeinschaft integrieren, was für beide Seiten unermessliche Vorteile bringen

würde. Nur so viel kurz: Wir hätten einen gigantischen Wissenszuwachs und sie würden mit unserer Hilfe mehr zu organischem Denken geleitet. Jeder profitiert also von einer Vereinigung. Einen unangenehmen Haken hat das Ganze aber leider noch: der vergleichsweise so von ihnen bezeichnete „Mutterplanet“ der Stalanter – ein unglaublich riesiges „Raumschiff“ – von welchem alle Stalanter und ihre „Planeten“ ursprünglich abstammten – ist mit der Vereinigung unserer Gemeinschaften nicht einverstanden! Im Gegenteil: Die versuchen immer noch, etwas gegen uns zu unternehmen und die Herrschaft über uns zu erlangen. Bis jetzt konnten die Schöpfer – aber nur vereint – dagegenhalten und das verhindern. Nur, wie lange noch, weiß niemand von uns. Der „Mutterplanet“ der Stalanter ist unwahrscheinlich mächtig und hat massenhaft Tricks drauf! Nur in ihrer Vereinigung konnten die Schöpfer bis jetzt dagegen bestehen. Aber sie können ja nicht ewig vereint bleiben. Das ist ein absoluter Ausnahmezustand! Jede Maßnahme, welche die Stalanter des „Mutterplaneten“ bisher zu ihrer Befreiung ergriffen, konnte von den Schöpfern neutralisiert und somit verhindert werden. Wie das weiter so klappt, weiß wiederum niemand. Jeden Moment kann etwas Verrücktes passieren!“ Um uns die Gelegenheit zur Verarbeitung des Gehörten zu geben, schwieg Robby eine Weile. Wir saßen dementsprechend nachdenklich und ruhig auf unseren Stühlen und hatten tatsächlich erst mal ganz schön am Stand der Dinge zu knabbern.
Plötzlich schrie Sascha panikartig auf. Erschrocken schauten wir zu ihm rüber und sofort gerieten wir selbst in helle Panik: Wir lösten uns auf! Wurden immer transparenter und durchsichtiger! Robby sprang aufgeregt auf und schien auch nicht zu wissen, was hier gerade vorging! Er rannte zu seinem Kommandopult und machte dort mehrere seiner üblichen Handbewegungen, veränderte damit aber gar nichts. Wir waren jetzt kaum noch zu erkennen. Nur ganz schwache Konturen konnte ich noch von Sascha, Nicci und Jan ausmachen. Ich selbst sah mich schon nicht mehr! Von einer Sekunde auf die andere befanden wir uns auf unserem Kister Skaterplatz! Wir waren so perplex, dass wir nur starren und zu keinem vernünftigen Gedanken fähig waren.

Langsam nahmen wir wieder Substanz an und konnten uns kurz darauf voll sehen. Wir stierten uns förmlich an und in unseren Augen stand die Panik. „Was war jetzt schon wieder mit uns passiert?“ dachte ich automatisch, ohne bewusst dabei an eine Antwort zu denken. Nicci kam als Erster wieder zu sich, lief zu Jan rüber und rüttelte mit beiden Händen an seinen Schultern. Auch Jan schien dadurch wieder in die Realität zurück zu kommen und kam zu mir und Sascha. Nicci folgte ihm und so standen wir – immer noch total geschockt – zusammen und konnten nicht begreifen, was da eben geschehen war! Endlich fand ich meine Stimme wieder: „Was war das denn?“ Mehr bekam ich erst mal nicht raus. Die anderen Drei schüttelten den Kopf. Aber keiner sagte was. Keiner wusste ja was. Doch dann schrie Sascha schon wieder quietschig auf und deutete zittrig ausgestreckter Hand zum Rand des Skaterplatzes. Wir folgten seiner Geste und seinem Blick und erstarrten: Außerhalb des Platzes war nur ein milchiges Bleigrau zu sehen! Sonst gar nichts! Spontan liefen wir alle gleichzeitig zu Platzrand und prallten dort gegen eine feste Substanz! Wie eine Holzbarriere fühlte sich das Grau an. Nicht hart wie Stein, Beton oder gar Stahl, aber eben auch nicht viel weicher. Rasch fanden wir heraus, dass der gesamte Platz von diesem undurchdringlichen Grau umgeben war. Der Platz selbst schien aber real zu sein und sah eigentlich wie immer aus. Nicci fragte mit eintöniger Stimme: „Was ist denn jetzt schon wieder los, spinn ich oder was?“ Jan antwortete mechanisch ihm und damit auch uns: „Woher soll ich das denn wissen?“ Blick- und hilflos schauten wir uns gegenseitig an.
Plötzlich – genauso schlagartig wie zuvor – standen wir alle Vier auf der Streuobstwiese! Die Sonne schien und wir sahen den blauen Himmel. Der ganze Horizont bestand nur aus blauem Himmel. Die Sonne schien zwar, aber sie war nirgendwo zu sehen. Ich wollte zu Jan gehen, der mir am nächsten stand, konnte mich aber nicht von der Stelle rühren Ich konnte mich zwar körperlich- aber nicht meine Füße bewegen! Jetzt sah ich, dass es den anderen auch so erging. Sie machten wilde Bewegungen, konnten aber ebenfalls ihre Füße nicht heben. Verzweiflung

übermannte mich. „Was passiert nur mit uns?“ Ohne dass ich es merkte, weinte ich wieder. Der Stress der vergangenen Stunden war echt zu viel! Doch da brüllte Nicci plötzlich los: „Was ist das denn für ein gigantischer Mist, der hier mit uns gemacht wird?“ Wir fuhren erschrocken zusammen. Aber Niccis Brüller hatte uns wieder in die „Wirklichkeit“ zurück gebracht. Ich schaute mich jetzt überlegter um und erkannte unweit von mir eine glänzende, metallisch wirkende, Fläche im Boden. Und schon verschwand langsam das Gras der Streuobstwiese und wurde dann völlig durch diese unbekannte Fläche ersetzt! Ich konnte auch wieder gehen und lief zu den Anderen hinüber. Denen war das Gleiche wie mir geschehen und wir drängten uns dichter zusammen. Der blaue Himmel war verschwunden. Es war auch etwas dunkler geworden. Über uns war jetzt überhaupt nichts mehr zu erkennen. Unsere Blicke nach oben verschwanden einfach im Nichts! Auch die Blicke um uns herum konnten – außer der glatten, metallischen Oberfläche – nichts mehr erkennen. Wo wir auch hinschauten: Nichts! Panik kam wieder auf und wir drängten uns unwillkürlich noch dichter zusammen. Das machten wir unbewusst und voller Angst vor dem, was da noch kommen würde. Tja, das ließ auch nicht lange auf sich warten!
Denn schon wieder stieß Sascha einen seiner quiekigen Schreie aus und deutete in eine Richtung hinter uns. Als wir uns umdrehten und in die gezeigte Richtung schauten, sahen wir auch, was Sascha so erschreckt hatte: Silbrig glänzende „Dinger“ kamen langsam auf uns zu! Sie schwebten. Auf den ersten Blick hätte man sie für überdimensionierte Langzeit-Pillen-Kapseln halten können. Nur eben riesig. Und silbern glänzend. Fast wie Chrom. Mittlerweile waren diese „Dinger“ näher gekommen und schwebten, einen dichten Kreis um uns zusammengedrängte, total verängstigte Menschlein bildend, direkt neben uns etwa einen halben Meter über dem glatten Metallboden. So sah jetzt der Boden unter uns aus und vermittelte den Eindruck einer undurchdringlichen Härte. Die chromglänzenden Riesenpillen – gut zwei Meter groß und etwa siebzig Zentimeter dick, mit halbkugeligem Ober- und Unterteil – waren absolut glatt. Keine einzige Oberflächenveränderung war

an ihnen zu erkennen. Mit vollster Wucht kehrte unsere Panik zurück. Das war einfach zu viel für uns! Bevor aber die Panik in uns übermächtig werden konnte, hörten wir – jeder sah die Reaktion beim anderen – eine äußerst angenehme Stimme in unseren Köpfen: „Habt keine Angst. Wir wollen euch nicht verletzen oder beschädigen. Wir möchten nur von euch lernen. Wir haben in unserem fast schon ewig dauernden Dasein bisher noch nie eine Lebensform wie euch erlebt. Euer Geist ist einzigartig, obwohl ihr, als dominante Rasse auf eurem Planeten Erde, noch sehr rückständig und technisch extrem unterentwickelt seid. Aber die Menschheit ist im Verhältnis zum All noch sehr, sehr jung. Auch das haben wir so noch nicht gekannt. Wir Stalanter vom „Mutterplaneten", wie ihr unsere Hauptwelt nennt, sind nicht wie die anderen kleineren Planeten-Einheiten von den Schöpfern geistig und technisch übernommen worden. Wir werden das auch nicht zulassen und unsere Planeten wieder befreien. Es sei denn, ihr Vier würdet uns davon überzeugen können, uns auch der „Gemeinschaft" anzuschließen. Um das zu ermitteln, werden wir euch weiter testen und untersuchen, ohne euch aber in irgendeiner Form körperlich zu schädigen." Die ganze Zeit während dieser Ansprache in unseren Köpfen, hatten wir Vier uns immer wieder angeschaut. So, als wollte jeder in den Augen des jeweils anderen sehen, dass es ihm gerade ebenso erging. Unwillkürlich fröstelte es uns. Denn die ursprünglich so überaus angenehm klingende Stimme war zum Schluss immer kälter und gefühlloser geworden. Kurz vor dem Ende der Ausführungen klang sie wie eine Automatenstimme bei uns – etwa so, wie telefonische Warteschleifenstimmen auf der Erde klingen würden. Die kalte Stimme fuhr fort: „Wir selbst sind im Laufe der Zeit zu fast vollständigen Energiewesen geworden. Ähnlich wie die Schöpfer. Im Gegensatz zu den Stalantern in den Planeten-Einheiten. Die sind noch mehr künstlich und roboterhafter als wir. Unser Mutterplanet existiert wesentlich länger als die Planeten-Einheiten, welche wir selbst herstellten. Unsere äußere Form ist nur ein Schutzmantel. Aber wir sind immer noch unverändert rein künstlich. Organische Anteile hatten wir nie. Wer uns in grauer Vorzeit erschuf, wissen wir nicht. Unsere frühesten „Erinnerungen“ beginnen damit, dass wir uns und den „Mutterplaneten“ selbst herstellten. Das ist unendlich lange her. Seitdem haben wir uns unaufhörlich verbessert und ein fast unbegrenztes Wissen erlangt und in unserem – den Zentralrechnern der Schöpfer sehr ähnlich – Datenbankrechner gespeichert. Der ist unzerstörbar und nimmt mittlerweile fast zwei Drittel unseres „Mutterplaneten“ ein. Wir hier im „Mutterplaneten“ können uns ohne unsere Schutzhüllen zu einer einzigen Energiewolke vereinen, die dann nur noch durch Nanomechanische- und elektronische Komponenten ihren künstlichen Ursprung behält. Das können die Stalanter in den Planeten-Einheiten nicht. Nur bei Kontaktaufnahmen – wie dieser mit euch gerade – zu anderen Lebensformen benutzen einige von uns dann die sichtbare Form der „Riesenpillen“, wie ihr uns nanntet. Jeder Einzelne von uns im „Mutterplaneten“ verfügt ständig über das gesamte Wissen unserer „Rasse“, wäre aber ohne den Datenrechnerkontakt relativ hilflos. Die Stalanter in den Planeten-Einheiten sind da sogar noch etwas schlechter dran als wir. Ohne Kontakt zu unserem „Mutterplaneten“ wären sie schutzloser und viel unselbständiger. Was uns Stalantern aber völlig fehlt, ist z. B. eure organisch verursachte Spontaneität und die damit ermöglichte einzigartige Flexibilität! Wir sind nicht in der Lage, „aus dem Bauch heraus“ eine Entscheidung zu treffen. Das bewundern wir an euch und wollen es – sofern dies mit unseren geplanten Untersuchungen überhaupt möglich ist – lernen. Auch eure so total andere Betrachtungsweise der Dinge und die damit einhergehende Beurteilung einer Situation sind für uns faszinierend und fremd. Wir hoffen, mit eurer Hilfe und weiteren Tests dies näher ergründen zu können und wenn möglich, uns nutzbar zu machen. Wir werden gleich euch Vier deswegen weiteren Herausforderungen aussetzen. Um euch aber nicht jetzt schon zu sehr zu ängstigen, haben wir euren „Freund“ Robby geholt. Er wird immer bei euch bleiben und alles Kommende gemeinsam mit euch erleben. So können wir gleichzeitig eure organischen- und Robbys künstliche Reaktionen sehen, speichern und analysieren.“

Die Stimme war wieder so angenehm wie am Anfang geworden. Das beruhigte uns sichtlich. Aber noch viel mehr, dass Robby plötzlich wieder bei uns war! Schlagartig fühlten wir uns erleichtert und nahmen Robby sofort in unsere Mitte. Die Stalanterstimme schwieg. Dafür war Robbys Stimme – die uns viel angenehmer und vertrauter klang als die der Stalanter – wie gewohnt in unseren Köpfen. Wie sehr hatten wir sie schon vermisst! Robby legte auch gleich los: „Jungs, es hat sich so einiges getan, seit ihr euch vor unseren Augen aufgelöst habt und verschwunden seid. Die etwas kleineren Planeten-Einheiten – so nennen die Stalanter ja bekanntlich ihre gigantisch großen Raumschiffe – sind von den Schöpfern und den beteiligten Einheiten unserer Gemeinschaft „eingenommen" worden. Wir haben sie einfach geistig übernommen, bevor sie überhaupt merkten, was da mit ihnen geschah. Auch ihr gesamtes Wissen konnten wir noch kurz vor der Trennung durch ihren „Mutterplaneten" in unsere Zentralrechner übernehmen. Allerdings, weil wir dadurch ihre Techniken kennen, können die Stalanter vom „Mutterplaneten" selbst auch nichts mehr gegen uns unternehmen. So, wie es momentan läuft, werden die Stalanter auch keine weiteren Planeten-Einheiten hierher beordern, weil sie wissen, dass wir diese auch sofort neutralisieren und übernehmen würden. Fast ein Patt also. Dann konnten wir aber herausfinden, dass die Stalanter eine Planeten-Einheit zu eurer Erde schicken wollten, um sich direkt mit den Menschen auseinander setzen zu können. Das konnten wir jedoch schnell verhindern, indem wir alle restlichen Planeten-Einheiten uns selbst unterordneten und ihren „Mutterplaneten" damit völlig isolierten. Die Stalanter vereinbarten daraufhin mit uns, dass sie mit euch Vieren – als momentan einzige Menschen in Reichweite – wegen eurer organischen Natur noch einige Tests machen dürfen. Weil wir bis jetzt keine Möglichkeit gefunden haben, den „Mutterplaneten" der Stalanter ebenfalls „einzunehmen", weil sie sich rechtzeitig dagegen schützten, haben wir unter der Bedingung zugestimmt, dass euch nichts passiert und ich – als euer Vertrauter und Freund – bei euch dabei sein würde. So fungiere ich nun als euer Beschützer und Beobachter und werde

nicht zulassen, dass euch jemand schadet.“ Robby machte eine kleine Kunstpause, um zu sehen, wie das bisher Gesagte auf uns wirkte. Anscheinend zufrieden – immerhin waren wir Vier ja mittlerweile einiges gewohnt – fuhr er dann in seiner Erklärung fort: „Die Stalanter sind auch nicht gewalttätig oder kriegerisch veranlagt. Sie sind im Gegenteil äußerst friedliebend aber unglaublich wissbegierig! Sie wurden im Laufe der Zeit zu dem, was wir noch werden: Fast reine Energiewesen. So, wie unsere Schöpfer eben. Das ist so ziemlich das übliche Endstadium aller Intelligenzen, die sich nicht vorher selbst auslöschen. In fernster Zukunft könntet ihr Menschen dann ähnlich aussehen und das All durchstreifen. In ewiger Suche nach Wissen. Denn das ist für jede Lebensform das einzige und wahre Ziel: Immer das Wissen zu vermehren.“ Robby hielt wieder kurz inne, bevor er dann sachlicher und nicht ganz so gefühlsbetont weiterredete: „Aber, bevor das so weit ist, müsst ihr nun die vorbereiteten Tests und Untersuchungen der Stalanter über euch ergehen lassen. Packen wir es an. Übrigens, noch schnell was zu eurer Beruhigung: Während der ganzen Zeit bin ich mit den Schöpfern und der Gemeinschaft verbunden. Die überwachen somit ebenfalls alles und würden euch auch im Eventualfall beschützen. Alles klar?“
„Na du, Robby, das war ja mal wieder eine megagigantische Ansage! Klar ist uns das zwar alles wie dicke Kloßbrühe, aber durchblicken tut von uns keiner, oder?“ meinte Sascha, noch etwas verkrampft wirkend, fragend und lachend zu uns gewandt. Wir nickten bestätigend und schauten dann zu Robby. Während seiner langen Rede hatten wir uns wieder einigermaßen beruhigen können und waren jetzt selbst auf das gespannt, was uns, zusammen mit ihm, erwartete. Und das kam prompt!

Achtes Kapitel: Die Jawa

Von einer Sekunde auf die andere war es um uns herum stockdunkel! Es roch modrig und feucht. Sofort machte Robby Licht – er hatte eine starke Lampe auf dem Kopf! Wieder waren wir für seine Anwesenheit sehr dankbar. Ohne Robby wären wir bestimmt verloren gewesen. Robby leuchtete ständig unsere nähere Umgebung aus. In jeder Richtung – auch nach oben – nur dunkle, alte und moosartig bedeckte Felswände. Wir befanden uns offenbar in einer großen Höhle! Der Boden war sehr uneben und feucht. Teilweise mit Pfützen und kleineren Wasserrinnsalen bedeckt. Der Untergrund fiel leicht ab. Robby meinte: „Ich schalte mal das Licht aus, vielleicht sehen wir was, wenn sich eure Augen an die Dunkelheit gewöhnt haben. Dann zünde ich eine Flamme an, um zu sehen, ob ein Luftzug auf einen möglichen Ausgang hindeutet. Seid ihr bereit?“ „Ja“, riefen wir Vier in Robby Richtung „Mach mal.“ Sofort war es wieder total finster. Doch nach einigen Minuten der Anpassung konnten wir tatsächlich etwas erkennen. Die moosartigen Flechten an den Felsen leuchteten ganz schwach! Wahrscheinlich so was wie Phosphor. Aber das matte Glimmen hellte die Höhle so gut wie gar nicht auf. Selbst der Boden blieb in der Dunkelheit verborgen. Wir schauten uns weiter um. In einer Richtung sahen wir ganz schwach etwas mehr Helligkeit. Vielleicht der Höhlenausgang? Wie versprochen zündete Robby die Flamme an und hielt sie hoch über sich. Tatsächlich flackerte sie in die Richtung des entfernten Lichtscheins! Als Robby wieder seine Lampe anschaltete, schlossen wir geblendet kurz unsere Augen. Jan meinte, was wir alle eh wollten: „Los, wir gehen in die Richtung des Lichtscheins und schauen, woher das Licht kommt. OK?“ „Ja klar“, riefen wir alle und Robby begab sich an die Spitze unseres kleinen Erkundungstrupps und leuchtete für uns den nassen Boden aus. Vorsichtig tasteten wir uns voran. Allmählich wurden wir sicherer, zumal der Boden glatter wurde. Fast schien es uns so, als wäre hier der Weg zu dem Lichteinfall geebnet worden.

Robby leuchtete wieder ständig um uns herum und so auch zur Decke hinauf.
Diese war allerdings nicht mehr zu sehen. Der Lichtstrahl der Lampe endete einfach im Nichts. Die Höhle war wirklich riesig. Unsere Schritte erzeugten sogar einen leichten, aber hörbaren Hall. Die Felswände waren, soweit wir sie in Robbys Lampenschein überblicken konnten, durchweg mit moosigen Flechten bedeckt und der Boden war jetzt richtig eben und trockener geworden. Fast schon wie eine schmale Straße. Von der Decke war immer noch nichts zu sehen. Nach einer geschätzten halben Stunde kamen wir bei dem Lichtschein an. Der Schein vor uns kam deutlich erkennbar aus einem Gang, der fast rechtwinklig von der linken Seite kommend in die Höhlenwand mündete. Robby schaltete seine Lampe aus, denn das aus dem Gang kommende Licht leuchtete ausreichend stark, um weitergehen zu können. Vorsichtig gingen wir bis zu der Gangecke. Robby, dessen künstliche Augen besser und mehr als unsere sahen, schaute um die Ecke. Dann winkte er uns, dass wir weitergehen sollten. Jetzt standen wir alle vor der Öffnung des Gangs und schauten hinein. Er war relativ hell ausgeleuchtet. Das Licht schien aber direkt aus den Wänden zu kommen! Lampen oder so was konnten wir jedenfalls nicht erkennen. Ein gutes Stück vor uns machte der Gang eine Biegung, so dass wir nicht weiter hineinsehen konnten. Fragend schaute uns Robby an. „Klar gehen wir da rein und gucken, was nach der Biegung kommt“, meinte Jan sofort. Wir anderen nickten dazu und schon marschierte Nicci – wie fast immer der Erste – los. Wir folgten, wobei sich Robby gleich wieder an die Spitze setzte. Nicci machte bereitwillig Platz, denn immerhin stellte Robby als unsere Truppenspitze einen gewissen Schutz dar. Kurze Zeit später konnten wir in die Gangbiegung hineinsehen und erkannten, dass der Gang eine großzügige Kurve machte. Also hieß es weiterlaufen. Nach einigen Minuten wurde das Licht vor uns merklich heller. Wie Tageslicht! Tatsächlich konnten wir kurz darauf das Gangende und jetzt auch Tageslicht sehen! Da wir währenddessen keine Atembeschwerden hatten, war klar, dass die Luft um uns atembar war. So beschlossen wir, nach kurzen

gegenseitigen Blicken, bis zum Ausgang vorzugehen. Fast unbewusst dachte ich noch bei mir, dass wir bisher eigentlich noch nie eine Situation hatten, in welcher die Luft nicht für uns geeignet gewesen war. „Seltsam." „Gar nicht so seltsam, Patrick", erklärte mir sogleich Robby, „ich und wir alle von der Gemeinschaft würden euch niemals in eine Situation bringen, in der ihr keine Atemluft hättet. Denn schon alleine das Gefühl des Erstickens ist grausam und niemand zumutbar. Also mach die keinen Kopf, Patrick, ich achte schon auf euer Wohlbefinden. OK?" „Ja, OK, Robby, das schoss mir nur gerade so durch den Kopf, ist aber jetzt geklärt, danke Robby!" „Keine Ursache, immer wieder gerne", erwiderte Robby schmunzelnd. Mit Robby als Anführer gingen wir dann die kurze Strecke bis zum Ausgang des Ganges. Vor dem Ausgang war eine große freie Felsfläche zu sehen. Völlig ohne Bewuchs. Der Fels war sehr glatt und offensichtlich künstlich geebnet. Langsam, uns dabei ständig umschauend. Traten wir auf die Fläche hinaus. Sie war, wie ein sehr großes U, von hohen und glatten Felswänden umgeben. Ein dortiges Hinaufklettern war nicht möglich. Vor uns war die Sicht frei. Offenbar fiel der Felsboden hinter der sichtbaren Kante ab. Was sich hinter der Kante verbarg, konnten wir von unserem Standort aus noch nicht sehen. Wir liefen, wieder dabei ständig in alle Richtungen schauend, bis zur Felskante vor. Aber nichts passierte oder rührte sich. Die Luft war mild und angenehm. Es war auch völlig still. Nur unsere eigenen Schritte konnten wir hören. Keiner redete. Doch als wir an der Kante ankamen, traten wir unwillkürlich erschrocken gleich wieder etwas zurück. Der Fels fiel nämlich fast senkrecht ab! Der Boden darunter war nicht zu erkennen! Wir mussten also unglaublich weit über dem Grund sein! Als wir hochschauten, sahen wir, dass auch über uns der Fels ins Unendliche ging. Auch nach oben konnten wir kein Ende der Felswände erkennen!

Plötzlich stieß Nicci einen kleinen Schrei aus und deutete aufgeregt in eine Richtung zu einer der Felswände hin. Jetzt erkannten wir es auch. Ein Blitzen, wie von einem Spiegel! Auch Robby schien überrascht zu sein und lief gleich zu der Wand rüber. Wir folgten ihm und kurz darauf standen wir mit Robby

vor einer Tür! Sie war so gut in den Fels integriert, dass wir sie ohne das Blinken bestimmt nicht so schnell gefunden hätten. Das Blitzen wurde durch eine etwa handgroße blanke Metallfläche erzeugt. Sonst war nichts Auffälliges zu erkennen. Robby meinte: „So, wie das aussieht, ist das eine Tür, die sicherlich mit Druck auf die blanke Metallfläche geöffnet werden kann. Wollen wir es wagen?“ Klar, wollten wir und riefen das auch wie üblich durcheinander. Durch einen Handdruck auf die Metallfläche sorgte Robby aber für sofortige Ruhe. Gespannt schauten wir ihm zu. Nichts geschah. Robby verstärkte den Druck und die Fläche gab nach! Wieder war es Nicci, der einen überraschten Schrei ausstieß. Wir wirbelten zu ihm herum und konnten nun auch sehen, was ihn zu dem Schrei bewogen hatte. Ein großer, kreisrunder Teil der glatten Felsfläche hinter uns verschwand langsam im Boden! Sofort rannten wir hin, um zu sehen, was sich dort auftat. Wir waren gerade am Rand des neuen Lochs angekommen, als die Abwärtsbewegung aufhörte. Etwa einen guten Meter unter der Felsenebene war die kreisrunde Fläche stehen geblieben. Die sichtbar gewordene Wandung des riesigen Lochs war absolut glatt. Aber mattgrau dunkel. Offenbar von einer sehr fortschrittlichen Technik erzeugt.
Robby hatte die ganze Zeit auf die abgesunkene Fläche geschaut. Unvermittelt sagte er: „Jungs, das ist ein supergroßer Aufzug! Durch meinen Druck auf die Metallfläche bei der Tür habe ich ihn aktiviert. Nur, warum er jetzt stehen geblieben ist, kläre ich noch. Mal sehen.“ Mit diesen Worten sprang Robby auf die runde Fläche hinunter. Sofort bewegte sie sich langsam weiter abwärts. Geistesgegenwärtig streckte ich Robby meine rechte Hand hin. Er griff danach und mit einem kräftigen Schwung stand Robby wieder neben uns. Verblüfft meinte ich: „Hallo, Robby, du bist ja ganz schön schwer, Alter!“ Er antwortete grinsend: „Patrick, ich weiß, aber seit ich mit euch zusammen bin, bin ich auf Diät; du hättest mich mal vorher heben sollen! Aber ich danke dir für deine reaktionsschnelle Hilfe eben.“ „Kein Ding“, erwiderte ich lachend.
Die Fläche hatte mit ihrer Abwärtsbewegung in dem Moment aufgehört, als Robby sie durch meinen Zugriff verließ. Nicci

meinte aufgeregt: „Ey, Leute, das ist doch klar wie Fleischbrühe! Die Fläche da unten bewegt sich nur, wenn wir uns darauf befinden. Sie wartet doch nur auf uns! Kommt, springen wir alle drauf, dann wird sie mit uns weiter runterfahren!“ Tja, wir hatten uns eigentlich schon alle so was gedacht. Jan überlegte laut: „Aber wie weit sie sinkt, wissen wir nicht.“ „Und auch nicht, wohin das Ganze uns bringen wird“, ergänzte Sascha. Robby und Nicci riefen fast gleichzeitig: „Das wissen wir erst, wenn wir es probieren!“ Robby meinte noch: „Was soll schon schief gehen? Die Stalanter testen uns und wir müssen reagieren. Zudem sehe ich momentan zu der Aufzugsfläche keine sinnvolle Alternative.“ Nicci steuerte bei: „Als einzige Alternative hätten wir ja nur den Gang in die Höhle zurück und dort war ja nichts.“ „Also was ist jetzt“, fragte ich in die Runde, „runter oder nicht runter, das ist hier die Frage!“ „Stimmt“, sagte Robby entschieden, „Nicci und Patrick, ihr habt völlig recht und es scheint auch mir der richtige „Weg“ zu sein, es weiter mit der sinkenden Aufzugsfläche herauszufinden.“ Kaum hatte Robby das ausgesprochen, als er bereits zurück auf die Fläche des „Aufzugs“ hüpfte. Sofort sprangen wir vier ihm nach. Die Fläche bewegte sich sofort wieder abwärts. Langsam glitt die wie poliert aussehende aber mattgraue Wandung an uns vorbei nach oben. Sehen konnten wir das zwar nicht, dazu war die Wand viel zu glatt und sauber, aber wenn wir eine Hand an die Wand drückten, wurde sie langsam mit noch oben gezogen. Nach einigen Minuten „Fahrzeit“ konnten wir über uns schon jetzt mit einem Blick die kreisrunde Öffnung erfassen. Sie wurde unmerklich kleiner. Ich zuckte leicht zusammen, als ich mir überlegte, dass es ziemlich unangenehm wäre, wenn der „Aufzug“ stecken bleiben würde oder sich „unten“ – wo immer das auch sein mochte – keine brauchbare Lösung für uns ergäbe. Denn die Wände waren so glatt, dass ein Hochklettern völlig unmöglich war. Für eine „Räuberleiter“ aus uns Fünfen war die Öffnung schon viel zu weit weg. Aber dann beruhigte ich mich sofort wieder: Robby war ja bei uns und der konnte uns ja jederzeit wieder herausteleportiern! Anscheinend hatten die anderen ähnlich Gedanken gehabt, denn Robby meinte: „Nee, Jungs, tut mir sehr leid, euch sagen zu müssen, dass meine

Fähigkeiten bei diesem Trip mit euch durch die Stalanter stark eingeschränkt wurden. Lediglich euer Schutz ist immer durch ein mögliches Energiefeld gewährleistet und manche andere Hilfsmittel – wie z. B. die Kopflampe – durfte ich behalten. Jedoch das Teleportieren geht gerade nicht. Im Moment könnte ich aber noch einen Wurfhaken zur Kante hochschießen. Allerdings müsste ich mich schnell dazu entschließen, weil nach einigen weiteren „Sinkmetern“ die Stahlschnur daran zu kurz wäre. Soll ich, oder bleiben wir auf der Fläche?“ Wir schauten uns an, nickten und Jan sagte für uns alle: „Wir bleiben! Es wäre doch Blödsinn, jetzt die Fläche zu verlassen! Dann hätten wir gar nichts erreicht. Nee, wir „fahren“ weiter mit runter!“ Robby schien erleichtert: „Gut so, Jungs, also weiter abwärts und dann dort sehen, was möglich ist. OK?“ „OK“ bestätigte Jan unsere Zustimmung.
So „fuhren“ wir weiter auf der Fläche abwärts und warteten gespannt auf das Ende des Absinkens. Und das geschah sofort! Die Fläche blieb völlig Ruckfrei stehen. Wir merkten das nur durch die kaum spürbare Gewichtsveränderung in uns selbst. Sascha hielt eine Hand an die Wand und nickte. Seine Hand wurde nicht mehr hochgezogen. In leichter Panik sahen wir uns erschrocken an. Nichts an den Wänden ließ einen Ausweg erkennen! Selbst gründlichstes Suchen brachte keinen Erfolg. Wir stellten uns unwillkürlich um Robby herum etwa in die Mitte der Fläche. Wir waren ratlos. Auch Robby schien keine Idee zu haben. War jetzt das Unwahrscheinliche doch eingetreten und der „Aufzug“ steckte fest? Was sollten – was konnten wir tun?
Plötzlich zuckte ich zusammen und, ohne dass ich es bewusst beeinflussen konnte, löste sich ein Schrei von meinen Lippen. Alle starrten mich, jetzt auch durch meinen Schrei erschrocken, an. Leicht zitternd und nur mühsam konnte ich auf eine Stelle hinter ihnen deuten. Dort war ein großer, quadratischer Teil der Wand verschwunden und gab somit eine, in mildem Gelblicht erhellte, Öffnung frei. Sie war höher als eine normale Türe und etwa doppelt so breit. Schnell erholten wir uns von dem Schreck und liefen zu der Öffnung, so, als fürchteten wir, dass sie sich gleich wieder schloss. Wir standen jetzt vor dem „Ausgang“ und

schauten hinein. Wir sahen einen exakt geraden Gang in der Größe der Öffnung. Ohne sichtbares Ende! Er schien einfach im Nirgendwo zu verschwinden. Robby sagte nur: „Auf, auf!“ und marschierte los. Wir folgten ihm natürlich sofort und gingen dann relativ schnell, dem Gang folgend, in das Innere dessen, was es auch immer war. Der Gang oder Tunnel war durchgehend und ohne sichtbare Quelle gleichmäßig von dem milden Gelblicht beleuchtet. Wir gingen jetzt etwas langsamer. Nach unserem Zeitgefühl musste bestimmt schon mehr als eine halbe Stunde vergangen sein, als wir vor uns ein helleres Licht sahen. Als wir nach weiteren Minuten bei diesem Licht ankamen, schauten wir nach, was dahinter zu sehen wäre. Das Licht war sehr hell. Viel heller als im Gang. Wir gingen unsicher und vorsichtig mehrere Schritte in diese Helligkeit hinein und warteten, dass sich unsere Augen daran gewöhnten. Nur Robby hatte diese Probleme nicht. Als wir endlich mehr sehen konnten, verschlug es uns die Sprache! Minutenlang standen wir – auch Robby – nur da und starrten auf „das“, was wir da vor uns, allmählich im gleißenden Licht immer deutlicher sahen.

Ganz langsam nur kam wieder Leben in uns und wir drehten uns in Zeitlupe zueinander. Wieder mal wollte jeder vom Anderen sehen, dass er das Gleiche sah und man selbst nicht verrückt geworden war! Robby – der Künstliche – fasste sich zuerst und meinte nur: „Jungs, flippt bitte nicht aus, aber das da vor uns ist eindeutig ein großes Raumschiff!“ Tja, wenn Robby es sagte, blieb uns nur ein ehrfürchtiges, zustimmendes Nicken, bevor wir wie wild und aufgedreht durcheinander schrien: „Mann, ist das Ding riesig!“ „So was Eindrucksvolles und Gewaltiges habe ich ja noch nie gesehen!“ „Leute, es schwebt!“ „Sieht aus wie polierter Chrom, blitzblank!“ „Die Fenster sind ja erleuchtet!“ „Wie eine gigantische Diskusscheibe aus purem Chrom!“ So ging das noch eine ganze Weile weiter, bis uns langsam die Ausrufe ausgingen und wir uns wieder etwas beruhigten. Unsere aufkommende Panik und Angst konnten wir so durch unsere Zurufe gleich mit herausschreien und dadurch mildern. Schließlich guckten wir Vier alle auf Robby und warteten, was er dazu zu sagen hatte, denn erst jetzt fiel uns auf, dass er die

ganze Zeit nur ruhig dagestanden hatte und leicht grinsend unsere Aufregung beobachtete. Aber auch er schien etwas ratlos zu sein. Dann jedoch ging ein Ruck durch seinen Körper, er reckte sich, schaute uns an und meinte mit seltsam ruhiger Stimme: „Jungs, vorab, so ein Raumschiff habe ich noch nie gesehen! Diese Bauform kenne ich auch von nichts anderem, auch nichts annähernd Ähnliches! Somit bin ich im Moment kaum schlauer als ihr. Ich schlage vor, wir sehen uns erst mal hier um und dann das Schiff aus der Nähe an. OK?" „OK", bestätigten wir Robbys Vorschlag.
Das Raumschiff vor uns war wirklich unglaublich groß und damit natürlich auch der es umgebende Raum, an dessen einen Seite wir – winzig klein im Verhältnis dazu – vor dem Gangausgang standen. Der Durchmesser würde locker ein kleineres Dorf unter sich verdecken und die Höhe am höchsten Punkt der Diskusscheibe könnte ebenso locker mit einem Hochhaus in Würzburg konkurrieren. Robby, manchmal übergenau, meinte: „Ich habe das Ding gerade mal mit meinen optischen Systemen vermessen. Es hat einen Durchmesser von 525 Metern und ist an seiner dicksten Stelle in der Mitte 75 Meter hoch! Riesig! Im Vergleich zu den Planeten-Schiffen der Stalanter zwar ein Winzling, aber hier, so vor uns in diesem Riesenraum, ein wahrer Gigant!" Robbys Stimme klang richtig ehrfürchtig und auch wir betrachteten diesen Megadiskus mit sehr, sehr großem Respekt.
Mittlerweile hatten wir uns in der „Halle" – dieser Vergleich stimmte zwar nicht, traf aber den Charakter des Riesenraums am besten – umgesehen und, soweit wir „sie" überblicken konnten, nichts außer dem Riesenraumer sehen können. Der schwebte in etwa Haushöhe über dem Boden und rührte sich überhaupt nicht. Sascha deutete auf den Boden vor uns. Der Hallenboden war glatt und machte einen metallischen Eindruck. Er war sauber. Keinerlei Staub oder Schmutz! Jan ging in die Hocke und klopfte mit seinen Fingerknöcheln auf den Boden. Nichts war zu hören. Jetzt stampfte Nicci heftig mit dem Fuß auf und wieder war nichts zu hören. Der Boden war also wahrscheinlich sehr hart. Aber ob das Metall oder so was war, konnten wir nicht feststellen. Auch Robby schüttelte den Kopf: „Nee, Leute, das

Material des Bodens kann ich auch nicht einordnen. Mein Analysator konnte es nicht identifizieren und das ist schon für sich allein gesehen bemerkenswert!“ Wieder deutete Sascha wortlos auf eine Stelle vor uns, die noch einige Schritte entfernt war. Jetzt sahen wir es auch. Da liefen zwei parallele, matt orange leuchtende Linien – etwa so dick wie bei uns Fahrbahnmarkierungen – im Abstand von einer Straßenbreite in Richtung des Schiffes. Der Eindruck einer Wegmarkierung drängte sich uns förmlich auf. Wir schauten uns alle an, nickten und trabten los.

Robby wieder an der Spitze, benutzten wir den „vorgezeichneten“ Weg zum Raumschiff. Nach einigen Minuten befanden wir uns bereits unter der gewaltigen Masse des Schiffs. Uns Vieren wurde es schon etwas mulmig. Mit dem über uns schwebenden Riesenschiff kam so ein Gefühl der möglichen Erdrückung auf – das war schon ziemlich beklemmend! Robby beruhigte uns aber sogleich: „Jungs, macht euch da keinen Kopf, das Ding fällt uns schon nicht auf selbigen und im Notfall, falls doch, würden uns meine Schutzfelder ausreichend schützen.“ Trotz dieser Worte Robby wich zumindest bei mir die starke Beklemmung nicht. Den anderen drei schien es da auch nicht besser zu gehen. Irgendwie liefen wir unwillkürlich geduckter und schauten ständig zu der silbrigen Masse über uns hinauf. Seltsamerweise war das Licht unter dem Schiff unverändert hell. Es schien – fast so wie Tageslicht an einem sonnigen Tag auf der Erde – gleichmäßig von überall her zu kommen. Lichtquellen waren nicht zu erkennen. Das merkten wir auch an unseren fehlenden Schatten.

Mittlerweile waren wir ungefähr in der Mitte unter dem Schiff angekommen. Hier, an der dicksten Diskusstelle, war der Bodenabstand etwa so hoch wie ein normales Einfamilienhaus bei uns. Tatsächlich hörten hier auch die beiden „Leitlinien“ auf und gingen in einen großen Kreis über. Dessen Durchmesser konnte man am ehesten mit einem Kreisverkehrsring vergleichen. Es war anzunehmen, dass sich dieser Kreis direkt unter der Raumschiffmitte befand. An dessen blitzblanker, chromglänzender Unterseite konnten wir allerdings nichts

Auffälliges erkennen. Nichts deutete auf eine Öffnung, Schleuse oder sonst eine Eingangsart hin. Beunruhigend empfanden wir jetzt, dass die „Fenster“ in dem sonst absolut glatten Rumpf von innen her leuchteten. Also musste ja im Schiff das Licht „an“ sein! Seltsam. Ob die Innenbeleuchtung erst bei unserem Betreten der „Hangarhalle“ – so beurteilten wir den Raum, in dem das Raumschiff schwebte – eingeschaltet wurde oder schon „immer an“ war, wussten wir nicht. Merkwürdig war das schon! Die „Fenster“ – völlig nahtlos und glatt in der Außenhülle des Schiffs eingelassen – zogen sich in gleichmäßigen Abständen um das gesamte Rund der Unterseite. Auch an der Oberseite war – soweit wir es am Gangausgang sehen konnten – vermutlich die gleiche Anordnung dieser „Fenster“. Nun, als wir direkt unter ihnen standen und sie aus der Nähe ins Auge fassen konnten, vermochten wir ihre Größe auch besser abzuschätzen. Jedes „Fensterband“ wirkte langgezogen und damit im Verhältnis zur Breite flach. Von der Größe her wären vier nebeneinander gestellte Fußballtore in etwa zutreffend. Irgendwie hatte ich ständig das unangenehme Gefühl beobachtet zu werden und schauderte bei dem Gedanken, dass wir die ganze Zeit überwacht wurden. Robby gab mir telepathisch sofort recht; ihm erging es ebenso und er war künstlich! „Wenn sich schon ein Roboter beobachtet „fühlte“, na dann!“ dachte ich bei mir. „Ja“, kam es jetzt gesprochen von Robby, „Patrick, das stimmt schon, ich hatte das deutliche „Gefühl“, dass uns irgendjemand oder irgendwas überwacht.“ Jan, Sascha und Nicci hatten das zuletzt gesagte von Robby mitbekommen: „Vielleicht Kameras?“ „Oder Sensoren, die auf Lebensformen reagieren?“ „Aliens vielleicht?“ Wir drängten uns ängstlich unwillkürlich in der Kreismitte näher um Robby zusammen.

Plötzlich – der damit von uns ausgehende Schrei war in der Halle schon nicht mehr zu hören – lösten wir uns auf und befanden uns im Bruchteil einer Sekunde später im Inneren des Schiffs! Geschockt starrten wir uns erst an und dann auf unsere Umgebung. Die wirkte wie eine große und geräumige Empfangshalle auf uns. Der Raum war kreisrund und etwa so groß wie der Kreis unter uns auf dem Hallenboden und mit der

Deckenhöhe einer Turnhalle überraschend hoch. Rein vom ersten Gefühl her suggerierten uns diese Proportionen eine menschenähnliche Größe der Erbauer dieses Schiffes. Robby nickte. Er war ebenfalls zu diesem Schluss gekommen. Ringsherum gingen Gänge von dem Rundraum ab. Sie waren deutlich niedriger als die Raumdecke. Wenn sich Nicci auf meine Schultern stellen würde, könnte er gut an die Decke eines Ganges langen. Überall war eine sehr angenehme und gleichmäßige Helligkeit. Das Licht tat unseren Augen geradezu gut. Wirklich angenehm! Wir schauten uns weiter um. Verteilt über den ganzen Rundraum gab es viele Sitzgelegenheiten – zumindest hielten wir sie dafür – die ebenfalls kreisrund im Abstand einer guten Gangbreite angeordnet waren. Allerdings wären sie für uns als Sitze nicht so recht passend gewesen. Die Sitzfläche war viel höher über dem Boden aber schmaler und nur etwa halb so tief wie bei einem normalen Stuhl. Dafür war die senkrechte Lehne wieder unpassend hoch. Zwei flache Rundkerben liefen parallel von vorne nach hinten über die Sitzfläche. Nach einer groben Schätzung müssten die „Benutzer" dieser Sitzgelegenheiten gut ein Viertel größer als ein durchschnittlicher erwachsener Mensch sein und zudem sehr, sehr schlank, ja eher richtig dünn. Wenn die Rundkerben für „Beine" vorgesehen sein sollten, müssten diese ebenfalls ziemlich dünn und lang sein!
Wir gingen etwas auseinander und schauten uns weiter um. Diesmal war es Jan, der uns auf die – uns jetzt schon bekannten – matt orange leuchtenden Leitlinien aufmerksam machte. Dort sahen wir jetzt auch den großen Kreis, von dem aus je zwei Linien nebeneinander zu jedem Gangeingang verliefen. Eindeutig Wegmarkierungen! Unterstützt wurde diese Deutung noch durch exakt in der Mitte der Doppelstriche verlaufende Punkte. So wurden die „Wege" in zwei Seiten geteilt, wie Straßen mit Mittelleitlinien. Wieder kam von Robby ein zustimmendes Nicken. Etwas mutiger geworden – denn offensichtlich gab es hier keine „Insassen" des Riesenraumers – vereinbarten wir, die Gänge zu erforschen. Hier, in der „Empfangshalle", gab es für uns nichts Interessantes mehr zu sehen. Wieder bildete Robby wie üblich die Spitze. Wir liefen einmal das gesamte Rund mit

den Gängen ab. Auffallend war, dass jeder zweite Gang eigentlich keiner war, sondern jeweils mit einer Art Tür verschlossen war. Neben den Türen waren in die Wände runde Metallscheiben eingelassen. Das kannten wir ja auch schon von dem Aufzug im Felsplateau. Sascha meinte: „Da sind bestimmt Aufzüge dahinter. Immerhin müssen die Schiffsbenutzer ja mal hoch und runter in ihrem Schiff. Das hat bestimmt jede Menge Decks. Das eine mögliche Besatzung alle Wege nur mit Teleportation erledigen, kann ich mir nicht vorstellen.“ Wir und auch Robby nickten zustimmend. So was in der Art hatten wir uns selbst schon gedacht. Als wir unseren Rundgang beendet hatten, wussten wir, dass es acht abgehende Gänge und zwölf vermutete Aufzüge gab. „Was machen wir jetzt?“ fragte ich die anderen. Wir Vier schauten Robby fragend an. Der schaute sich noch mal um und meinte dann: „Jungs, ich kann es auch nicht sagen. Ob wir in diesem Riesenschiff die Gänge oder die Aufzüge – sofern es welche sind, was ich aber glaube – benutzen, wird egal sein. Wir kennen hier ja eh noch gar nichts. Aber als wir uns vorhin das Schiff von außen angesehen haben, ist mir aufgefallen, dass am oberen Teil der Wölbung eine flache, zusätzliche Ausbuchtung nach außen mit eigenen Fenstern zu sehen war. Ich vermute dort das Kommandodeck. Es schien mir auch so zu sein, dass diese Ausbuchtung um das ganze Schiff läuft. Was meint ihr dazu?“

Wir schauten uns an und Nicci meinte: „Jetzt, wo du es sagst, habe ich auch die Erinnerung an so einen etwas erhöhten Wulst. Wahrscheinlich hast du mit der Kommandozentrale recht. Dann sollten wir aber lieber gleich den Aufzug nach oben nehmen, denn durch das riesige Schiff dorthin zu laufen wäre zu viel für uns. Außerdem habe ich hier noch keine Treppe oder so was gesehen.“ Wir guckten uns gegenseitig an, dann zu Robby hinüber und nickten zustimmend. Auch er war unserer Meinung und so gingen wir zur nächsten der vermuteten Aufzugtüren. Welcher der „richtige“ Aufzug war, wussten wir ja sowieso nicht und damit war die Auswahl egal. Dort angekommen drückte Robby – er musste dabei schon etwas höher greifen – auf die Metallscheibe neben der Tür. Sofort verschwand vor uns die angenommene Aufzugtür und ließ uns in einen größeren und leeren Raum blicken. Direkt hinter der verschwundenen Tür sahen wir an beiden Seiten – auch an den, dem Eingang gegenüberliegenden Wänden – rechts und links an der Wand je zwei weitere eingelassene Metallscheiben übereinander. Jan meinte: „Das sind bestimmt die Knöpfe für „hoch“ und „runter“. Robby nickte und Sascha wollte wissen: „Tja, Master Jan, wie weit hoch und wie weit runter?“ Jan zuckte mit den Schultern: „Wer weiß das schon?“ Die Metallscheiben hatten keinerlei Markierungen oder sonstige Zeichen. Auch an den Wänden gab es keine Hinweise. „Wie wäre es, wenn wir einfach mal auf die Scheibe „nach oben bitte“ drücken?“ fragte ich und drückte auf die obere Scheibe direkt neben mir. Im gleichen Augenblick war die verschwundene Tür wieder da, aber sonst tat sich gar nichts. Kein Ruck, keine spürbare Bewegung. Aber ein orangener Doppelstrich war plötzlich im Boden hell geworden und endete jeweils vor den „Türen“ in einer Art Pfeilspitze. Nicci machte sogleich ein paar Schritte in eine der beiden Türrichtungen. Als er kurz vor der Türe war, verschwand diese wieder und ein großer Rundraum war hinter der Öffnung zu sehen. Er war mit riesigen Metallkugeln gefüllt, die dicht an dicht knapp über dem Boden schwebten! Alle hatten etwa die Größe unseres ursprünglichen eigenen Raumschiffs. Robby sagte sofort: „Jungs, das sind ganz klar kleinere Raumschiffe! Bei uns sehen die Hangars dafür sehr ähnlich aus. Aber die können wir uns auch später – wenn wir das überhaupt noch wollen – ansehen. Die laufen uns schon nicht weg. Jetzt sollten wir lieber versuchen, die Kommandozentrale zu finden. Denn eines macht mich immer misstrauischer und beunruhigt mich doch ein wenig: Wir haben hier bisher noch keinerlei Anzeichen von Leben gesehen und auch nichts, was auf dessen Vorhandensein hindeuten würde. Dieses Riesenraumschiff scheint verlassen zu sein. Ich denke, dass die Innenbeleuchtung durch unsere Benutzung des Plateau-Aufzugs eingeschaltet und das Schiff damit auch gleich startbereit gemacht wurde! So wird das nämlich bei uns gemacht und hier scheint vieles ähnlich zu sein. Außerdem bin ich zu der Ansicht gekommen, dass die Erbauer dieses Schiffes organisch waren, also keine künstlichen

Wesen wie wir „Robbys“ oder die Stalanter. Es deutet einfach zu viel darauf hin. Aber warten wir es ab und suchen jetzt erst mal die Zentrale. OK?“ Ja, wir Vier stimmten zu und hingen unseren Gedanken nach. Wenn Robby mit seiner Annahme recht hatte? Was dann?

Robby zog uns in den Aufzug zurück und drückte danach gleich wieder auf die obere Metallscheibe. Jetzt aber ein wenig länger. Wieder war sofort die Tür da und wieder war gar nicht zu spüren. Nach einigen Sekunden leuchteten dann aber wieder die orangenen Pfeile im Boden vor den Türen auf. Robby lief sogleich los und prallte kurz danach gegen die geschlossene Tür! Sie hatte sich nicht geöffnet. Weil ich direkt hinter Robby stand, ging ich zu ihm, an ihm vorbei und Schwupps, schon war die Tür verschwunden! Also ließ sich die Tür anscheinend nur von organischen Lebewesen öffnen! Robby nickte und meinte: „Ja, das ist so. Das kenne ich auch von unseren Schiffen. Wir mussten damals eine Nanotechnologie entwickeln, die es uns „Künstlichen“ erlaubte, uneingeschränkt die Raumschiffe unserer Schöpfer zu benutzen, denn diese konnten auch ursprünglich nur von organischen Lebensformen bedient werden. Wir Roboter aber nur die uns zugeordneten Bereiche. Bestimmt gibt es hier auch so was und – falls sie welche hatten – ihre Roboter sind mit eigenen Mitteln, z. B. für Türöffnungen usw., ausgestattet.“ Robby hielt in seiner Erklärung inne als er sah, dass ich aufgeregt in den Raum hinter ihm deutete. Es war ganz offensichtlich die Kommandozentrale! Viele pultähnlichen höhere Bedieneinheiten und noch zusätzliche ringförmige, der Raumkrümmung angepasste Steuerkonsolen konnten wir sofort erkennen. Unsere Münder standen vor andächtigem Staunen offen. Nur Robby grinste mal wieder zufrieden vor sich hin. Vor den Bedieneinheiten waren am Boden fixierte Sitze zu sehen, die uns sogleich an jene der Empfangshalle erinnerten. Diese hier hatten allerdings zusätzliche Armlehnen mit verwirrend vielen Bedienelementen. Es wurde immer offensichtlicher: Die Erbauer oder Benutzer dieses Schiffes mussten in etwa so wie wir Menschen aussehen. Nur viel größer und dünner. Robby war zu den Steuerpulten gegangen und schaute sie sich an. „Jungs, kommt doch bitte mal her und seht euch das an!“ rief er uns zu. Wir fassten uns wieder langsam und trotteten zu Robby rüber. Was wir dort sahen, verschlug uns mal wieder die Sprache! Die Steuer- und Bedieneinheiten – denn ganz offensichtlich handelte es sich um solche – waren mit Bildschirmen und runden Metallscheiben in vielen unterschiedlichen Größen übersäht. Vor jedem der Stühle erkannten wir darin eine Halbkreisform im Bezug zum Sitz. Wenn hier einer der Benutzer saß, konnte er offenbar mit seinen vermuteten langen Armen und Händen sehr viel alleine für sich bedienen! Was uns aber am meisten und richtig schockte, waren die Zeichen und Symbole, die den Bildschirmen und Bedienelementen zugeordnet waren! Auf den ersten Blick kamen sie uns wie chinesische Schriftzeichen vor! Es fiel uns auf, dass sie immer recht kurz waren, was heißen soll, dass chinesische Beschriftungen mehr Länge und Platz benötigt hätten. Diese „Sprache“ konnte mit wenigen Zeichen offenbar sehr viel ausdrücken. „Stimmt“, kam es mal wieder von Robby. Ich bin zu den gleichen Erkenntnissen gekommen und glaube, so ähnliche Beschriftungen schon mal gesehen zu haben. Vor langer, langer Zeit. Damals fanden wir auf einem neu entdeckten Planeten einen Kugelraumer, der verlassen war. So einen, wie die vorhin im Hangar. Kam mir gleich so bekannt vor. Na, egal. Als wir ihn nach einigen Versuchen öffnen konnten, stießen wir auf sehr ähnliche Anordnungen der Steuerungen wie hier und auch die Beschriftungen sahen wie diese hier aus! Wenn ich Verbindung zu unseren Zentralrechnern hätte, könnte ich das sofort übersetzen, denn damals fanden wir den Übersetzungsschlüssel zu diesen Zeichen und dann eine Schaltung an einem der Pulte, die danach schlagartig alle Beschriftungen für uns lesbar machte! Wir fanden heraus, dass diese Einrichtung Zeichen in unendlich vielen „Sprachen“ kannte und jeweils übersetzen konnte. Das tollste war, dass die Übersetzungen immer sofort im gesamten Schiff umgewandelt wurden! Das war schon irre, als wir damit plötzlich alles lesen konnten. Von der Technik des gefundenen Schiffes haben wir damals unglaublich viel für uns übernehmen können. Die waren da schon viel fortschrittlicher als wir! Wartet mal einen

Moment. Eigentlich kann ich nichts vergessen. Es ist nur schwieriger, wenn so viel Zeit vergangen ist, etwas ältere Informationen in meinen Datenbänken zu finden. Hoppla, da habe ich es ja!“ Robby schien richtig aufgeregt zu sein. „Ja, Leute! Das ist es!“ rief er laut und freudig aus. „Ich weiß jetzt wieder, wie das Pult damals aussah, welches alle Beschriftungen übersetzt hat und ich glaube, das habe ich vorhin hier auch schon mal gesehen!“ Robby rannte los und schaute sich kurz beim Vorbeilaufen die Steuerkonsolen und Pulte an. Dann kam der erlösende Ruf: „Ha, Jungs, wusste ich’s doch! Hier ist es tatsächlich! Die damals unbekannten Erbauer des Kugelraumers haben auch dieses Schiff hergestellt! Das ist demnach die gleiche Lebensform. Organisch, da bin ich mir ganz sicher.“ Selten hatten wir Robby so aufgekratzt erlebt. „Ja, Jungs, das seht ihr völlig richtig. Ich bin wirklich sehr aufgeregt. Denn damals erkannten wir bei der Erforschung des Kugelraumers, dass dessen Erbauer uns in Wissen und Technik weit, weit – ja sehr weit sogar – voraus waren! Wir lernten, wie ich ja schon sagte, unwahrscheinlich viel dazu. Diese Wesen waren auch unseren Schöpfern deutlich überlegen. Mann Jungs, das ist ja irre, dass wir hier ein so riesiges Raumschiff von ihnen gefunden haben. Nee, wir haben es nicht von uns aus gefunden!“ verbesserte sich Robby sofort, „die Stalanter wollten, dass wir es finden! Und ich ahne da schon was und denke, die Stalanter wissen es jetzt auch bereits!“

Kaum hatte Robby das formuliert, hörten wir die so angenehm klingende Stalanterstimme in unseren Köpfen: „Ja, Robby, du hast es tatsächlich richtig herausgefunden. Die Erbauer dieses Schiffes sind unsere und eure Ur-Schöpfer – so könntet ihr sie nennen – und damit die auf der Erde als Götter bezeichneten Schöpfer! Ihr vier Menschen habt bereits jetzt alle Tests meisterhaft bestanden und werdet nicht weiter von uns belästigt. Robby hat von uns gerade einen sehr umfassenden Bericht erhalten und kann euch alles Weitere erzählen. Wir wünschen euch Glück und ein schönes Leben!“ Damit schwieg die Stimme und wir schauten mal wieder wie üblich ziemlich belämmert aus der Wäsche! Jan meinte, mehr automatisch als bewusst überlegt:

„Mann, Mann, Mann, was wir in so kurzer Zeit alles erlebt hatten! Das muss ja den stärksten Eskimo vom Schlitten hauen!“ Wir nickten nur dazu. Mehrere Minuten waren verstrichen, während wir unseren Gedanken nachhingen und keiner was sagte. Wir erschraken sogar etwas, als wir Robbys wieder in unseren Köpfen vernahmen: „Jungs, – diese Anrede schien er ja förmlich zu lieben – es tut mir leid, eure Gedanken stören zu müssen, aber ich habe eben von den Stalantern so viel erfahren, dass mir doch tatsächlich der Schädel brummt! Ich musste erst das ganze Gehörte verarbeiten und kann euch jetzt schon sagen, wenn ihr es hört, haut es nicht nur einen stärksten Eskimo vom Schlitten, sondern alle auf einmal! Und euch dann gleich mit! Bereit?“ „Ja klar“, kam es sofort von uns, „leg los!“ Und Robby legte los: „Jungs, dieses Schiff ist mehrere Milliarden Jahre alt. Etwa geschätzte zehn bis zwölf Milliarden, um „genau“ zu sein. Also fast aus der Zeit, als eure Sonne entstanden war. Die Erbauer, das muss man neidlos zugeben, waren wirklich und tatsächlich allwissend! Sie waren maßgeblich an der Entstehung des Alls beteiligt und schufen so unzählige neue Universen mit wiederum unzähligen Galaxien mit Milliarden Planetensystemen. An Bord dieses Schiffes ist ein Zentralrechner – mir fällt leider keine bessere Bezeichnung dafür ein – der völlig auf Nanotechnologie beruht und millionenmal mehr vermag, als unsere alle zusammen! Und, haltet euch fest, ich habe Zugriff darauf und kann alles Gewünschte abfragen!“
Wir waren so überwältigt von Robbys Ausführungen, dass wir uns alle Vier unbewusst auf den Boden setzen wollten, kamen aber gar nicht dazu, weil sofort bequeme Stühle unter uns erschienen, die unsere Allerwertesten aufnahmen! „Wahnsinn, diese Technik!“ „Geil“ „Cool“ „Alter, das ist ja übelst viel an Neuigkeiten!“ riefen wir, schon alleine um den Druck etwas abzubauen, durcheinander. „Tja, wo ihr recht habt“, kam es dazu von Robby und er fuhr in seinen Erklärungen fort: „Die Stalanter vom großen Mutter-Planeten haben nach dem Bekanntwerden dieser überraschenden Neuigkeiten jeden weiteren Widerstand sofort aufgegeben und sich unserer Gemeinschaft angeschlossen. Ich habe jetzt ständig Verbindung zu ihnen und unseren

Schöpfern. Zudem haben sie mich mit zusätzlichen Fähigkeiten ausgestattet. Ich kann damit noch viel mehr – fast so viel wie die Schöpfer selbst – und bin noch dabei, das alles zu verdauen. Also seht es mir nach, wenn ich mich demnächst seltsam benehme oder der Größenwahn bei mir durchbricht. Tretet mir dann einfach ans Schienenbein, um mich wieder auf den Teppich zu holen. OK, Jungs?“ Wir schauten uns an und dachten: „Dreht Robby durch oder was?“ „Nee, nee, Leute, keine Bange, ich frotzele hier nur ein wenig rum, um mich selber besser in den Griff zu bekommen. Denn zu all den neuen Fähigkeiten wurden mir auch fast hundert Prozent echte Gefühle mit eingepflanzt und die kann ich noch nicht so recht einordnen!“ „Na, Robby, das beruhigt uns aber jetzt kolossal!“ meinte ich trocken. Wir Vier prusteten vor Lachen – das uns selbst wieder der Realität etwas näher brachte – los und konnten minutenlang damit nicht mehr aufhören. Allmählich beruhigten wir uns aber wieder. Robby, der uns ausdruckslos zugesehen hatte, reagierte diesmal gar nicht darauf, sondern fuhr danach unbeirrt in seinen Ausführungen fort: „Die Erbauer dieses Schiffes waren Jawa, so nannten sie sich zumindest. Woher die Jawa kamen und wie alt ihre Lebensform schon war, als sie unseren Weltraum mit aufbauten, wissen wir nicht. Sie selbst haben kaum Informationen von sich hinterlassen. Nur dieses Schiff hier und insgesamt weitere 9999 andere, die im gesamten Weltall verstreut sind.“

Wir waren echt sprachlos, starrten Robby nur an und warteten darauf, dass er weiter sprach. Was er auch sogleich tat: „Tja Jungs, jetzt kommt der Hammer aller Hämmer, sozusagen der Urhammer überhaupt! Gut, dass ihr schon sitzt, denn ohne euch Vier, besser ohne euch Menschen, hätten wir niemals Zugang zu einem dieser Schiffe bekommen. Irgendwie sieht es momentan so aus, als wären nur die Menschen die geradlinigsten und direktesten Nachkommen der Jawa! Unsere Untersuchungen und Berechnungen ergaben, dass bei euch das „Erbgut“ von ihnen in euren Genen usw. dem ihren am nächsten kommt! Man könnte euch deswegen direkt beneiden. Es sieht so aus, als hätten die Jawa schon bei der Schöpfung eures Universums so eine Art Samen von sich mit eingebracht und so hinterlegt, dass erst eine entsprechende Lebensform per „Zufall“ entstehen musste, die damit quasi geimpft werden konnte! Das Ganze ist ja total irre! Für uns künstliche Intelligenzen bedeutet dies, dass wir – ohne eine passende organische Lebensform, wie z. B. euch Menschen – die restlichen 9999 Schiffe der Jawa nicht betreten könnten! Und sie benutzen dann schon gar nicht! Bisher sieht es so aus, dass nur die direkten Nachkommen unserer organischen Ur-Schöpfer und natürlich ihr Menschen, sowie andere zu den Nachfahren der Jawa gehörenden organischen Lebensformen – die wir allerdings erst noch finden müssen – das Erbe der Jawa antreten könnten und dürften! Etwas deprimierend für uns „Künstliche“, muss ich schon sagen!“ Robby machte doch tatsächlich einen traurigen Eindruck. Wir versuchten ihn zu trösten. Jan meinte: „Ach Robby, das wird schon. Immerhin bist du extrem „verbessert“ worden und ohne dich und die Stalanter hätten wir dieses Schiff doch gar nicht gefunden. Umgehen können wir auch nicht damit und bis wir – also die Menschen – das gelernt haben, geht noch sehr viel Zeit rum. Bis das je so weit kommt, brauchen wir „Organische“ euch „Künstliche“ viel mehr als ihr uns!“ Um Robby auf andere Gedanken zu bringen, fragte ich: „Sag mal Robby, wenn die Jawa so unglaublich weit in Technik und Wissen waren, warum hat dieses Schiff hier überhaupt noch Pulte und Bedienkonsolen, die größtenteils sogar noch manuell zu bedienen sind und warum sind wir Menschen viel kleiner als sie es waren, wo wir doch angeblich von ihnen abstammen?“ Robby schaute nachdenklich vor sich hin, bevor er antwortete: „Ja schau, Patrick, diese Schiffe wurden ganz bewusst für die Nachkommen der Jawa in fernster Zukunft konzipiert. Offenbar nahmen sie an, dass diese dann sicher nicht wie sie selbst aussehen würden und auch ganz bestimmt nicht über ihre geistigen Fähigkeiten verfügen würden. Aber Nachfahren mit Armen und Beinen und einem Körper ähnlich dem ihren setzten sie schon voraus. Deswegen die noch praktische und manuelle „Handhabung“ ihrer Bedienelemente. Ich habe zwischendurch mal probiert, ob auch eine reine geistige Steuerung möglich ist und es hat funktioniert! Auch bei unseren eigenen Schiffen ist das bewusst so gemacht worden, weil wir genauso dachten, dass sie

mal von anderen Lebensformen benutzt werden könnten. Wenn ich die seltsamen Bewegungen über einem unserer Kommandopulte mache, geschieht die Ausführung ja auch geistig bewirkt. Die Bewegungen sind dabei nur unterstützende und stabilisierende Maßnahmen. Und was den zweiten Teil deiner Frage angeht, Patrick, ist einfach zu erklären. Die Art des jeweiligen Körperbaus einer organischen Lebensform ist immer durch deren natürliche Umgebung geprägt. Hier ganz besonderen Einfluss nehmend ist die Schwerkraft! Je schwerer ein Körper ist, umso höher ist die Schwerkraft, oder umgekehrt. Wir fanden heraus, dass die Menschen ursprünglich sich auf dem Mars eures Sonnensystems entwickeln sollten. Dort ist die Schwerkraft geringer und ihr wärt größer und dünner geworden. Aber widrige Umstände sonst und, dass der Mars zu klein war, führte zu eurem Leben auf der Erde. Organische Lebensformen gibt es in fast unendlichen Erscheinungsformen. Allerdings selten so dicht am „Original" wie ihr! Übrigens, noch ganz kurz ein weitere Aspekt, der zu deinen Fragen passt, Patrick: Unsere telepathischen Fähigkeiten sind ähnlich. Ich kann mit euch rein telepathisch „reden" und ihr dann auch mit mir, aber oft reden wir ja auch „normal" miteinander. Das ist so, weil viele organische Lebensformen die Fähigkeit zur Telepathie erst sehr spät in ihrer Entwicklung bilden. Also auch hier ein „sowohl als auch"! Zufrieden Patrick?" „Klar doch", war sehr aufschlussreich!" antwortete ich und merkte, dass Robby jetzt sichtlich erleichtert und nicht mehr so traurig war. „Stimmt, Patrick", kam es sogleich von Robby in meinem Kopf, „ich danke dir für dein „Zurechtrücken"! „Kein Problem, mach ich doch gern", erwiderte ich grinsend, froh, dass Robby jetzt wieder lockerer war. Tatendurstig sprang er auf: „Jungs, ihr habt recht! Danke für eure Einschätzung der Lage, aber jetzt lasst uns mal herausfinden, was wir mit diesem Schiff so alles anstellen können!"
Erwartungsvoll stellten wir uns um Robby auf und Nicci meinte spitzbübisch: „Na dann mach mal. Großer und weiser Robby, wir helfen dir, wenn du mal nicht mehr weiter weißt." Sascha schob ein: „Sofern wir können." Und ich gab meinen Senf auch noch dazu: „Und vielleicht sogar müssen." Jan schüttelte grinsend den

Kopf: „Ihr mal wieder!“ Nicci und Sascha hatten sich derzeit die vielen Steuermöglichkeiten angesehen und schüttelte die Köpfe: „Nee Patrick, wir glauben nicht, dass wir Robby dabei groß helfen können.“ „Abwarten, kam es prompt von Robby, abwarten Jungs. Ich suche jetzt erst mal die Übersetzungskonsole oder etwas Entsprechendes.“ Kaum hatte Robby das ausgesprochen, da veränderten sich alle Steuerpulte und Konsolen mit ihren vielen Knöpfen, Tasten und Sensorflächen vor unseren staunenden Augen! Robby schien total perplex zu sein. „Jungs, das ist ja Wahnsinn, die gesamte Kommandozentrale hat sich gerade in eine der unseren verwandelt! Hammer! Ich fasse es nicht! Was muss da eine tolle Technik dahinter stecken, die so was kann!“ Robby war wirklich völlig aus dem Häuschen. Für eine künstliche Intelligenz zeigte er durchaus menschliche Verhaltensweisen.

Robby machte es sich in dem – offensichtlich als Hauptkommandositz gedachten – Captain-Kirk-Pilotensessel bequem und begann sofort mit seinen – uns fast schon vertrauten – Bewegungen über den halbkreisförmig angeordneten Steuerelementen. Plötzlich wurden alle Fenster in unserem Sichtbereich glasklar – so, als wären sie gerade total verschwunden – und wir konnten die riesige Halle um das Schiff erkennen. Die Außenansichten schwebten aber auch wie große „Bildschirme“ vor Robby und uns. Robby machte einige Experimente damit. Er konnte diese holografischen 3D-Vollansichten beliebig zoomen und nach Belieben näher oder weiter weg von uns in der Luft platzieren. „Sagenhaft“, war sein einziger Kommentar dazu. Jetzt änderte Robby die Art der Ansichten und sofort zeigten die lupenrein wirkenden Schirmdarstellungen einmal je eine Ansicht von vorn, hinten, rechts und links um das Schiff. Er konnte alle Ansichten beliebig über alle Darstellungsflächen „gleiten“ lassen. Links, rechts, oben, unten, in allen nur erdenklichen Winkeln – wie er es geistig wünschte – in alle Richtungen! Ehrfürchtig blickten wir darauf und konnten die Supertechnik dahinter nur ahnen. „Saaagenhaft!“ kam es wieder von Robby. Wir nickten nur dazu. Tja, Robby, der

ja schon viel mehr Technik als wir kannte, schien sehr beeindruckt zu sein.
Plötzlich stieß Sascha wieder einen seiner, durch Euro und Cent gehenden, kieksigen Schreie aus und rief dann: „Leute schaut doch nur, die Halle ist weg! Wir sind im Weltraum!“ Tatsächlich, das Schiff hatte unter Robbys geschickter Führung die Halle per Teleportation verlassen. Auch hier konnten wir nur ansatzweise die immense Technik ahnen, die ein so riesiges Schiff in einem Stück, und zwar völlig ohne jede spürbare Bewegung, teleportieren konnte. Robby kommentierte nüchtern: „Jungs, ich muss schon zugeben, die Technik der Jawa ist unserer haushoch überlegen. Bedenkt dabei bitte, dass dieses Schiff hier uralt ist und schon bestimmt eine halbe Ewigkeit auf uns gewartet hat!“ Robby menschliche Anpassung war schon erstaunlich, wir konnten seinen großen Respekt vor den Jawa richtig aus seinem Kommentar heraushören! Wir vermochten, wie schon so oft, nur stumm dazu nicken, denn das ganze aufregende Geschehen um uns herum verschlug uns mal wieder total die Sprache. Robby machte ein paar Bewegungen und wir sahen direkt vor uns im All – fast zum Greifen nahe – den Mutter-Planeten und viele Planeteneinheiten der Stalanter neben mehreren Kugelraumern der Schöpfer! Wir befanden uns mitten zwischen ihnen! Robby, unser Meisterpilot, hatte uns sauber in eine geeignete freie Stelle neben das riesige Mutterschiff der Stalanter teleportiert. Offensichtlich konnte er bereits sehr gut mit dem Jawaraumer umgehen. Sein zufriedenes Grinsen unterstützte nur diese Erkenntnis. „Tja, Jungs, für die Stalanter habt ihr eure „Tests“ bravourös bestanden und sie bedanken sich bei euch für eure Hilfe. Wenn ich richtig zwischen den Zeilen lese, bewundern sie euch sogar wegen eurer Menschlichkeit – ja, man könnte fast meinen, sie beneiden euch. Aber solche Gefühle sind künstlichen Intelligenzen meist unbekannt.“ „Trotzdem, man weiß ja nie“, sinnierte Robby nach einer kleinen Pause weiter und fuhr dann direkt zu uns gewandt fort: „Auf jeden Fall bin auch ich sehr stolz auf euch und ihr könnt es getrost auch sein. Ihr habt, ohne es so richtig bewusst mitbekommen zu haben, der universellen Gemeinschaft einen unglaublich großen Dienst erwiesen!“

Nach dieser Ansprache von Robby waren wir Vier mal wieder baff und verlegen, denn – da hatte Robby mit unserer vermuteten Unkenntnis unseres angeblichen Beitrags voll recht – wir hatten doch eigentlich fast gar nichts getan, um diesen allgemeinen Respekt zu verdienen. „Aber klar ist das so Jungs“, kam es sofort von Robby, „allein schon durch eure organisch bedingte Menschlichkeit habt ihr den Hauptpart in der gesamten Aktion übernommen. Ohne euch – da haben alle anderen recht – wäre gar nichts groß passiert und wir wüssten bis jetzt nichts von den Jawa und ihren Zehntausend im All verstreuten Superschiffen! Also klopft euch ruhig mal auf eure Schultern, das habt ihr verdient! Aber, um euch nun nicht in eventuellem Eigenlob völlig versinken zu lassen, habe ich Neuigkeiten für euch. Die Gemeinschaft hat soeben beschlossen, die restlichen 9999 Jawaschiffe zu finden und wir werden uns mit diesem Superraumer daran beteiligen! Na, ist das was oder ist das was?“ Schlagartig waren wir mal wieder von den Socken und redeten wild durcheinander: „Was sagst du da?“ „Wir suchen die Jawaschiffe?“ „Ja wo denn?“ Wie sollen wir die denn finden?“ Machen wir da wirklich mit?“ „Sollten wir denn nicht heim zu Mutti?“ „Wie lange würde die Suche denn dauern?“ „Aber wir hier haben doch nur das einzige bisher gefundene Jawaschiff!“ „Lassen die uns denn damit so einfach abdüsen?“

Robby hörte sich noch eine kleine Weile unsere aufgeregten Fragen und Einwürfe an. Schließlich hob er beschwichtigend beide Arme und wedelte mit den Händen um Ruhe bittend. Als wir endlich still waren, meinte Robby zu der ganzen Aufregung: „Jungs, beruhigt euch doch! Das ist alles halb so wild. Die Jawaschiffe sind mit entsprechenden Ortungsgeräten ausgestattet, die jedes andere Jawaschiff – egal, wo es sich befindet, ja sogar, wenn es in einem anderen Universum wäre – orten und somit finden würden. Die Jawatechnik ist dermaßen fortschrittlich, dass wir zu jedem anderen ihrer restlichen Schiffe sofort und quasi ohne Zeitverlust teleportieren könnten! Die Antriebstechnik der Jawaschiffe ist uns zwar völlig unbekannt und es wird noch viel Zeit vergehen, bis wir davon mehr verstehen, aber deren Technik ist einfach so gut, dass wir ihr

blind vertrauen! Zudem wissen wir mittlerweile durch externe Untersuchungen, dass dieses Schiff hier – und damit natürlich auch die restlichen 9999 Stück – absolut unzerstörbar sind. Unsere Schöpfer und die Stalanter haben, nach Vereinbarung aller beteiligten Lebensformen, zwischenzeitlich beschlossen, die mögliche Beschädigung dieses Schiffes zu testen. Zunächst wurde die Oberfläche mit schwachem Strahlenbeschuss so traktiert, dass eine örtliche Zerstörung uns hier drin nicht geschadet hätte. Wir gingen davon aus, dass eigentlich keine Bestrahlungsstärke diesem Schiff schaden könnte. Dem war natürlich auch so. Mittlerweile wurden wir von den – nach ganz geringen Steigerungsraten – stärksten Waffen die existieren und ganze Sonnensysteme pulverisieren können „beschossen", ohne hier drin auch nur das Geringste bemerkt zu haben! Also im Nachhinein keine Panik, die dort draußen hatten alles im Griff und hätten uns niemals Schaden zugefügt! Es konnte an diesem Schiff nicht die kleinste Beschädigung erreicht werden! Im Gegenteil: Jeder „Beschuss" – und die letzten hatten tatsächlich genügend Energie, um ein komplettes Sonnensystem zu erzeugen – wurde sofort in nutzbare Energie umgewandelt und diese gespeichert! Dieses Schiff besitzt nicht mal einen Schutzschirm oder was sonst darunter zu verstehen wäre und trotzdem kann ihm offenbar keine Waffe – egal, wie sie funktioniert oder welche Zerstörungskraft sie auch hat – etwas anhaben! Die Technik der Jawa ist unglaublich weiter als die unsere fortgeschritten. Da sind wir alle kleine Kerzenlichter gegen riesige Superscheinwerfer! Es wird noch viele, viele Jahre dauern, bis wir wenigstens einen Teil dieser Technik verstehen. Von den Inhalten der Jawadatenbänke mit ihrem unendlichen Wissen werden wir noch in alle Ewigkeit profitieren. Auch die Menschheit und alle anderen Lebensformen, die mit dem Jawawissen zukünftig versorgt werden, wird das alles einen gewaltigen Vorwärtsschub geben!"
Robby stutzte plötzlich und lachte dann laut auf: „Mann, Jungs, schaut doch nicht so geschockt! Es wäre euch schon nichts passiert! Das hätte ich niemals zugelassen! Ich stand während der gesamten „Belastungstests" mit den Ausführenden in Verbindung und registrierte jede, auch noch so kleine, Auswirkung auf dieses

Schiff. Wir waren hier drin nicht für den Bruchteil einer Sekunde in Gefahr. Glaubt mir!“ Unwillkürlich schauten wir uns an und sahen jeweils beim Anderen den tief sitzenden Schock. Wir waren bei Robbys Schilderungen der „Testbeschüsse“ kreidebleich geworden, denn der hatte gut reden! Aber wenn nur ein einziger „Schuss“ doch „Erfolg“ gehabt hätte, wären wir bereits verrauchte Vergangenheit! Unverantwortlich, dass dieses Schiff – wenn auch nur jeweils in kleineren Teilbereichen – überhaupt „testweise“ beschossen wurde, während wir uns darin befanden! Und alle hatten das mitgemacht! Wir waren zutiefst verunsichert. Aber, dass Robby ja auch dies ganze Zeit bei uns gewesen war sowie sein jetziges Verhalten und wie er mit der Situation umging, beruhigte uns dann doch allmählich wieder. Ich dachte: „Stimmt schon, Robby hätte sicher sofort diese unmöglichen Tests gestoppt, wenn für uns eine Gefahr bestanden hätte. Zudem war er ja wirklich selbst ein Betroffener – im wahrsten Sinne des Wortes! „Wo du recht hast, Patrick“, kam es in meinem Kopf von Robby und dann meinte er gelassen zu uns allen: „Jungs, seht es doch mal so: Jetzt wissen wir, dass wir in diesem Schiff so sicher wie in Abrahams Schoss sind, sicherer auf jeden Fall als sonst irgendwo. Auffällig und aufschlussreich war für uns alle, dass das Schiff keinerlei Abwehrmaßnahmen oder irgendwelche sonstigen Verteidigungen eingeleitet hat. Das hätte ja immerhin für die beschießenden Einheiten sehr unangenehme Folgen haben können. Wir wissen zwar noch nicht, ob die Jawaschiffe überhaupt Waffen haben, aber wir wissen, dass dieses Schiff hier alleine dazu im Stande wäre, ein ganzes Universum entstehen zu lassen! Wenn die Jawa Waffen hatten, wäre gegen diese kein Kraut gewachsen! Aber nach allem, was wir bisher über die Jawa herausfinden konnten – wobei erste Erfolge mit ihren Datenbänken zu verzeichnen sind – waren sie absolut friedlich und schienen niemals auf einen Angriff schadend reagiert zu haben. Eigentlich brauchten sie bei einem unzerstörbaren Schiff auch keine Waffen. Soweit wir weiter herausfanden, haben sie im Gegenteil alle Aggressoren mit ihrem Wissen versorgt und ihnen ihre Technik zugänglich gemacht. Anscheinend hat das alle „Angreifer“ überzeugt, dass es völlig

sinnlos wäre, sich ernsthaft mit den Jawa anzulegen. Weiterhin haben wir diese Linie dahingehend verfolgt, um herauszufinden, ob die „Angreifer“ jemals diesen Wissens- und Technikschub in irgendeiner aggressiven Form weiter verwendet haben. Da liegen Erkenntnisse vor, dass dem nie so war, sondern dass die ursprünglich so angriffslustig Gewesenen danach immer friedlich und helfend aufgetreten sind. Also haben die Jawa die Fähigkeit besessen, lebensformbedingte Aggressionen immer in friedliebende Verhaltensweisen umzuwandeln. Das alleine ist schon äußerst bewundernswert! Insgesamt sehen wir bereits eine neue Ära auf uns zukommen, in der alle Mitwirkenden Lebensformen und Intelligenzen friedlich miteinander auskommen und umgehen und somit das ganze Weltall davon etwas haben wird.“
Wieder musste Robby über unsere Gesichtsausdrücke lachen. Denn unbewusst hatten wir ihm staunend mit offenen Mündern zugehört. Momentan waren wir kaum fähig, auch nur einen klaren Gedanken zu fassen. Zuviel, viel zu viel Neues war mal wieder in viel zu kurzer Zeit so auf uns niedergeprasselt, dass wir völlig hilflos und total überfahren der Situation gegenüberstanden. Aber Robby, mit seiner durchaus einfühlsamen Art, beruhigte uns – wie schon so oft – wieder: „Ach Jungs, macht euch doch keinen Kopf! Mir geht es kaum anders als euch. Ist ja auch für mich fast alles Neuland. Auch ich muss so was erst mal verdauen.“ „Na ja“, meinte ich, langsam wieder in der Wirklichkeit ankommend, „hier liegt die wahre Bedeutung wohl auf dem Wörtchen „fast“! Denn du, Robby, hast ja schon unwahrscheinlich mehr in deinem bisherigen langen Leben erlebt, als wir vier arme Würstchen hier!“ Ein Blick zu den anderen dreien zeigte mir, dass auch sie wieder an der Diskussion teilnahmen. Sie nickten und zeigten so ihre Zustimmung zu dem, was ich gerade gesagt hatte. Jan meinte: „Ja, da hat Patrick recht. Wir sind dermaßen unterbemittelt, was unsere Beteiligung an dem Geschehen um uns rum betrifft, dass wir so gut wie nichts hilfreich beisteuern können.“ Nicci und Sascha nickten dazu und Sascha sagte: „Wir sind ja schon nur allein deswegen heilfroh und dankbar, dass wir bisher ohne nennenswerte Blessuren über

die Runden gekommen sind. Wirklich verstehen können wir eh fast nichts von alldem. Zumindest nicht so, dass wir jetzt schon ernsthaftere Schlussfolgerungen daraus ziehen könnten." „Oder dir eine große Hilfe wären", ergänzte Nicci. Robby schüttelte leicht den Kopf und meinte: „Na, ich glaube, ihr stellt da euer Licht ein wenig zu arg unter den Scheffel." Manchmal verblüffte uns Robby immer mal wieder mit seiner Kenntnis unserer Redensarten! Robby fuhr unbeirrt fort: „Die Stalanter sind euch sogar zu großem Dank verpflichtet. Wie ich ja schon sagte: Ohne euch Vier hätten sie dieses Schiff hier wahrscheinlich nicht gefunden. Sie wussten zwar durch ihre Massenabtaster und Ortungsgeräte, dass auf dem seit Milliarden von Jahren nicht mehr bewohnten Planeten, auf dem das Schiff sich befand, eine riesige, hochtechnische Masse vorhanden war – eben dieses Schiff hier – aber sie konnten selbst mit ihren Mitteln nicht näher herankommen. Irgendwas störte immer ihre örtlichen Ortungsversuche. Sie vermuteten deshalb bereits, dass eventuell eine organische Intelligenz erforderlich sei, diese mysteriöse Masse schließlich zu finden. Da sie ganz sicher nicht dumm sind, haben sie einfach euch das austesten lassen. Mit dem gewünschten Erfolg. Die vorgeschobenen Tests und angeblichen Spontaneitätsprüfungen waren da nur für uns und auch euch geplante Ablenkungsmanöver. Ich durfte nur deswegen mit euch auf die Suche gehen, weil sie herausfinden wollten, inwieweit eine künstliche Intelligenz im Falle des Fundes Zutritt bekäme bzw. akzeptiert würde. Ich sagte es ja bereits: Wenn man es richtig beurteilt, habt ihr der Gemeinschaft alleine durch eure Existenz einen sehr großen Dienst erwiesen!"

Jan, der schon leicht unruhig auf das Ende von Robbys Ausführungen gewartet hatte, legte dann auch sofort los: „Ach komm Robby, Alter, erzähl uns doch nichts! Bestimmt hätten die Stalanter oder ihr und die Schöpfer früher oder später auch die Schiffe der Jawa entdeckt. Zumal ja schon ein Verdacht zu ihrem Vorhandensein bestand. Und das dann ganz ohne unser Zutun. So wie ich es sehe, werden wahrscheinlich viele organische Lebensformen geeignet sein, die Jawaschiffe zu betreten und für euch und die Gemeinschaft zugänglich zu machen. Oder siehst du das anders?“ Robbys Antwort kam sofort: „Ja Jan, mag schon sein, dass wir und die Stalanter – oder sonst wer – irgendwann konkret auf die Jawaschiffe und die Jawatechnik gestoßen wären. Warum auch nicht. Aber siehmal, Jan und auch ihr anderen Drei; wir kennen zwar mittlerweile unzählige intelligente Lebensformen und organische Intelligenzen – viele davon weit fortschrittlicher als die Menschen es zur Zeit sind – ja, stimmt, wie ihr sind sehr viele auch wirklich rein organisch, aber so etwas wie euch Menschen gibt es im gesamten Weltall – mit all seinen Universen und Galaxien – doch relativ selten! Wenn überhaupt noch mal. So betrachtet wundert es mich da gar nicht, dass die Stalanter und auch die Schöpfer euch so respektvoll und als ebenbürtig behandeln. Immerhin, und das ist Fakt, stammt ihr ja wirklich irgendwie von den Jawa ab. Auch, wenn die irgendwann mal in grauester Vorzeit und vor Milliarden von Jahren, lediglich den „Samen“ für eure spätere Menschwerdung gelegt haben. Bei dem unendlichen Wissen und Können der Jawa – noch dazu, dass wir eigentlich über sie nicht sehr viel Genaues wissen – verdient alleine diese eine Tatsache den allerhöchsten Respekt! Aber Jungs, bitte verrennt euch nicht in unsinnige Grübeleien! Wir haben Wichtigeres zu tun! Ich wurde gerade informiert, dass die restlichen Jawaschiffe fast alle geortet wurden. Jetzt, wo ich Zugang zu dieser überaus beeindruckenden Schiffstechnik hier habe und diese, zumindest in kleinen Teilbereichen, auch schon beherrsche, konnte ich der Gemeinschaft wichtige Daten zu deren Auffindung übermitteln. Wir wollen jetzt geeignete organische Lebensformen – übrigens auch Menschen – für diese Sache interessieren und soweit bringen, dass sie uns dann beim ersten Betreten der gefundenen Schiffe helfen können. Diese Aktion läuft bereits! So habe ich herausbekommen, dass in relativer Nähe – nur einige tausend Lichtjahre entfernt – ein weiteres Schiff auf einem Planeten versteckt ist. Das werden wir mit diesem Schiff hier finden und zugänglich machen. Dazu wird uns per Teleport später eine vorbereitete Mannschaft zu dem Ort gesendet, an welchem wir das Schiff vermuten und bestimmt auch finden. Wir, also ihr Vier und ich, dürfen vorerst dieses Schiff hier behalten und den Umgang damit weiter lernen. Auch

dafür wurde ich zwischenzeitlich zusätzlich konditioniert. Für euch kann das ein aufregendes Abenteuer werden und Zeit verliert ihr ja auch keine, weil ich euch letztlich wieder zu eurer Streuobstwiese zurückbringe, als- und wo all das hier begann. Ich erklärte euch dazu ja schon, vergessen werdet ihr nicht allzu viel, aber alles ist dann für euch Vier nur ein sehr lebendiger und erlebnisreicher Traum gewesen. OK?"
Robby hatte uns mal wieder zum x-ten Mal sprachlos gemacht! Aber das Wort Abenteuer hatte ich verinnerlicht: „Du Robby, könnte es sein, dass wir mit dir schon ein paar deiner „Abenteuer" erlebt haben?" Als ich das sagte, konnte ich mich vor Kichern und unterdrücktem Lachen kaum beherrschen. Auch Nicci, Jan und Sascha prusteten sofort los. Dieses sich Bahn brechende Lachen befreite uns sichtlich von der gigantisch aufgestauten Anspannung der letzten Stunden! Nach einigen Minuten unkontrollierten Lachens unsererseits fiel endlich auch Robby mit ein und so lachten wir, bis uns die Tränen nur so herunterliefen und wir uns die Bäuche halten mussten, um nicht in einem Lachkrampf zu explodieren. Jan, immer noch kichernd, wollte dann von Robby wissen: „Du Robby, langsam bekomme ich mächtig Hunger. Toiletten zum Erleichtern hatten wir bisher ja überall, aber Nachschub hatten wir dafür noch nicht. Gibt es hier irgendetwas Essbares für uns?" „Klar", reagierte Robby sogleich, sichtlich erleichtert, dass wir uns wieder realeren Dingen zuwandten. Ihr braucht nur dort rüber zu gehen und euch euer gewünschtes Essen nebst Getränken vorstellen und dann gedanklich bestellen und ihr bekommt es sofort!" Wir folgten, mittlerweile alle hungrig, Robbys Hinweis. Kaum waren wir an der besagten Stelle angekommen, als auch schon ein großer Esstisch mit vier bequemen Stühlen vor uns erschien. Wir setzten uns und wünschten uns unser Essen. Schwups! Vor mir stand ein großer Teller mit Pommes und einem XXL-Schnitzel! Fast zur gleichen Zeit hatten die anderen Drei auch ihr Essen. Jan ein schönes, braunknuspriges Hähnchen, Sascha eine Riesenpizza und Nicci drei Hamburger mit einer großen Portion Pommes. Jeder hatte sich noch sein Lieblingsgetränk dazu gewünscht. Wir schauten uns kurz an, grinsten, wünschten uns guten Appetit und

mampften drauflos. Robby schaute uns zufrieden zu. Er teilte uns mit, dass auch er gerade „Nahrung“ aufnahm, was heißen will, dass er nochmals zusätzliche Infos und Konditionierungen für unseren bevorstehenden Trip bekam. Dann erläuterte er: „Übrigens, falls ihr euch wundert, dass euer Essen exakt so schmeckt, wie ihr es am liebsten habt, kann ich euch das erklären. Dieses Jawaschiff ist auch hier wieder einsame Spitze! Es hat aus euren Erinnerungen alles Notwendige für die Zubereitung geholt und – soweit ich das sehe und beurteilen kann – auch exakt getroffen! Oder?“ „Mmmmm“, konnten wir nur mit vollen Mündern nuscheln und nickten dazu heftig. Robby strahlte und meinte: „Recht so Jungs, recht so Jungs! Lasst es euch nur richtig schmecken.“
Nach einer sehr wohltuenden knappen Stunde waren wir mit dem Essen fertig. Unverzüglich verschwanden die Essensreste und das Geschirr. Unsere Stühle verwandelten sich unter uns in äußerst bequeme Sessel mit Fußhocker und der Tisch verkleinerte sich etwas und trug jetzt vier Obstschalen mit frischem, irdischen Obst, wie z. B. Äpfel, Weintrauben, Orangen usw., die direkt in Reichweite unserer Hände standen. Aber wir waren erst mal abgefüllt und satt. Kaum war das geklärt, verschwanden der Tisch und die Obstschalen. Auch Robby schien fertig zu sein. Er stand auf und winkte uns zu sich. Die Sessel hinter uns lösten sich auf und wandelten sich zu zweckmäßigen Drehstühlen. Wir gingen zu Robby, der schon wieder in seinem Captain-Kirk-Pilotensesel saß und bereits mit seinen üblichen Bewegungen begonnen hatte. Der Teleportationssprung war anscheinend schon erfolgt, denn wir sahen vor den Fenstern und auf den Bildschirmen einen Planeten, der der Erde wieder mal sehr ähnlich sah. Blaue Ozeane, weiße Wolken, grüne Wälder und braune Landgebiete. Wie ein Klischeebild der Erde, vom Spaceshuttle aus aufgenommen. Robby ließ uns einen Moment Zeit, diesen Anblick zu verinnerlichen. Dann meinte er: „Jungs, das ist der Planet, auf welchem das besagte Jawaschiff versteckt ist. Ich habe es bereits geortet. Es ist tief im Inneren des Planeten deponiert worden. Wir werden bald dorthin teleportieren. Aber

bevor wir das tun, zeige ich euch erst was Neues hier auf dem Schiff.“ Bei diesem letzten Satz grinste er wieder zufrieden.
Robby versammelte uns um eine runde, kurze und dicke Säule. Sie sah eher wie ein plumper runder Steintisch aus poliertem Granit aus und war etwa so hoch wie meine Gürtellinie. Gespannt schauten wir jetzt auf Robby. Der deutete auf die Oberfläche der Säule. Erschrocken sprangen wir zurück: Auf der Säule stand plötzlich ein Jawa! Das wussten wir einfach. „Beruhigt euch Jungs und kommt wieder näher zu mir.“ Diese, im Vergleich der bisher in unseren Köpfen gehörten, Stimme war dermaßen angenehm, dass wir gar keine Angst mehr hatten. Die Stimme kam nicht von Robby, sondern von dem Jawa! Es war eine sanfte Frauenstimme! Also von der Jawa? Sofort fuhr die angenehme Stimme fort: „Ob „Mann“ oder „Frau“, das spielte bei uns nie eine Rolle – diesen Unterschied machen leider nur die Menschen – wir waren alle in unserem Dasein und Wirken gleich. Unsere Rasse war schon vor vielen Milliarden von Jahren uralt. Unsere ursprüngliche Herkunft wussten wir damals selbst nicht mehr. Leider ist unsere Lebensform ausgestorben. Im Laufe der unendlichen Milliarden Jahre im Weltall bewirkte eine unbekannte kosmische Strahlung unsere allmähliche Unfruchtbarkeit. Wir stellten uns, nachdem wir diesen Ablauf erkannten, durch eine Art Klonen selbst her. Aber auch diese Abkömmlinge wurden zeugungsunfähig. Organisch sind wir den Menschen sehr ähnlich gewesen. Nur größer und zarter gebaut. Letztlich wurden ja die Menschen und alle ähnlichen Lebensformen von uns erdacht, geplant und ihre Entwicklungen vorbereitet und eingeleitet. Dieser Prozess dauert bis zum heutigen Stand etwa 15 Milliarden Jahre. Das Schiff, in dem ihr euch gerade befindet, ist so intelligent wie wir es waren und sehr lernfähig. Im Moment verkörpere ich es auch für euch und konnte ermitteln, dass die unfruchtbar machende Strahlung zwar noch immer existiert aber alle unsere Nachkommen davon nicht mehr beeinflusst werden. Der Menschheit droht somit nicht das gleiche Schicksal wie uns, wenn sie demnächst mit der intergalaktischen Raumfahrt beginnt. Bevor wir gänzlich ausstarben, versuchten wir es noch mit künstlichen Intelligenzen und hatten damit

großen Erfolg. Diese, unsere künstlichen Erben, streifen in relativ kleiner Zahl – unsichtbar für alle anderen Lebensformen – mit ähnlichen Schiffen wie diesem hier durch das Weltall und überwachen alle unsere Leben bringenden und erhaltenden Projekte und beschützen sie. So konnten sich viele, viele Arten entwickeln und selbst so weit kommen, dass sie künstliche Intelligenzen erschufen, was ihr ja mit Robby real vor euch erlebt. Wir stellten abschließend zehntausend dieser Schiffe her und verteilten sie im gesamten Weltall. Sie sollen unsere Geschenke für all die Lebensformen werden, die im Stande sind, sie zu finden, zu betreten und zu benutzen. Aus sentimentalen Gründen haben wir – vielleicht war das jedoch ein Fehler – die Zugangsmöglichkeiten nur für organisches Leben vorgesehen. Aber einhergehend mit dieser Entscheidung schufen wir – installiert in jedem Schiff – Scanner, welche im Umkreis von etwa zehn Lichtjahren jede Lebensform, die aus unserem ursprünglichen Plan entstanden war, erkennt und bei ausreichendem Intelligenzstand ihr letztlich einen Zugang zu dem jeweils gefundenen Schiff ermöglicht. So habt ihr vier Menschen das ja auch geschafft. Zwar jetzt mit Robbys Hilfe, aber früher oder später wäre die Menschheit so oder so auf eines unserer Schiffe gestoßen. Wundert euch bitte nicht, dass ich so flüssig und normal in eurer Sprache mit euch spreche und eure Formulierungen verwende. Aber ich stehe hier auch nur künstlich vor euch, ähnlich wie ein Hologramm, jedoch mit normaler Körpermasse und damit materiell – und wurde so konzipiert, dass ich jede Art einer Lebensform beim ersten Kontakt scanne und damit sofort Sprache, Gestik, Kenntnisse, Gefühle – ja praktisch alles – von der gescannten Einheit übernehmen und anwenden kann. So nahm ich euch Vier gleich zu Anfang die Angst vor mir und ließ euch wissen, dass ich ein Jawa bin. Wenn ihr es aber bevorzugen würdet, könnte ich natürlich auch jede Körperform, die ihr lieber sehen würdet, annehmen.“ In rascher Folge verwandelte sich die Jawa in einen Hund, eine Katze – Findus – , einen Leguan, eine größere Schildkröte, einen stolzen Adler, in mehrere Menschen aus unseren Familien- und Bekanntenkreisen, wie z. B. meine Mutter, Niccis Vater, Jans Mutter und weitere

Personen, wie Lehrer und verschiedene Mitschüler. Nach dieser Demonstration stand wieder die hochgewachsene Jawa vor uns. Unbewusst nahmen wir ihre Weiblichkeit allein schon wegen der angenehmen Frauenstimme an. „Wollt ihr jetzt lieber einen anderen Körper sehen?“ vernahmen wir die schöne Stimme in unseren Köpfen. Wir schüttelten nur benommen unsere Köpfe. Zu einer Aussage waren wir noch nicht fähig. Die Stimme fuhr auch sogleich fort: „Wenn, so ist es vorgesehen, eine intelligente Lebensform eines unserer Schiffe findet und dann betreten kann, stellt sich das Schiff total auf diese Lebensform ein und passt sich ihr optimal an. So können nach kurzer Zeit die Schiffe bedient und benutzt werden. Robby wurde dafür von uns eingelernt und erhielt dazu alles notwendige Wissen. Wir erkannten, dass ihr Vier zwar die erforderliche organische Intelligenz seid, aber nur Robby in der Lage war, unser Wissen entsprechend aufzunehmen. Zudem haben wir festgestellt, dass Robby, obwohl künstlich, durch seine letzten „Verbesserungen“ fast zu einem gleichwertigen Menschen wurde. Robby ist damit die einzige künstliche Intelligenz im All, die diese hohe Anpassungsstufe erreicht hat. Robby und die Schöpfer werden seinesgleichen insgesamt entsprechend modifizieren, um seine „Kollegen“ ebenso zu diesem Stand zu bringen. Da ihr vier jungen Menschen offenbar noch nicht so weit seid, mit diesem Schiff zu kommunizieren und richtig umzugehen, wird dies Robby für euch übernehmen.
Robby wurde auch von uns modifiziert, besitzt nun annähernd unseren Wissensstand und ist jetzt mit dem Schiff völlig vertraut.“ Als die Stimme kurz schwieg, hörten wir Robby in unseren Köpfen: „Jungs, das ist der Hammer! Ich bin allwissend! Mir macht keiner mehr was vor! Ihr dürft mich ab sofort King Robby nennen! Nee, Leute, Spaß beiseite, das ist wirklich der Hammer. Die Datenbänke dieses Schiffes hier „wissen“ wirklich alles und nun habe ich darauf den vollen Zugriff. Mir schwirrt der Kopf. Ich schalte mal kurz ab. OK?“ „OK Robby“, brachte Jan gerade noch mühsam heraus. Dann schwiegen wir alle geschafft und sehr, sehr nachdenklich.

Unvermittelt fuhr die angenehme Frauenstimme – die offenbar nur höflich auf das Ende unseres kleinen „Gesprächs“ mit Robby gewartet hatte – in unseren Köpfen mit ihren Erklärungen fort: „Auch den Schöpfern – übrigens auch eine, wenn auch ältere von uns „geschaffene“ ursprünglich voll organische Lebensform – und den Stalantern – diese sind die künstlichen Nachkommen unserer Experimente mit künstlichen Lebensformen – haben wir sehr umfangreiches und großes Wissen übermittelt. Unsere Datenbänke können nun von euch allen benutzt werden. Alle zehntausend Jawaschiffe sind auf dem neuesten Stand gebracht worden und das gesamte Wissen der Schöpfer und Stalanter wurde ihnen zugeführt. So beinhaltet ein einziges dieser Schiffe fast das gesamte Wissen des Weltalls. Sicherheitshalber haben wir Sperren eingebaut, die verhindern, dass kriegerische, noch unterentwickelte, Lebensformen Zugriff bekommen. Waffen haben wir keine entwickelt, aber wirksame Abwehrmaßnahmen – wie ihr sie ja schon testen konntet. So könnten wir eine ganze Galaxie, in der z. B. nur kriegführende Lebensformen wären, mit einer Schutzbarriere umgeben, die einen Übergriff auf benachbarte Galaxien von vorn herein unterbinden würde. Sollte sich trotzdem eine Lebensform so schlecht entwickeln, dass sie unsere Technik und unser Wissen missbrauchen könnte, haben wir dahingehend vorgesorgt, dass ihr alle Kenntnisse wieder entzogen- und sie in einen Zustand versetzt würde, in welchem sie niemanden mehr schaden könnte. Nach dem letzten Stand unserer Technik sind alle diese Jawaschiffe völlig unzerstörbar. Selbst wenn sie nahezu pulverisiert würden, was aber absolut unmöglich wäre, würden sie sich automatisch in kürzester Zeit wieder zusammensetzen. Denn im All geht niemals Materie verloren und unsere Technik macht es möglich, dass nach Plänen in unseren Datenbänken ein solches Schiff wie dieses hier praktisch in nur wenigen Stunden hergestellt werden könnte. Mit einer spezialisierten Nanotechnik ist das machbar, weil jedes Atom quasi zur gleichen Zeit sich an den korrekten Ort seiner Lage im gesamten Aufbau begeben würde. Diese Möglichkeiten verwendeten wir ebenfalls für die Erschaffung der vielen Universen mit ihren unzähligen Galaxien. Das sind aber lediglich

nur erklärende Beispiele unserer sehr weit entwickelten Technik. Unser Wissen war schließlich vor unserem Aussterben derart umfangreich, dass wir wirklich auf jede Eventualität reagieren konnten und für alle kritischen Situationen immer eine Lösung fanden. Ich könnte es auch so formulieren: Wir waren nahezu allwissend. Eine Ahnung von uns findet ihr übrigens in allen Religionen im gesamten Weltall. Ziemlich häufig wird da von einem allwissenden Gott gesprochen, der alles erschuf und über Alles wacht. In jedem dieser Fälle sind das wir Jawa. Denn wir erschufen das heute existierende All. Allerdings sind selbst uns im Laufe der vielen Milliarden von Jahren die genauen Kenntnisse über unsere ursprünglichen Anfänge und unsere eigene Herkunft verloren gegangen. Vielleicht waren wir auch nur von einer noch höheren Existenz erschaffene Wesen. Denn, soweit wir es wissen, war das Weltall bereits vor uns da. Wir füllten es lediglich, aber wie es selbst mal entstand, entzieht sich auch unserem Wissen."
Die schöne Stimme schwieg und wir konnten nur stumm und ungläubig versuchen, das Gehörte einigermaßen zu verarbeiten. Nach einer, uns dafür anscheinend bewusst gegebenen, Pause fuhr die Stimme fort: „So, für die erste Pauschalinformation über uns sollte dies ausreichen, um euch eine Meinung zu bilden. Denkt über all das Gesagte nach und versucht es zu verstehen. Wenn ihr weitere Informationswünsche habt, denkt sie euch und ich werde sie unverzüglich beantworten. Dieses Hologramm von mir verschwindet jetzt wieder, ich habe es nur für euch erzeugt, weil Menschen lieber einen sichtbaren „Ansprechpartner" haben und kaum gewohnt sind, telepathisch zu kommunizieren. Wie ich schon erwähnte, ist dieses Schiff intelligent und kann, trotz seiner Größe, von euch ruhig als Persönlichkeit betrachtet werden. Für euch Vier ist das aber nicht so wichtig, weil ihr Robby an eurer Seite habt und er ja das gesamte Wissen von- und über uns besitzt und ihr ihn zu allem jederzeit direkt befragen könnt. Das seid ihr ja schon gewohnt und es wäre nicht so abstrakt, wie mit einem ganzen Schiff zu reden. Zumal ich hier selbst nur das „Sprachrohr" einer längst vergangenen Rasse darstelle." Nach

diesen letzten Worten der Jawa, die irgendwie belustigt klangen, verschwand die Säule mit dem Hologramm darauf.
Wir starrten, wie üblich mit offenen Mündern und wie immer in solchen Situationen, in denen so viel Neues auf uns niederprasselte, sprachlos auf die leere Stelle, wo gerade noch die Jawa gestanden war. Erst als Robby mehrfach und immer lauter „Jungs“ rief, kamen wir sehr langsam in die Wirklichkeit zurück. Als Robby sah, dass wir wieder aufnahmebereit waren, meinte er: „Tja Jungs, das war ja eine beeindruckende Rede. Auf jeden Fall wissen wir jetzt schon viel mehr. Zumindest ich von uns Fünfen.“ Er grinste dabei sein zufriedenes Grinsen und fuhr fort: „Bevor ihr mir jetzt völlig ausflippt, sage ich euch lieber gleich, dass wir nun das versteckte Schiff aufsuchen und für die Übernahme der späteren Mannschaft vorbereiten. OK?“ Wir konnten nur nicken, sprechen brachte von uns gerade keiner fertig. Viel zu viel schwirrte uns durch die Hirne! Wie sollte man da denn, bitte schön, noch einen klaren Gedanken fassen? Aber Robby reichte unser Nicken. Er winkte uns zu sich heran und machte einige Bewegungen mit den Händen über dem Steuerpult. „So, Jungs, schaut mal!“ Die vier großen 3D-Bildschirme um und vor uns wurden langsam größer und zeigten uns die Planetenoberfläche in einiger Höhe über dem Boden. Wir starrten – wieder mal – mit offenen Mündern auf das, was wir da unter uns sahen. Eindeutig erkannten wir eine weitflächige Stadtlandschaft, die aber nur noch aus grün und braun überwachsenen Ruinen bestand! Der erste Eindruck war der, dass wir eine untergegangene und verlassene Stadt auf der Erde sahen. Die erkennbaren Gebäude sahen den unseren sehr ähnlich. Auch die Straßenzüge waren wie bei uns angeordnet. Nur, was war hier geschehen, dass eine so große Stadt so zerfallen und von der Natur überwuchert worden war?
„Das kann ich euch sagen“, kam es von Robby, „die ehemaligen Bewohner dieser Stadt und des Planeten waren tatsächlich menschenähnlich. Aber das sind irgendwie fast alle Lebensformen, die auf den ausgewählten und erschaffenen Planeten im Weltall von den Jawa „designed“ wurden. Bevor ihr jetzt gleich einhakt: Ja, designed! Denn die Jawa haben alle

Lebensformen, die auf ihrer Schöpfung beruhen, kreiert und „entworfen"! Das führte letztlich dazu, dass fast alle Lebensformen, die die Jawa nach ihrem „Lieblingsmodell" schufen, auf nahezu identischen Planeten, die um nahezu identische Sonnen kreisten, die sich wiederum in nahezu identischen Sonnensystemen befanden, sich menschenähnlich entwickelten! Wie ja auch eure Erde selbst, die zu den letzten „Kreationen" der Jawa gehörte, bevor diese ausstarben. Das bewirkte dann aber auch, dass sich zunächst alle Lebensformen auf den Planeten mehr oder weniger gleich und vereinheitlicht entwickelten. Also auch die Fauna und die Flora! Zwangsläufige Unterschiede bildeten sich dann natürlich durch die, je Entwicklungsperiode, dominanten „Bewohner" die durch die gesamten Evolutionen letztlich so immer in der vorgesehenen menschenähnlichen Art enden sollten, sofern diese sich nicht vorher selbst auslöschte. Man könnte getrost sagen, die Erde und alle mit ihr auf diese Weise entstandenen Welten waren der Standardtyp der Jawa gewesen! Andere „Modelle" – und davon kennen wir bereits auch mehrere – waren nicht ganz so erfolgreich. Die unterschiedlichen Entwicklungsphasen beruhen fast ausschließlich auf den jeweils durch die Jawa exakt geplanten Startterminen der Evolutionen. Demnach wurden unsere Schöpfer von den Jawa einige Milliarden Jahre vor den Menschen erschaffen, womit auch der riesige Vorsprung unseres Wissens und unserer Technik erklärbar ist. Die Stalanter sind eben noch etwas früher „gemacht" worden. Aus der Zeit, als die Jawa für sich mit künstlichen Nachfolge-Intelligenzen experimentierten. So gibt es jetzt im Weltall viele tausend Entwicklungsstufen von euch Menschen und der Prozess ist noch lange nicht beendet! Einige Lebensformen – so wie die, die wir gerade sehen – sind ausgestorben oder haben sich selbst vernichtet. Das könnte den Menschen auch noch passieren, würde aber, so wie die Dinge gerade stehen, von uns bestimmt verhindert werden, weil die Menschheit offenbar für unsere Gemeinschaft von großer Wichtigkeit ist. Die Lebensform da unten aber hatte Pech. Sie war schon bedeutend weiter als die Menschheit und bereiste bereits ihr Sonnensystem. Ja, sie hatte sogar schon erfolgreiche Expeditionen zu benachbarten Systemen gestartet. Ich hatte mittlerweile sogar einen Kontakt zu den immer noch funktionierenden Resten ihres Zentralrechnerverbundes herstellen können! Übrigens, da mal kurz zwischendurch bemerkt: Das Konzept der Zentralrechner wurde eigentlich von jeder Entwicklungsart aufgenommen und letztlich verwendet. Das steht bei euch Menschen gerade an und wird dann bei euch zu einem gewaltigen Wissens- und Technikschub führen. Aus den bruchstückhaften Informationen des größtenteils leider zerstörten Rechnerverbundes da unten konnte ich so den Grund für ihren Untergang erfahren. Eine kosmische Strahlung, ähnlich der, die auch die Jawa aussterben ließ – wahrscheinlich war sie sogar für das Aussterben unserer Schöpfer mit verantwortlich – ist hier in einer modifizierten Art aufgetreten und hat in ganz kurzer Zeit alle Bewohner dort unten unfruchtbar werden lassen. So verschwanden die Bewohner, die sich selbst übrigens als Ronawa bezeichneten, innerhalb einiger Generationen fast völlig. Sascha, der wie wir sehr angespannt Robbys Erklärungen gelauscht hatte, fragte sofort: „Fast alle? Gibt es denn dort unten noch lebende Nachfahren der Ronawa?“ „Ja“, erwiderte Robby, „das ist meistens so. Immer sind seltene Immunitäten mit im Spiel, wenn von aussterbenden Rassen welche überleben. Hier überlebten tatsächlich einige wenige Ronawa. Sie waren selbst zwar nicht unfruchtbar geworden, aber leider hatte sich ihr Erbgut doch verändert. Sie sehen fast noch so wie die ursprünglichen Ronawa aus, sind aber geistig sehr beschränkt und haben so gut wie keinen Bezug mehr zu ihrem einstmals so großen Wissen oder zu ihrer fortschrittlichen Technik! Heute sind sie in relativ kleinen Gruppen über den ganzen Planeten verstreut und leben eigentlich nur noch von der Jagd. Die Fauna und Flora wurde hier, wie auch auf etlichen anderen Planeten, wo ähnliches geschah, seltsamerweise kaum beeinträchtigt. Die Tierarten lebten fast normal weiter, entwickelten sich auch, von den ausgestorbenen Ronawa ja nicht mehr behelligt, ungestört zu jetzt meist höheren und intelligenteren Formen weiter. Ähnlich lief das bei den Pflanzen

ab. Inzwischen sind einige größere Tierarten und auch aggressive Pflanzen die Hauptfeinde der Überlebenden geworden.
Wenn wir jetzt da runter teleportieren, werden wir aber direkt in dem versteckten Jawaschiff sein. Für uns bestünde also keine Gefahr. Wenn ihr es wollt, könnten wir uns aber auch in der Stadt da unten mal umsehen. Dort wären wir auch völlig sicher, weil wir einige Minuten in der Zeit versetzt agieren würden. Das ist in solchen Situationen in der Regel immer der beste Schutz. Das heißt, würde uns tatsächlich ein Nachkomme der Ronawa oder ein gefährliches Tier sehen, würde er uns immer in einer anderen Zeitdimension wahrnehmen. Ist kompliziert, klingt auch so, funktioniert aber und wird daher öfters angewendet. Würde es trotzdem mal für uns extrem brenzlig, hätten wir immer ausreichend Zeit, uns in Sicherheit zu teleportieren. Und, damit bei euch das letzte Quäntchen Unsicherheit schwindet, sind wir zusätzlich ständig von unsichtbaren und undurchdringlichen Schutzschirmen umgeben. Also Jungs, was meint ihr? Entweder sofort ins versteckte Jawaschiff teleportieren, oder dort unten die Gegend unsicher machen und um die Häuser ziehen?“
„Na Robby“, meinte ich, „dazu kennst du uns doch schon zu gut! Natürlich wollen wir die Stadt erforschen und Abenteuer erleben. Das Jawaschiff läuft uns ja nicht weg und Zeit ist bei dir eh kein Thema. Also, was soll’s? Was meint ihr denn dazu?“ wandte ich mich an die anderen Drei. Dabei schaute ich Nicci, Sascha und Jan herausfordernd an. „Klar doch, machen wir die Stadt unsicher und haben Action!“ kam es von ihnen wie aus einem Mund. Zur Bekräftigung rief Jan Robby zu: „Action ist angesagt, Robby, let’s go!“
Robby machte nur eine kurze Bewegung und schon standen wir auf einem kleineren, gras- und wurzelüberzogenen Platz mitten zwischen den verfallenen Ruinen. Mehrere pflanzenüberwucherte, teils geborstene Straßen führten in verschiedene Richtungen. Unweit von uns, vielleicht einen Steinwurf weit weg, stand ein imposantes Hochhaus. Es sah noch recht solide und gut aus. Einige Scheiben waren zersplittert oder fehlten völlig und nur wenige Risse waren in der Fassade zu erkennen. Ich fragte die anderen: „Na, was meint ihr, schauen wir

uns dort in dem Hochhaus mal ein wenig um?" „Au ja", stimmte Nicci sofort zu. Robby, Jan und Sascha nickten zustimmend. Schwups, schon standen wir in der ehemaligen Empfangshalle – so nannten wir sie stillschweigend – und schauten uns aufgeregt um. Hier sah es noch recht sauber aus. Nur etwas Erdstaub, Moose und Flechten hatten versucht, von dem Untergrund Besitz zu ergreifen. Bequeme, aber leider verrottete Sessel und angegrünte Tische standen reichlich in der relativ großen und hohen Halle. Ein Empfangspult, einem der Erde wirklich sehr ähnlich, dominierte fast die ganze eine Seite des Raums. Gegenüber waren offensichtlich Fahrstühle – davon jede Menge – nebeneinander angeordnet. Alles schien auf den ersten Blick so wie auf der Erde zu sein! Allerdings machte auch alles einen deutlich moderneren Eindruck. Das Gesamtdesign war uns ein wenig fremd und oft blitzten die Wandverkleidungen noch wie polierter Chrom. Auch die Deckenbeleuchtung wirkte in ihrer Einlassung futuristisch und ungewohnt. Aber ganz allgemein gesehen, hätten auch wir hier leben können! Die Proportionen stimmten und alles war ganz offensichtlich für Menschen konzipiert worden. Jan lief zu einer der Wände hinüber und winkte uns heran. „Da, schaut nur, Bilder oder eine Art Fotos!" Wir bliesen den Staub von mehreren dieser Bilder und schauten sie uns an. Fast alle zeigten Stadt- und Landschaftsbilder, aber auf einem – Nicci hatte es angeschaut und uns sofort aufgeregt zu sich gewunken – waren viele „Menschen", wie zu einem großen Foto-Gruppenbild aufgestellt, zu sehen. Wir waren total baff! Die sahen doch tatsächlich wie wir aus! Auch Robby schien wegen der Ähnlichkeit überrascht zu sein. Anscheinend hatte er bei seinen versuchten Kontakten zu den Zentralrechnerresten noch keine Darstellung von den Ronawa gesehen. Wir starrten jetzt alle intensiv auf das Foto, denn ein solches war es ganz sicher, und riefen uns ständig neue Erkenntnisse zu: „Seht doch, das da bei dem Mann sieht wie eine Krawatte aus! Und da, die Sonnenbrille! Da, schaut, der hat so was wie eine Kamera in der Hand! Die Kleidung und die Schuhe sind zwar etwas exotisch anzusehen, könnten aber durchaus auch auf der Erde so aussehen! Eh, schaut doch, die Tussi da hat einen kleinen Hund auf dem

Arm, der wie ein Pekinese aussieht!“ Wir redeten noch eine ganze Weile aufgeregt so weiter, völlig gefangen und gebannt von dem Foto. Nur langsam beruhigten wir uns wieder und die Entdeckungen auf dem Foto wurden seltener gerufen. Robby wartete, bis wir wieder an anderen Dingen Interesse zeigten und meinte: „Tja, Jungs, ich bin auch überrascht, wie sehr die Ronawa den Menschen ähnelten! Aber, wenn man mal den gesamten Prozess durchdenkt, erkennt man schon eine, gleiche Resultate bringende, Grundlinie: Die Jawa erschufen ein Universum, mit vielen Millionen Galaxien und darin vielen Sonnensystemen, die eurem Sonnensystem gleichen, wie ein Ei dem anderen! Von diesen Universen schufen sie im ganzen Weltall mehrere! Und alle nach dem gleichen Konzept. Die „Baupläne“ waren also überall im All die gleichen. Auch die später auf erdähnlichen Planeten sich entwickelnde Lebensformen mit Fauna und Flora waren überall identisch, weil so geplant. Da ist es fast schon zu erwarten, dass sich die Tier- und Pflanzenwelt je Planet sehr, sehr ähnlich entwickelte und letztlich fast immer – als Krone der Schöpfung – „Menschen“ hervorbrachte! Unterschiede bildeten sich nur da, wo kosmische Katastrophen mit ins Spiel kamen. Wie z. B. bei euch auf der Erde der Einschlag eines riesigen Kometen, der euren Mond aus der Erde heraussprengte und zum Aussterben der Dinosaurier führte. Oder wie die kosmische Strahlung, die unsere Schöpfer und hier die Ronawa aussterben ließ. Für mich klärt diese Überlegung gleich noch eine bisher bestandene Unklarheit: Warum wir und die Schöpfer, wie auch die Stalanter so wenige „fertige“ Menschheiten bisher gefunden hatten. Ich vermute, dass im Weltall, das ja nach ihren eigenen Angaben bereits vor den Jawa existierte, immer schon kosmische Ereignisse wie Strahlungen oder unstabile Himmelskörper, die unkontrolliert durchs All ziehen usw., vorkamen und viele Lebensformen vor ihrer endlichen Entwicklung dezimierten, veränderten oder sonst wie vergehen ließen. So wird es bestimmt unzählige andere Entwicklungsrichtungen gegeben haben und die gibt es ja auch immer noch. Aber im Großen und Ganzen war die Entstehung einer „Menschheit“ bei den Jawa stets das Endziel! Die

jeweiligen „Menschen“ sollten sich dann immer so weiterentwickeln, dass sie letztlich wieder das Weltall bereisten und besiedelten und als Nachkommen der Jawa diese hochentwickelte Lebensform erhielten und im All weiter verbreiteten. Unsere Schöpfer und die Stalanter sind dafür gute Beispiele. Auch sie konnten als Nachfahren der Jawa bereits Universen und Galaxien entstehen lassen! Jetzt natürlich sowieso, weil sie – bzw. sind das ja wir – das gesamte Wissen und die Technik der Jawa nun dazu bekommen haben. Wahnsinn!“
Robby schwieg nach dieser längeren Erläuterung eine Weile und auch wir blieben, selbst in Gedanken versunken, still. Wir hatten Robby selten so aufgekratzt und emotional beeindruckt gesehen! Ich dachte – schon etwas verblüfft: „Das ganze Geschehen der letzten Stunden schien doch tatsächlich unseren sonst so coolen Roboter innerlich richtig durchgerüttelt zu haben!“ „Da hast du verdammt recht, Patrick“, kam es sofort von Robby, „diese Ereignisse und neuen Erkenntnisse haben mich wirklich so überrascht, dass ich sie momentan noch nicht so richtig einordnen kann! Das ist für mich eine völlig neue Situation. Da knabbere ich noch ein Weilchen dran!“ Nach dieser kurzen persönlichen Ansprache reckte sich Robby und meinte, jetzt an uns alle gewandt: „Aber schauen wir uns doch noch kurz in dem Hochhaus hier um und erforschen wir dann weiter die Stadt. OK?“ „OK“, antworteten wir ernüchtert mehr mechanisch als bewusst. Schwups, und schon standen wir in einem höheren Stockwerk und sahen uns neugierig um. Es schien so eine Art Großraumbüro zu sein. Viele „Arbeitsplätze“ standen exakt angeordnet in mehreren Reihen vor uns. In den „Schreibtischoberflächen“ waren reichlich Bedienelemente unter einer verstaubten Glasscheibe zu erkennen. Auch so was wie eine Tastatur fiel uns auf. Nur Bildschirme konnten wir keine sehen. „Das erklärt sich schnell“, meinte Robby, „die Bildschirme waren hier auch holografisch und in 3D – etwa so, wie die Bildschirme im Schiff – weil die Ronawa wirklich in ihrer Technik weit vor euch Menschen waren.“ Jan war inzwischen an einen der Schreibtische herangetreten und zog – selbst von der Ähnlichkeit überrascht – Schubladen auf und schaute sich den Inhalt an. In

den meisten fand er aber nur tafelartige Platten, die fast wie Flachbildschirme wirkten. „Das waren sie auch“, steuerte Robby bei, „als hier noch alles funktionierte, waren diese kleinen Schirme das, was bei euch heute die Bücher sind. Allerdings seid ihr da mit euren „Pads“ fast auch schon so weit. Nur, auf diesen Minibildschirmen hier konnte man das gesamte Wissen einer örtlichen Datenbank abrufen. Das weiß ich, weil wir fast die gleichen Dinger verwenden. Übrigens, wenn ich des Öfteren über unsere „Datenbänke“ rede, dürft ihr das nicht falsch verstehen. Die sind natürlich nicht wie eure noch aus Chips und elektronischen Bauteilen aufgebaut sondern arbeiten – wie fast alles in unserer Technik – mit Nanotechnologie. Nur, um euch da mal einen kleinen Eindruck zu vermitteln: Das gesamte Wissen der Menschheit würde, wenn es in einer unserer Datenbänke gespeichert wäre, dort höchstens den Platz eines Würfels mit der Kantenlänge von vielleicht zwei bis drei Millimetern einnehmen! Dagegen beinhaltet die „Datenbank“ eines der Jawaschiffe das gesamte Wissen des gesamten bekannten Weltalls und „verbraucht“ dabei lediglich den Platz von geschätzten fünfzig Kubikmetern Raum! Na, Jungs, ist das was oder ist das was?“ Wir waren sichtlich beeindruckt. Aber bevor wir eine Reaktion zeigen konnten, fuhr Robby fort: „Mit der Nanotechnologie kann so ziemlich alles gemacht werden. Die Jawa waren da so weit fortgeschritten, dass sie ja, wie ihr schon gehört habt, eines ihrer tollen Schiffe – sofern ein fertiger „Bauplan“ vorhanden war – in der kurzen Zeit von Stunden herstellen konnten.

Oder z. B. ihre riesigen Schutzschirme – die von ihnen, wie sie uns berichteten, um aggressive und unbelehrbare Lebensformen errichtet wurden – konnten ja sogar ganze Galaxien umhüllen. Einfach „nur“ dadurch, dass sich im All alle Schutzschirmparikelchen automatisch in kürzester Zeit zusammenfanden! Da dauerten die erforderlichen dorthin gesendeten „Befehle“ tatsächlich länger als der eigentliche Aufbau! So eine famose Technik ist schon was Edles und sehr Feines für den, der sie hat und beherrscht. Und das tue ich mittlerweile!“ Jetzt waren wir dermaßen beeindruckt, dass wir schon fast ein wenig Angst vor Robby bekamen. Jan meinte

deshalb auch: „Dass das dir nur nicht zu Kopfe steigt und du uns hier noch abhebst! Bleib lieber auf dem Teppich, sonst haben wir zum Schluss noch so viel Respekt vor dir, dass wir dich glatt mit „Sie“ anreden und das willst du uns doch nicht antun, oder?“ „Nee, nee, Jungs! Mann Leute, Jan, Alter, ich versuche doch selbst verzweifelt damit zurechtzukommen! Meine Aufmotzerei durch die Schöpfer, Stalanter und Jawa kam für mich wirklich etwas zu schnell. Der einzige Lichtblick für mich ist der, dass ich ohne die ständige Verbindung zu Zentralrechnern und Datenbänken gar nicht so viel mehr kann und weiß und dann fast der „Alte“ wäre. Also nehmt es mir nicht krumm, wenn ich zukünftig größenwahnähnliche Anfälle habe und ihr mich dann King Robby oder „Eure Majestät“ nennen müsst. OK?“ Bei den letzten Worten musste Robby richtig lachen und steckte uns damit gleich an. Wir lachten alle Fünf mal wieder, dass zumindest uns Vier die Bäuche weh taten und uns vor Lachen die Tränen runterliefen. „OK, OK“, japste Jan nach Luft schnappend, „es musste nur mal gesagt werden!“ Kaum hatte er das gesagt, prustete er schon wieder los und hatte fast einen Lachkrampf. Nur ganz langsam beruhigten wir uns, ständig verzögert durch neu aufkommende kurze Lachanfälle. Aber die Lacherei hatte uns allen gut getan. Irgendwie fühlten wir uns danach alle richtig erleichtert. Wieder ruhiger geworden, schauten wir uns weiter in dem „Büroraum“ um, merkten aber bald, dass sich hier kaum noch was Interessantes-, für uns Verwertbares oder sogar Funktionierendes finden lassen würde.
„Ah, hallo!“ Robby machte einige aufgeregte Gesten, um auf sich aufmerksam zu machen: „Jungs, ich habe gerade eine Info erhalten! Ah ja, das könnte durchaus noch spannend werden. Seid ihr bereit, was Neues zu erleben?“ Klar, waren wir und so stellten wir uns voller Erwartung um Robby auf. Schwups und schon befanden wir uns in einem neuen Gebäude. Bereits der erste Eindruck vermittelte uns erhabene Größe! Alles strahlte hier eine, auf uns beruhigend einwirkende, Gediegenheit und Aufgeräumtheit aus. Der Raum um uns war sehr groß und hatte eine hohe Decke. Man könnte getrost von riesig sprechen. Was uns aber alle sofort leicht schockte, war die Tatsache, dass eine

gleichmäßig helle Beleuchtung vorhanden war, welche uns an das Tageslicht der Erde erinnerte! Wo kam die nur her? Robby drehte sich einmal um seine Achse und meinte dann: „Dieses Gebäude hat eine eigene Energiequelle, die – was uns jetzt sehr hilft – fast noch ewig arbeiten wird. Es handelt sich hier um ein Museum! Hier sind so ziemlich alle Entwicklungsstadien der Ronawa, von ihren Anfängen bis zu ihrem tragischen Ende, zu sehen. Schauen wir uns doch mal um und machen dabei eine kleine Reise durch die Vergangenheit." Robby setzte sich an die Spitze unserer kleinen „Besuchergruppe" und schlenderte gemächlich und sich ständig umschauend, mit uns im Schlepptau, los.
„Ha", rief er dann so plötzlich, dass wir erschrocken zusammenzuckten, „ich habe sogar direkten Kontakt zu dem Zentralrechner des Museums! Auch der arbeitet ohne Probleme. Das ist ja toll! Da können wir alles Gewünschte über die Ronawa erfahren und uns vom Rechner alle interessanten Räume zeigen lassen. Die Ronawa haben offenbar eine sehr ähnliche Entwicklung wie ihr Menschen durchlaufen. Eine Art Steinzeit, Bronzezeit, Mittelalter, Neuzeit, Moderne und schließlich das Raumfahrtzeitalter. Alles so wie bei euch! Was wollt ihr sehen?" Wir waren schon wieder mal perplex und so baff, dass wir erst gar nicht mitbekamen, was Robby von uns wollte. Denn schon wieder – wie so oft in den vergangenen Stunden – war in kürzester Zeit ein Maximum an Neuigkeiten auf uns eingestürmt. Wir kamen ja kaum noch mit! Auch die eigentlich notwendige Zeit, mal was in aller Ruhe zu verarbeiten, fehlte und dauernd! Robby merkte unsere sich nähernde Belastungsgrenze aber sofort und meinte: „Jungs, ihr beschämt mich! Da treibe ich euch ständig von einem Abenteuer zum nächsten und bemerke dabei nicht mal eure ungeheure Anspannung und die Folgen der vergangenen vielen Aufregungen für euch. Sorry, Jungs, manchmal kann ich so ein richtig unsensibler Trampel sein. Kommt mal her!" Wir trotteten zu ihm und Schwupps, lagen wir in äußerst bequemen Liegestühlen in Badehosen an einem traumhaften Strand am Meer! Die Sonne schien, tiefstehend weich und warm und ein kleines Lüftchen sorgte für die exakt richtige Kühlung. Jeder von uns hatte sein Lieblingsgetränk in der

Hand und hörte seine Lieblingsmusik. Sooo konnte man es aushalten! Wir vier waren plötzlich sehr müde, stellten unsere Gläser ab und döselten in einen erholsamen Schlaf mit tollen Träumen. Irgendwann wachte ich auf und schaute zu den anderen rüber. Auch sie wachten gerade auf oder waren es schon. „Mann, Mann, Mann, fühle ich mich wohl!“ rief ich jetzt putzmunter und sprang auf. Ich fühlte mich wirklich wie aufgeladen und gestärkt. Hellwach war ich bereit, weitere Abenteuer zu erleben. Den anderen ging es offensichtlich ebenso. Robby kam zu uns und meinte zufrieden: „Tja, Leute, das war wohl mal notwendig. Wir haben euch von Grund auf runderneuert und so aufgepeppt, dass ihr jetzt so fit wie Turnschuhe seid. Zufrieden mit dem Ergebnis? Und entschuldigt nochmals, dass ich euren „schlimmen“ Zustand nicht rechtzeitig selbst bemerkt hatte.“
Jan beruhigte ihn: „Ach Robby, kein Ding, mach dir keinen Kopf deswegen. Uns geht es wieder prima und so gut wie jetzt fühlten wir uns schon lange nicht mehr. Also was soll's? Wir hätten ja selbst schon viel früher auf einer Pause bestehen können und haben es nicht. Selbst schuld, oder?“ Wir nickten und Robby schien mit Jans Erklärung auch beruhigt zu sein. Nicci fragte: „Du Robby, gibt es hier irgendwo eine Toilette? Ich müsste mal dringend!“ „Ja klar“, antwortete Robby sofort und zack, direkt vor uns erschien ein Toilettenhäuschen, dessen Türe offen stand. Nicci lief sogleich los und verschwand im Häuschen. Wir anderen drei folgten ihm und erleichterten uns ebenfalls. Kurz noch die Hände gewaschen und wir waren zu neuen Erlebnissen bereit. Robby versammelte uns wieder um sich und Schwupps, schon standen wir wieder im Museum der Ronawa! Er scherzte: „Robby an Erdlinge! Was wollt ihr als nächstes sehen?“ Wir mussten uns erst wieder unserer so schnell gewechselten Umgebung vergegenwärtigen und waren noch mit der dazu notwendigen Akklimatisierung beschäftigt, weil unsere Gedanken immer noch am Strand verweilten. Robby versuchte es trotzdem erneut: „Also, was ist, was wollt ihr sehen? Hallo, hallo, halloooo!“ Erst beim letzten Hallo waren wir wieder voll da und Sascha meinte: „Immer langsam mit den alten Leuten, wir sind doch keine D-Züge!“ Jan gab seinen Senf auch noch dazu:

„Komm schon Robby! Gib doch zu, dass du auch ein wenig gestresst warst und von dem Museum hier genauso von den Socken warst, wie wir!“ Nicci ergänzte: „Du hast die angenehme Pause sicher auch benutzt, um dich zu sammeln und mal wieder so richtig aufzuladen. Stimmt's oder stimmt's?“ „Na ja, wo ihr recht habt“, kam es etwas kleinlaut von Robby, „stimmt schon, auch mir hat die Pause gut getan.“ „Na, jetzt ist es raus! Auch unsere Majestät King Robby ist pflegebedürftig!“ frotzelte ich und nach diesem Beitrag von mir mussten wir alle lachen. Es war wieder einmal eines dieser befreienden Lachen, das uns angenehm völlig in die Realität zurückbrachte.
Robby meinte: „Jan hatte schon recht, als er sagte, dass ich wegen des noch voll funktionierenden Museums hier „von den Socken“ war. Denn schon so viele Jahre sind seit dem Aussterben der Ronawa vergangen und ihre Technik funktioniert hier tatsächlich noch einwandfrei. Das ist schon toll und auch für mich überraschend beeindruckend!“ Robby schwieg, schaute uns an und fragte: „Also noch mal, was möchtet ihr nun sehen oder tun?“ Nicci brachte es für uns auf den Punkt: „Das Mittelalter der Ronawa. Mit Rittern, Burgen und so, gibt es das hier zu sehen?“ „Moment!“ Robby verharrte kurz und meinte dann: „Klar, haben wir! Auf geht's!“ Schwups und schon standen wir auf einer großen Wiese vor einem Laubwald, bei uns wäre es etwa Juni gewesen. „Ja, das kommt hin“, bestätigte Robby und fuhr fort: „Das hier ist eine realitätsnahe Projektion vom Museum. Alles fast wie echt. So was haben eure Museen auf der Erde auch bald. Erste Ansätze sind da schon vorhanden. Allerdings haben die Ronawa hier bereits die holografische Variante der Technik benutzt; alles, was ihr momentan seht und noch sehen werdet, sind holografische 3D-Projektionen, aber sehr geschickt mit realer Materie kombiniert! Wir befinden uns jedoch immer noch im Museum, sehen aber alles so, als befänden wir uns direkt im wirklichen Mittelalter der Ronawa! „Geil“, kam es von Nicci. „Cool“, von mir und Jan und Sascha standen mit offenen Mündern still und staunend da. Plötzlich stieß Sascha einen leisen Schrei aus und zeigte in eine Richtung schräg hinter uns. Wir sahen hin und konnten jetzt auch einen Trupp Ritter auf Pferden

erkennen, die geradewegs auf uns zu ritten! Robby beruhigte uns sofort: „Keine Bange, Jungs, wir sind unsichtbar für die und sie sind nur Projektionen! Allerdings wieder teilweise mit materiellen Anteilen. Wir sollten deshalb lieber etwas zur Seite gehen, damit die uns nicht über den Haufen reiten. Wir liefen mehr zum Waldrand hin und machten so Platz für die heranreitenden Ritter. Diese waren nun schon ganz nah bei uns, aber ritten gemächlich vorbei. Sie sahen fast genau so aus, wie Ritter auf der Erde ausgesehen hätten! Auch die Pferde waren den unseren sehr ähnlich. Etwas höher und stämmiger, ja fast dick, aber es waren ganz klar „normale" Pferde! Robby erklärte dazu: „Ich sagte euch ja schon, dass die Ronawa mit ihrer Fauna und Flora den Menschen, Tieren und Pflanzen auf der Erde entsprechen und für euch hier alles sehr ähnlich aussieht. Also nehmt es, wie es kommt und lasst euch nicht so stark davon irritieren. „Du hast gut reden, für dich ist so ein „Kontakt" dein Alltag! Wir aber erleben das alles in dieser Form zum ersten Mal und dazu noch als Jugendliche ohne größere Lebenserfahrung! Da ist so ein bisschen Irritation wohl angebracht, oder?" Jan hatte sich ja richtig in Fahrt geredet! Offenbar wollte er damit aber vordergründig seine eigene Hilflosigkeit und Überraschung besser in den Griff bekommen. „Ja, ja, Jan, ist ja schon gut! Wo du recht hast….., ich werde das zukünftig besser berücksichtigen. Kannst du mir noch einmal verzeihen?" gab sich Robby zerknirscht und reumütig und Jan, der merkte, dass er mit seinem Gepolter etwas überzogen hatte, schnaufte deshalb nur zustimmend und nickte gnädig grinsend.
Während der kleinen Diskussion waren wir den Rittern gefolgt und kamen gerade um den Wald herum, als wir eine wunderschöne Burg – im Sonnenlicht wirkte sie fast zu schön – vor uns sahen. Sie war nicht weit von unserem Standpunkt entfernt und entsprach so ziemlich allen Klischees der irdischen Menschen, die man dort von einer Burgansicht kannte: Wie Camelot hell im Sonnenlicht strahlen! Schwups, schon standen wir am Rand des Marktplatzes in der Burg. Robby informierte: „Wir sind nach wie vor unsichtbar für diese Projektion. Aber aus Sicherheitsgründen habe ich die zu sehenden Leute nur als

Hologramm übernommen, der Boden, die Mauern, die Gebäude und viele der festen Gegenstände sind jedoch wieder mit echter Materie vermischt. Wenn ihr hier mit einer „Person“ zusammenstießt, würdet ihr lediglich durch sie hindurch gehen, bei einer Gebäudewand hingegen würdet ihr „wirklich“ anecken. Also erschreckt nicht, wenn es euch mal passieren sollte.“ Wir schauten uns um und sahen viele Leute in den unterschiedlichsten Kleidungen. Alles wirkte so wie bei uns in Ritterfilmen. Nur waren hier die Leute etwas gedrungener und kräftiger. Alle, auch die Frauen. Robby meinte: „Das liegt an der etwas höheren Schwerkraft als auf der Erde. Der Kern dieses Planeten enthält viel mehr Schwermetallanteile als der der Erde und der ganze Planet ist minimal größer als sie. „Aha, und warum spüren wir nichts davon?“ wollte ich wissen. „Weil wir vom Schiffszentralrechner hierher teleportiert wurden. Der gleicht solche Unterschiede automatisch aus“, antwortete Robby geduldig. Wollt ihr vom Mittelalter noch mehr sehen?“ fragte er, weil er merkte, dass das gerade erlebte nicht so interessant für uns war. „Nö, eigentlich nicht“, meinte Nicci und wir nickten dazu. „Was wollt ihr dann noch sehen?“ Sascha meinte: „Die Raumfahrt wäre interessanter, glaube ich, was meint ihr?“ „Ja, das wird sicher spannender.“ „OK, sehe ich auch so.“ „Mmmm, könnten wir machen“, stimmten wir zu. Schwups und schon standen wir in der Kommandozentrale eines Ronawa-Raumschiffes! Die Zentrale sah ähnlich wie die von Robbys Kugelraumer aus. Steuerpulte und Sitze waren da. Ebenso 3D-Bildschirme. Selbst der Captain-Kirk-Pilotensessel fehlte nicht! In ihm saß der Kommandant und erteilte gerade an seine Crew Befehle. Auf den Bildschirmen konnten wir sehen, dass sich das Schiff im Landeanflug – oder besser im Andockanflug – zu einer größeren Raumstation befand. Schwups, wir standen in der Empfangshalle der Station und konnten auf einem riesigen Bildschirm, neben dem ständig Symbole und Schriftzeichen entlangliefen, zusehen, wie das Schiff, von dem wir hierher teleportierten, gerade im Hangar andockte. Um uns erblickten wir viele Ronawa, die alle geschäftig herumwuselten. Jeder schien hier eine wichtige Funktion zu haben und alle hatten es eilig. Das hätte ebenso gut eine Flughafen-Empfangshalle auf der Erde sein können. „Du Robby“, meinte ich, „so interessant ist das hier auch nicht. Zwar ist alles neu für uns, aber nicht sehr aufregend. Wäre es nicht besser, wir teleportieren zu dem versteckten Schiff der Jawa und machen es für den Start bereit?“ Ich schaute zu den anderen Dreien und zu Robby, um zu sehen, was sie davon hielten. „Klar, das wäre nicht schlecht“, sagte Jan und Nicci und Sascha stimmten nickend zu. Auch Robby schien dieser Meinung zu sein. „Gut, Jungs, kommt zu Papi, wir verkrümeln uns!“ Kaum hatten wir seine Aufforderung befolgt, standen wir auch schon in einer nun wirklich gigantischen Halle! Wir konnten die Wände und die Decke nur ahnen, denn sehen konnten wir sie nicht. Unsere Blicke verloren sich im Nirgendwo, was heißt, dass die Wände und die Decke in einem diffusen, dämmrigen Dunkel unsichtbar blieben. Aber soweit wir sehen konnten – und das Licht war relativ hell – sahen wir eben nur die riesige Halle. Eine größere Wegstrecke vor uns schwebte das große Jawaschiff. Obwohl wir diesen Anblick ja schon kannten, überwältigte er uns erneut und flößte uns gewaltigen Respekt ein. Auch hier schwebte das Schiff ein Stück weit über dem Boden. Durch die Entfernung wirkte es so, als läge es fast auf dem Hallenboden; nur ein scheinbar kleiner Spalt war zu erkennen. Da hier die Halle gewaltig- und die Entfernung zum Schiff größer war, wirkte das ruhig schwebende Schiff schon durch seine pure Größe noch beeindruckender und erhabener als das erste von uns gefundene Schiff. „Das bewirkt die große und helle Halle“, kommentierte Robby, „die vermittelt uns diesen Eindruck der Größe und Erhabenheit. Da geht es mir genauso wie euch! Aber kommt mal alle kurz her, ich zeige euch mal was!“ Robby teleportierte mit uns ein gutes Stück vom Schiff weg zu einer Hallenregion, in der hunderte kleinere Kugelraumer exakt in Reih und Glied aufgestellt waren. Nee, nicht gestellt! Auch sie schwebten alle einige Meter über dem Boden! „Was sind denn das für Schiffe?“ wollten wir Vier sogleich von Robby wissen. „Jungs“, kam seine, stolz klingende Antwort in unseren Köpfen, „das sind sogenannte Explorerschiffe! Also Erkundungsraumer. Jeder dieser Explorer hat einen Durchmesser von rund 30 Metern und wurde mit der modernsten Jawatechnik ausgestattet. Diese Schiffe hier sind alle fast unzerstörbar und können, egal wohin im All teleportieren. Sie haben unerschöpfliche Energiequellen und einen Antrieb, der denen der großen Schiffe in nichts nachsteht! Wir, die Gemeinschaft, haben gerade beschlossen, dass wir fünf ab sofort einen dieser Explorer nehmen. Unser großes Jawaschiff wird von einer anderen Crew übernommen. Es war sowieso ein wenig unhandlich, da sind mir diese kleinen Flitzer schon lieber! Die restlichen Kugelraumer hier sind auch schon alle verplant und werden in Kürze verschwinden. Diese leistungsstarken Kugelraumer wurden mittlerweile auch schon bei mehreren der anderen versteckten Jawaschiffe gefundenen. In nicht allzu ferner Zukunft wird sogar der Erde eines dieser Explorer-Schiffe zur Verfügung gestellt! Ah, Moment, soeben erfahre ich, dass die neue Crew für „unser" Jawaschiff bereits hier an Bord ist und das Schiff abflugbereit macht. So brauchen wir uns nicht darum zu kümmern und könnten, wenn ihr wollt, gleich in „unseren" Explorer teleportieren. OK?" „OK", sagte Jan sofort und wir stimmten nickend zu, „können wir machen. Hier ist ohnehin nichts Interessantes zu sehen."

Robby reagierte aber nicht auf Jans Zustimmung und stand einige Sekunden völlig reglos da, so, als sei er abgeschaltet worden. Besorgt tippte ich Robby ungefähr an die Stelle, die Jan zur „Erweckung" angetippt hatte. Aber Robby bewegte sich schon wieder und meinte: „Keine Sorge, ich war nur eben kurz im Dialog mit einem von mehreren der neuen Zentralrechner, welche die Gemeinschaft bereits zusammen mit den Stalantern und dem hinzugewonnenen Jawawissen erstellt hat. Dieser Kontakt konditionierte mich mal wieder neu. Ich kann ab sofort alle Jawaschiffe – natürlich auch die Explorer – voll bedienen und kenne mich jetzt sehr gut in der Jawatechnik aus. Im Laufe dieser mehrfachen Konditionierungen habe ich übrigens schon zweimal ein total neues Nanotechnik-Gehirn erhalten! Das jetzige hat permanenten Zugang zu allen existierenden Zentralrechnern und die könnte ich selbst für kurze Zeit zu einem Gesamtverbund zusammenschalten! Momentan bin ich noch der einzige Roboter, mit dem so was gemacht wurde! Jungs, mein Wissen ist schier

unendlich und deswegen wäre die neue Anrede „Allwissender" für mich schon angebracht, oder?" Wow, wir waren zum x-ten Mal platt und dermaßen vollgepumpt mit diesen Neuigkeiten, dass keiner von uns auch nur das Wort „Papp" hervorgebracht hätte – geschweige denn „Allwissender"!
Robby weidete sich sichtlich an unserem Staunen und wartete geduldig auf unsere Rückkehr in die Wirklichkeit. „Was ist denn hier überhaupt noch wirklich?" dachte ich verwirrt, „die Gemeinschaft sollte kapieren, dass wir nur vier arme und momentan „leicht" überforderte jugendliche Erdlinge im entwicklungsfähigen Alter waren. Entwicklungsfähig! Das war's!" Und so entwickelten wir uns also in Richtung der gerade angesagten Realität und konnten, ganz langsam, einer nach dem anderen, wieder auf Robby achten. Kurz schoss mir noch der Gedanke durch den Kopf: „Aber auf die Anrede „Allwissender" kann Robby bei mir lange warten, denn allwissend waren die Zentralrechner und nicht dieser „aufgebohrte" Wicht da vor uns!" „Ist ja gut Patrick, ist ja gut!" kam es mal wieder prompt von Robby. Er hatte unsere Perplexität natürlich bemerkt und beruhigte uns mal wieder auf seine ganz spezielle Art: „Ach Jungs, so schlimm ist es doch gar nicht. Wenn ihr bedenkt, dass der Mensch gegenwärtig angeblich nur knapp zehn Prozent seines Hirns benutzt, habt ihr noch genügend Reserven, um all diese so tollen Neuigkeiten „wegzustecken" und in vielleicht zehntausend Jahren zu mir aufzuschließen." Sascha murmelte vernehmlich vor sich hin: „Tja, wenn man es so betrachtet, dann….." „Stimmt", bestätigte umgehend unser Herr Allwissend, „wenn ihr es so betrachtet, kann euch nun nichts und niemand mehr umhauen, oder?" Nicci, sichtlich strapaziert und bestimmt doch noch überfordert, meinte: „Robby, genug vorerst von diesen „so tollen" Neuigkeiten! Lass uns lieber an Bord „unseres" Explorers „gehen" und dort mal verschnaufen! Und die Anrede „Allwissender" kannst du dir gleich wieder abschminken, denn mit fremden Federn schmückt man sich nicht! OK?" „OK, OK", kicherte Robby, „ist angekommen! Nicci, du hast ja recht. Auch die anderen wollen in den Explorer und sich etwas „sammeln". Und, gnädig wie ich nun mal bin, erlaube ich euch natürlich auch

weiter die Anrede „Robby". Also kommt!" Robby nickte nur kurz unmerklich und schon standen wir in der Kommandozentrale des Explorers. Sehr bequeme Sessel schoben sich sachte in unsere Kniekehlen und dann unter unsere Allerwertesten. Wir waren „zuhause"! Neben uns erschienen plötzlich in angenehmer Griffhöhe Tische mit Gebäck und frischem Obst nebst Getränken. Für unser leibliches Wohl war also gesorgt.
Mich wohlig in den Sessel kuschelnd fragte ich Robby: „Du Robby, bevor wir mit was Neuem beginnen, hätte ich da noch eine Frage: Du hast uns schon mehrmals gesagt, dass z. B. schon die Stalanter in der Lage waren, ein ganzes Universum entstehen zu lassen. Wie ist denn so was überhaupt möglich? Billionen von Sonnen mit noch viel mehr Planeten. Das ist unvorstellbar für mich! Wie geht denn das?" Robby schaute nachdenklich vor sich hin und meinte schließlich: „Tja Patrick, mit drei Worten ist das auch nicht erklärt. Aber ich versuche es dir und euch anderen stark vereinfacht so zu erklären: Stellt euch mal eine Glaskugel mit sehr dünner Wandung und rund einen Meter Durchmesser vor. Sie ist mit Flüssigkeit gefüllt. In der Flüssigkeit befinden sich einige tausend sehr winzige Stanniolfolienkügelchen mit bestenfalls einem Millimeter Durchmesser. Jetzt würde die Glaskugel kurz durchgeschüttelt und die Stanniolteilchen verteilten sich dadurch chaotisch in der Flüssigkeit. Danach würde dieser Vorgang „eingefroren" und alle Teilchen blieben dort, wo sie sich in dem Moment gerade befanden. So etwa sähe vereinfacht das Weltall aus. Die Stanniolteilchen stellen dabei jeweils ein Universum dar! Zwischen den Teilchen ist unendlich viel „leerer" Raum. In der Realität ist er jedoch keinesfalls „leer" und auch kein wirkliches Vakuum, sondern es gibt und gab darin immer den kosmischen Staub. Das ist mikroskopisch feine, quasi unsichtbare Materie, die so verteilt auf unendlich viele Milliarden von Tonnen Substanz im All kommt. Die Jawa und die Stalanter und ab jetzt auch wir würden demnach ein einzelnes Universum etwa so „herstellen": Nämlich in einem möglichst freien Raum, weit weg von anderen Universen, platzierten wir einen Massensauger- und Verdichter. Wie diese „Dinger" funktionieren, weiß nur der Zentralrechnerverbund selbst. Ich

aber nicht. Daher ist die Anrede „Robby“ auch die richtige. Aber weiter im Text. Dieser saugende Verdichter saugt nun aus dem Weltall die ihn überall umgebende Materie an. Diese ist, wie ich schon sagte, als sogenannter „kosmischer Staub“ allgegenwärtig. Es würde dadurch auch nicht das Massenverhältnis im All gravierend verändert, weil die neue Masse des neuen Universums, die ja daraus gebildet würde, im fertigen Zustand soweit von den anderen Universen weg wäre, dass keine negativen Störungen zu erwarten wären. Der gesamte Prozess zieht sich zudem über mehrere Milliarden Jahre hin, da gleichen sich ohnehin all die winzigen Massenveränderungen wieder automatisch an und aus. Aber weiter zur Entstehung eines Universums: Nach den vergangenen Milliarden von Jahren hat sich um den Verdichter eine Masse angehäuft, die fast unendlich groß ist, sich aber auf kleinstem Raum befindet. Irgendwann hält die Masse den unendlich großen Druck nicht mehr aus und explodiert. Das ist dann ein Urknall. Ab da breitet sich die Masse aus, kühlt ab und bildet durch die eigene Anziehungskraft Anhäufungen. Diese Anhäufungen werden zu Galaxien, in denen es dann wiederum zu Anhäufungen kommt, aus welchen schließlich Sonnensysteme entstehen. Betrachtet man schließlich das Ganze nach rund zwölf oder fünfzehn Milliarden Jahren, hat man ein fertiges Universum, das aber immer noch langsam expandiert. So einfach ist das! Nach weiterer unendlicher Zeit ist die Gesamtfliehkraft im Universum jedoch aufgebraucht. Die Expansion kommt zum Stillstand, kehrt sich um und die Masse stürzt durch ihre eigene Anziehungskraft wieder in sich zusammen. Und der ganze Prozess beginnt von neuem, nur diesmal ohne Verdichter, denn der wurde beim Urknall ebenfalls zu kosmischer Materie zerpulvert. Man spricht dann von einem pulsierenden Universum. Durch die viel weiter entwickelte Nanotechnologie der Jawa und ihren fertigen Bauplänen für Universen, gepaart mit ihrer sehr fortschrittlichen Quantenphysik, ging dieser Vorgang aber wesentlich schneller! Die Jawa konnten in nur wenigen tausend Jahren komplette Universen erschaffen, hörten damit allerdings auf, als die Urmasse des Alls zu ausgedünnt wurde und dadurch die

Abstände von einem Universum zum nächsten zu groß wurden. In der Endphase ihrer Erschaffung neuer Universen bildeten sie deswegen eine neue Energieform aus, die in eurer Zeit von den Astronomen der Erde auch als „dunkle Energie“ bezeichnet wird und die höhere Vakuumbildung mangels Masse durch Energie ersetzen sollte. Das führte aber dummerweise dazu, dass sich das Universum etwas schneller als geplant ausdehnte und die Zeit bis zum wieder zusammenfallen um mehrere Milliarden Jahre verzögerte! Die Jawa vertraten auch die These, dass es mehr als nur ein Weltall gäbe und zu diesen „passend“ noch die Antimateriekosmen! Aber bewiesen wurde das bisher noch nicht. Patrick, Jungs, reicht euch diese „kurze“ Einführung in die Herstellung eines Universums?“
Wieder einmal standen unsere Münder zwar offen, waren aber sehr still. Robby schaffte es locker immer wieder, uns sprachlos zu machen. Endlich kam ein gedehntes „na ja, Robby, wenn man es so sieht, ist es ja wirklich einfach“, über meine Lippen. „Aber vorstellen kann ich es mir nicht wirklich!“ Auch die anderen schauten eher zweifelnd als verstehend. Aber Robby wischte unser Unverständnis mit einer Handbewegung weg: „Jungs, macht euch keinen Kopf, ich verstehe es auch nicht richtig und wollte euch nur grob das Prinzip erklären. OK?“ „OOK“, meinte Jan gedehnt, lassen wir es vorerst dabei, bis wir Menschen das auch mal können, so in rund dreißigtausend Jahren schätze ich. Käme das hin, Robby?“ „Jan, sogar ganz exakt!“ kicherte Robby, „in genau dreißigtausend Jahren ab jetzt erschafft die Menschheit ohne fremde Hilfe ihr erstes selbst gemachtes Universum. Dann versteht ihr es auch und könnt mitreden. OK?“ „OK, Robby, hast ja recht, lassen wir das jetzt und wenden uns dem zu, was du ohnehin mit uns vorhattest“, meinte ich verlegen. Verlegen deshalb, weil ich zum x-ten Mal erkannte, wie wenig wir Menschen wussten.
Robby hingegen, mit seinem annähernd unendlichen Wissen – solange er mit einem Zentralrechner im Kontakt war – müsste uns ja eigentlich für ziemliche Deppen halten. „Nee, nee, Patrick“, kam es sofort von Robby, „ich halte hier niemanden für einen Deppen und euch schon gar nicht! Was ihr, immerhin in so

extrem kurzer Zeit, alles bis jetzt weggesteckt habt und dabei nicht durchgedreht seid, das grenzt schon an ein Wunder! Zudem war ich ja auch mal „jung“ und „unerfahren“ und habe auch seitdem unaufhörlich dazugelernt. Na ja, dafür hatte ich zugegebener Weise auch mehr Zeit. Aber lassen wir doch diese trüben Gedanken und machen das, was ich – gemäß Patricks Ansage – die ganze Zeit ohnehin mit euch vorhatte. OK?“ Den letzten Satz hatte Robby laut an uns alle gerichtet. „Ja“, meinte Jan etwas bemüht enthusiastisch, „sag uns einfach, was du noch so auf der Pfanne hast!“
Robby stutzte kurz, nickte dann grinsend und sagte: „Was ich auf der Pfanne habe, das ist gut, gefällt mir! Jan, hast du da Lizenzrechte drauf?“ Bevor Jan reagieren konnte, fuhr Robby schon fort: „Also, unsere gemeinsame Reise geht langsam dem Ende zu. Schließlich müsst ihr ja auch mal wieder nach Hause. Aber, da Zeit bei uns bekanntlich relativ ist und somit keine zwingende Rolle spielt, könnten wir vor eurem „Heimflug“ noch so einiges machen. Die Gemeinschaft hat z. B. den Planeten ausfindig gemacht, auf dem die Jawa ihre riesigen Raumschiffe bauten und noch bauen! Ja, Jungs, noch bauen! Die Stalanter waren mal kurz dort und berichteten, dass die Herstellung dieser Riesenschiffe nicht aufgehört hat. Auf dem Planeten – oder besser den Planeten, denn weitere werden dazu in dem System vermutlich als „Parkplätze“
genutzt – schweben mehrere davon. Offenbar, zumindest schon äußerlich, fertiggestellt. Wiederum andere würden sich gerade im Aufbau befinden. Also, wenn ihr wollt, könnten wir einen Abstecher dorthin machen. Als Alternative wäre auch drin: Der Heimatplanet der Jawa wurde ebenfalls entdeckt. Oder auch hier besser, das Heimatsonnensystem, denn es besteht aus acht Planeten, welche – offenbar künstlich – so in einer Umlaufbahn um die Sonne dort angeordnet wurden, dass alle das exakt gleiche Klima haben und die gleichen Tages- und Nachtzeitlängen. Auch die Sonne wurde von den Jawa modifiziert und gibt eine konstante, lebensfreundliche Wärme auf jedem der acht Planeten ab. Soweit unsere Schöpfer und die Stalanter herausgefunden haben, wurde das jeweilige Klima auf den Planeten, einheitlich

nach den Wünschen der Jawa, von ihnen beeinflusst und gesteuert. Die Technik der Jawa kannte wirklich kaum noch Grenzen! Also, ich biete euch an: Entweder ihr wünscht je nur den Werftplanet- oder das Heimatsystem der Jawa zu sehen, oder beides. Kommt auf eure Restbelastbarkeit an, was verkraftet ihr denn noch so, ohne mir vom Hocker zu kippen?"
Wir räkelten uns in unseren Sesseln, schauten uns gegenseitig an und schließlich meinte Sascha: „Tja Robby, so wie es aussieht, haben wir Vier noch Saft und Kraft und Neugier so reichlich, dass wir uns beides „geben" wollen. Ist das OK für dich?" „Klar", konterte Robby, „schließlich habe ich das ja gerade selbst vorgeschlagen, ihr Hirnis!" „Eben, eben", kam es von Nicci, „dann jib mal Jas Justav, wir kommen ins Jebirge!" „Was?" Robby schaute erst leicht verwirrt, prustete dann aber lachend los: „Ah, ja, eure Rheinländer! Die sprechen ja für ein G ein J! Lustiger Spruch, Nicci, wurde von mir bereits im Zentralrechner gespeichert! Tja, dann werde ich wohl mal Jas jeben." Zack, wir schwebten direkt neben einem Planeten, der, was auch sonst, natürlich wie unsere Erde aussah! Robby hatte große Teile der Außenwände unsichtbar werden lassen. Zusätzlich zeigten riesige Bildschirme, die ihre Blickwinkel permanent unseren Wünschen anpassten, das Geschehen um uns rum. Dieser Explorer war technisch wirklich vom Feinsten! Robby labte sich mal wieder an unserem Staunen. Es war ja für uns schon etwas gewöhnungsbedürftig und auch ängstigend, wenn man zwischen sich und dem All „draußen" so gar keine Barriere mehr hatte! Aber es war ein grandioser Ausblick, der uns für all diese kleinen Unannehmlichkeiten reichlich entschädigte.
Wir schwebten direkt neben einem der äußerlich fertigen Jawariesenraumer. Mit einem leichten Goldschimmer glänzte er im milden Licht der Sonne. Seine chromartige Oberfläche war makellos. Etwas weiter dahinter und auch auf der anderen Seite sahen wir etliche weitere dieser Riesenschiffe majestätisch ruhig im Raum schweben. Robby erklärte dazu kurz: „Wir wissen mittlerweile, dass diese Schiff unendlich weiter gebaut werden. Alle sind dann jeweils innen und außen völlig fertig gestellt und warten, unweit von hier im Raum deponiert, auf ihre

Besatzungen! Ja, Jungs, die Jawa haben weit, sehr weit über ihr eigenes begrenztes Leben hinausgedacht! Alle diese Superraumschiffe sind für Lebensformen gedacht, die in der Lage sind sie zu benutzen! So, wie die künstlichen Stalanter und wir mit Hilfe organischer Intelligenzen, wie z. B. euch Menschen. Ja, ich erfuhr soeben, dass eines der Schiffe bereits für die Menschheit reserviert wurde. Und, das Tollste ist dabei, dass ich dann euer Mentor sein werde! Aber bis dahin werden noch einige Jährchen ins Land gehen und, da diese Superraumer eh für die Ewigkeit gebaut sind und niemand sie zerstören kann, ist die Zeit mal wieder relativ. Jungs, auf die Menschen kommen aufregende Zeiten zu!“

Wir Vier standen mal wieder, wie schon so oft in den vergangenen Stunden, barfuß da, weil wir von den Socken waren. Robby, immer Witzbold wenn's passt, ging uns der Reihe nach ab und klappte jeweils jedem die Kinnlade wieder hoch. Nicci fasste sich diesmal als Erster: „Was sagst du da, Robby, wir Menschen bekommen so einen Superraumer? Einfach so? Das ist ja irre geil!“ „Cool“, kam es etwas seichter von Sascha und mir. Jan starrte immer noch entgeistert Robby an und meinte dann, sichtlich um Fassung ringend: „Mensch Robby, was erzählst du uns da? Dann würden wir ja jetzt schon in die Gemeinschaft aufgenommen! Oder?“ Robby war etwas verlegen: „Ja, Jan, so ist es und ich danke dir für das „Mensch Robby“! Das ist das größte Lob für mich, glaube mir! Aber es stimmt, die Menschheit soll tatsächlich – allerdings erst nach einem, einige Jahre dauernden, Crashkurs – in die Gemeinschaft integriert werden und darf spätestens dann das Jawaschiff für ihre eigene Erforschung des Alls benutzen! Zudem habt ihr dann auch noch diesen Explorer hier. Auch der bleibt euch erhalten. So ist es geplant und so sei es!“ schloss Robby leicht pathetisch ab. In diesem kurzen Moment kam uns Robby fast wie ein Gott vor! „Sachte Jungs“, wiegelte er sogleich ab, nicht ich habe das alles beschlossen, sondern diese positiven Entscheidungen traf für euch die Gemeinschaft. Der müsst ihr irgendwann mal dafür danken. Ich bin nur ein kleines Licht, welches euch den Weg aus der Finsternis ausleuchten soll, mehr nicht!“ „Du, Robby“ hakte ich ein, „von wegen kleines Licht, du Kasper, ich sehe da anstelle des „kleinen Lichtes“ eine hell strahlende Sonne am Horizont und die leuchtet uns Umnachteten alle möglichen Wege aus!“ „Danke, Patrick“, kam es bescheiden von Robby, „genau das wollte ich hören und es hat mir sooooo gefehlt!“ Geschickt wich er einem von mir geworfenen Kissen aus und grinste dabei über sämtliche Backen.

„So, nachdem wir hiermit alle Klarheiten beseitigt haben, können wir uns ja mal die Fabrikation dieser Raumer ansehen, OK?“ „Klar, machen wir doch glatt, da kennen wir nix!“ stimmten wir sofort zu. Und schon schwebte unser Explorer direkt über einer „Werft“, in welcher offensichtlich gerade einer der Jawasuperraumer gebaut wurde. Robby erklärte: „Jungs, schaut euch das an! Immerhin sind die Jawa schon seit einer kleinen Ewigkeit ausgestorben und ihre Raumschiffproduktion läuft, als wären sie erst gestern verschwunden! Aber ihre Technik repariert und optimiert sich – noch viel effektiver als unsere – ständig selbst und würde noch in den letzten Tagen des Universums funktionieren!“ Neben uns im Raum schwebten weitere teils fertige und teils noch nicht fertige Schiffe. Auch mehrere Kugelraumer in unterschiedlichen Größen hingen wie angenagelt im All. Robby meinte dazu: „Die kleineren Kugelraumer, die mit den rund zehn Metern Durchmesser, das sind modernste Beobachtungsschiffe. Die werden unsichtbar um neu entdeckte Planeten mit intelligenten Lebensformen verteilt, um sie zu beobachten und den Stand ihrer Entwicklung zu ermitteln. Aus dem Grund war ich ja auch damals bei euch, mit einem zwar veralteten, aber ähnlichen Raumschiff, das ihr ja kennt. Es ist von der Gemeinschaft geplant, davon, zunächst auch unsichtbar, nun rund fünfzig von diesen moderneren hier um eure Erde zu positionieren. Dann, nach einer gewissen Beobachtungszeit, wird entschieden, wie wir möglichst bald die Integration der Menschen in die Gemeinschaft am besten bewerkstelligen. Ah, Moment, ja, gerade erfahre ich, dass diese Aktion bereits läuft! Die kleinen Schiffe sind schon alle um die Erde verteilt und erfassen alles Notwendige für die Beurteilung durch die Gemeinschaft.“

„Na toll“, meinte Jan, „dann sind wir Menschen also für die Gemeinschaft so was wie Zootiere, die begafft werden?“ „Ach Jan“, Robbys Stimme klang leicht traurig, „sieh es doch bitte nicht so, das wäre ungerecht. Immerhin wollen wir die Menschheit der Erde so rasch wie möglich in unsere Gemeinschaft aufnehmen. Aber ihr seid nun mal noch nicht so weit. Noch sind die Menschen, pauschal gesehen, leider noch viel zu egoistisch, habgierig und leider auch zu dumm. Die meisten Menschen sind doch nur auf ihren Vorteil bedacht, ohne Rücksicht auf andere. Die wird von uns aber ganz besonders gewichtet! Denn nur mit Toleranz und gegenseitiger Rücksichtnahme kann die Gemeinschaft auf Dauer existieren. Da passt der Mensch in seiner momentanen Entwicklungsform noch nicht dazu. Er lebt viel zu sehr nach der Frage: Was bringt mir das? Und das ist eben nicht gerade von Vorteil. Aber wir arbeiten schon daran. Das wird!“ „Was meinst du mit „das wird“?“ griff Nicci den letzten Satz auf. „Passt auf, Jungs, ich erkläre es euch“, meinte Robby gönnerhaft: „Intelligente Lebensformen, welche die Gemeinschaft neu aufnehmen möchte, werden erst beobachtet und ihre Entwicklung untersucht. Dann werden die „kleinen“ Überwachungsraumer um ihre Planeten verteilt. Es wird weiter beobachtet und untersucht, bis die Gemeinschaft glaubt herausgefunden zu haben, welche Übel korrigiert werden sollten und wo Gutes verbesserungswürdig ist. Das ist, vor der endgültigen Aufnahme, die letzte Phase. In ihr werden schlimme Missstände beseitigt und positive Entwicklungen gefördert und beschleunigt. Kurz, wir passen die Lebensform eben dem Mindeststandard der Gemeinschaft an. Obwohl das eigentlich nicht richtig ist, weil es einen unerlaubten Eingriff in Entwicklungen von Lebensformen bedeutet, entschloss sich die Gemeinschaft vor langer Zeit zu dieser Vorgehensweise, weil letztlich die geförderte Lebensform dabei immer nur gewinnt! Verloren gehen – was ja auch von allen Beteiligten gewünscht wird – nur die offensichtlich negativen Entwicklungen und werden im Ausgleich durch klar verbesserte und positivere ersetzt. Da dann in der Regel der Gewinn größer als der Verlust ist, haben alle etwas davon. Bei euch Menschen sind wir der

Ansicht, dass ihr ganz gut auf Egoismus, Gier, Kriminalität, Rücksichtslosigkeit, Selbstsucht usw. usw. verzichten könntet, wenn im Gegenzug dafür Rücksichtnahme, Anteilnahme, Hilfsbereitschaft, Toleranz, Menschlichkeit im guten Sinne, Freundschaft und... und... und... gewonnen würde. Oder Jungs, wie seht ihr das?“
Wir schauten uns nachdenklich an und Sascha meinte schließlich, für uns Drei gleich mit antwortend: „Wo du recht hast, Robby, hast du recht.“ Ich steuerte bei: „Wir haben nichts dagegen, wenn die Menschheit ihre schlimmsten Übel verliert und dafür Gutes gewinnt.“ Jan, Nicci und Sascha nickten dazu. Nicci fragte Robby: „Wann wäre dieser Prozess denn dann abgeschlossen?“ Robby wartete einige Sekunden, bevor er antwortete: „Ich habe das gerade nachgefragt und erfahren, dass hier mit rund fünf Jahren Anpassungszeit gerechnet wird. Das ist im Verhältnis zu diesen Vorgängen gesehen, ein sehr kurzer Zeitraum. Beweist aber letztendlich nur euren jetzt schon höheren Entwicklungsstandard und eure sagenhafte Anpassungsfähigkeit an Neuerungen.“ „Da kannst du mal sehen“, meinte ich und musste lachen, weil Robbys Beurteilung so angenehm für uns war. Nach einigen Sekunden lachten wir alle befreiend und heftig, was, wie schon so oft in den letzten Stunden, am besten unsere Anspannung löste. Robby schien ebenfalls mit der Situation sehr zufrieden zu sein und fragte: „Wollt ihr jetzt mehr von der Raumschiffherstellung da unten sehen oder reicht euch das hier und wir fliegen zu einem der Heimatplaneten der Jawa?“ Wir schauten uns an und Jan meinte: „Ja, das hier reicht uns, wir verstehen ja ohnehin fast nichts davon und können nur staunen. Lass uns zu dem Jawaplaneten teleportieren.“
Schwups, wir schwebten über einem wunderschönen Planeten! Alles wirkte auf den ersten Blick harmonisch und sprach uns Vier positiv an. Der Planet – Robby hielt das Schiff in einer guten Betrachtungshöhe – sah tatsächlich wie die Erde aus! Nur stimmten hier einfach alle Proportionen und Farben dermaßen gut, dass wir unwillkürlich ergriffen waren. So etwas Schönes hatten wir noch nie gesehen! Ein glückliches Gefühl bemächtigte sich unser und wir schauten versunken auf diese unglaublich

schöne und perfekte Welt hinunter. Es war so, als käme man von einer äußerst strapaziösen Reise, mit vielen Entbehrungen, in ein über alle Maßen schönes, gemütliches und friedliches Heim zurück! Nur, dass uns diese Welt da unten viel, viel mehr von einem, alles durchdringenden, Wohlgefühl vermittelte, als wir jemals beschreiben könnten. Robby ließ das Schiff weiter sinken und dann langsam über die Oberfläche gleiten. Wir sahen saftig grüne, leicht hügelige Wiesen, blau glitzernde Flüsschen und gewundene Bachläufe, dichte sattgrüne Wälder und „Ortschaften"! Diese waren auf den ersten Blick kaum als solche zu erkennen, weil die „Häuser" sich sanft und optimal der sie umgebenden Landschaft anpassten. Oft sahen wir nur die in hellen fröhlichen Farben gestrichenen Fassaden. Der Rest der „Häuser" ging nahtlos in die Umgebung über. Straßen, Wege, Zäune, Leitungen, einfach alles Störende fehlte hier. Robby ließ das Schiff nochmals tiefer sinken. Jetzt konnten wir kleine Roboter oder besser Maschinen erkennen, die offensichtlich der Landschaftspflege dienten. Auch mehrere „Tiere" erkannten wir jetzt. Das „Sonnenlicht" tauchte alles in ein sehr angenehmes, gelbweißliches Licht und unterstrich die Postkartenansicht noch. Die gesamte Szenerie da unten hatte uns mächtig ergriffen, zog uns förmlich in ihren Bann. Robby beobachtete unsere Reaktionen und er grinste dabei mal wieder sehr zufrieden vor sich hin.

„Jungs", sagte er dann, „was ihr hier seht, war die im gesamten Weltall am höchsten entwickelte Lebensweise. Straßen oder überhaupt nur eine einzige Umweltverschmutzung werdet ihr hier nicht finden. Die Jawa waren dermaßen hoch entwickelt, dass sie nur noch ihre Lebensqualitäten verbesserten und so alles Unangenehme eliminierten. Das merkt man selbstverständlich alleine schon beim Ansehen ihrer Welt. Ihre gesamte Technik – abgesehen von diversen Pflegeeinheiten usw. – befindet sich völlig schadlos im Inneren des Planeten und wird, wie ja auch ihre Werften, bis ans Ende aller Zeiten ihre Heimatwelt erhalten. Wenn ihr wollt, können wir uns gerne mal alles aus der Nähe ansehen und auch in ihre „Häuser" schauen. Hättet ihr Lust dazu?" Klar hatten wir die! Und schon standen wir auf einem

Vorplatz eines der „Häuser“ und sahen uns um. Die Luft war äußerst sauber und trug einen sehr angenehmen leichten Duft von Wäldern und Wiesen mit sich. Da wir Menschen ja entfernte Abkömmlinge der Jawa sind, war unsere Physis mit der ihren immerhin artverwandt. Die Luft der Erde und diese Luft hier waren in etwa gleich, nur war diese hier wesentlich reiner. Luftverschmutzungen, egal, welche auch immer, fehlte in dieser Atmosphäre völlig! Wir schauten uns neugierig um und waren von der Sauberkeit und dem sehr gepflegten Zustand überrascht. Robby hakte sogleich ein: „Leute, denkt doch nur mal an den einen Fakt, dass dies hier alles schon gute zwölf Milliarden Jahre so existiert – etwa eben seit der Zeit, als die Jawa verschwanden – und es wurde nichts zerstört oder beschädigt! Alles ist noch da und funktioniert wie damals. Vielleicht bekommt ihr jetzt ein ganz kleines Gefühl für die sagenhafte Technik und das immense Wissen der Jawa. Was, bitte schön, könntet ihr euch vorstellen, was über zwölf Milliarden Jahre Bestand hätte? Selbst mir und der Gemeinschaft fällt da nicht sehr viel dazu ein! Alleine die unglaublich fortschrittliche und effiziente Nano- und Quantentechnologie, die die Jawa hatten! Alles quasi unsichtbar, aber extrem wirksam!“ Robby steigerte sich förmlich in diesen Lobgesang auf die Jawatechnik rein. Er fuhr fort: „Es ist wirklich für alle Beteiligten unfassbar, was die Jawa damals – und mit „damals“ meine ich jedes Mal einen Zeitraum von gut zwölf Milliarden Jahren – schon alles konnten, hatten und wussten! Schaut euch doch nur mal hier um! Alles wirkt, als wären die Besitzer nur mal eben zum Einkaufen weg und jeden Moment wieder da. Alleine die Technik der Pflege und Erhaltung ihrer acht Heimatplaneten übersteigt alles bisher Dagewesene! Gerade erfahre ich vom Zentralrechner, dass dieses gesamte – immerhin fast gänzlich künstliche – Sonnensystem mit den acht Planeten und der modifizierten Sonne, von einer gigantischen und unsichtbaren Schutzkugel, weit draußen im Weltall, umgeben ist, die keinerlei Zerstörung von außen zulässt. Selbst eine Supernova oder ein schwarzes Loch in unmittelbarer Nähe könnte dem Schutzschirm nicht das Geringste anhaben! Tja, und noch etwas ist ein weiterer Beweis für den hohen Stand der Jawa: Dass wir

überhaupt hierher teleportieren konnten – was ja immerhin im ersten Moment ihren Schutzschirm unwirksam erscheinen lässt – ist die Tatsache, dass ihr vier Menschen offenbar als berechtigte Besucher anerkannt worden seid und, dass von euch keinerlei Gefahr ausgeht! Sagenhaft, so was, ich fasse es nicht! Jungs, die Technik und das Wissen der Jawa sind im wahrsten Sinn des Wortes unfassbar! Wenn Robby das schon so sah – immerhin kannte er wesentlich üppigere Techniken als wir – zählte seine Euphorie doppelt! Wir waren von seiner Schwärmerei für die Jawa echt beeindruckt und versuchten, das Gehörte erst mal zu verdauen.
Schließlich wollte Jan wissen: „Du, Robby, können wir auch in die Häuser oder sind die geschützt? Außerdem würde ich das doch noch gerne etwas genauer wissen, warum wir nämlich so „ohne Weiteres“ hierher kommen konnten, denn immerhin – mal ganz davon abgesehen, dass wir Vier hier organische „Spätestnachkömmlinge“ der Jawa sein sollen – bist du ja künstlich und unser Schiff könnte schon bedrohend wirken, oder?“ Robby erwiderte sofort: „Ja, weißt du, Jan, das ist tatsächlich etwas verzwickt! Die Jawa haben so ziemlich alles vorausbedacht, bevor sie endgültig ausstarben. Sie lassen nur „Einreisen“ auf ihre Heimatwelten zu, wenn die „einreisewillige“ Lebensform ihren Ansprüchen genügt. So z. B. muss diese Lebensform aus ihrer „Produktion“ entstanden sein. Das wird offensichtlich per Gentests usw. ermittelt. Man muss auch ein bestimmtes geistiges Niveau haben und natürlich die Technik der Teleportation beherrschen, denn „durchfliegen“ kann man den Schutzschirm tatsächlich nicht. Bei diesen „Auswahlkriterien“ tolerieren die Jawa aber auch, dass künstliche Intelligenzen die organische Lebensform unterstützten. So, wie bei uns hier: Ihr erfüllt offenbar den, für ein Betreten dieser Welten zwingend notwendigen, organischen Part und ich „darf“ euch technisch mit meiner künstlichen Intelligenz dabei helfen. So kompliziert einfach ist das. Zumindest wissen wir – die Gemeinschaft eben – recht gut, dass die Jawa sehr genau darauf achteten, ein sicheres Verfahren zu entwickeln, welches die Zutritte auf ihre Heimatwelten prüft. So wären z. B. die Stalanter

alleine, die ja jetzt nur noch künstlich sind – wie auch wir „Robbys“ – niemals bis hierhergekommen! Nur, wenn einer „ihrer“ Schöpfer – also auch eine organische Lebensform, welche die Jawa schon recht früh „kreiert“ hatten – noch dabei sein könnte, dürften sie es. Die jetzigen rein künstlichen Stalanter kennen ja selbst nicht einmal ihre ursprünglich menschenähnlichen und organischen Erzeuger! Sie glaubten lediglich, dass sie sich – so dachten sie immerhin bis vor kurzem – schon immer und ewig selbst hergestellt haben. Allerdings schon mit der Ahnung, dass vor „ihrer“ Zeit „Jemand“ existiert haben musste, der ihr Schöpfer war. Wie bei den Menschen Gott, der die Welt und sie erschuf. Diese ganze momentane Situation hat den Stellenwert der Menschheit, im Verhältnis zur Gemeinschaft, extrem gesteigert! Nach allem gesicherten Wissen über euch Menschen können wir sagen, dass ihr die einzige Lebensform seid, die der von den Jawa geplanten Entwicklung am nächsten kommt! Ihr seid damit sozusagen das Beste aller gewünschten Ergebnisse! Diese Erkenntnis hat bei der Gemeinschaft ja auch bewirkt, dass die Menschheit jetzt schon in ihr aufgenommen wird und – diese Aktionen laufen bereits – dabei euer Wissenszuwachs und Technikschub früher als gedacht begonnen hat.“ Robby, sichtbar davon beeindruckt, denn er hatte das gerade erst selbst erfahren, schwieg eine Weile und auch wir waren nicht in der Stimmung für Kommentare.

Dann aber fuhr Robby etwas fröhlicher fort: „Dazu ergänzend kann ich euch noch etwas sehr Erfreuliches sagen: Ursprünglich war ja angedacht, dass ihr von mir wieder – ohne Zeitverlust – auf der Streuobstwiese in Kist abgesetzt werden solltet und euch dann nur noch per Traum an die erlebten Ereignisse hättet erinnern können. Das hatte ich euch ja so auch schon mehrmals erklärt. Nun hat sich aber alles so überraschend schnell verändert, dass die Gemeinschaft für euch Vier beschlossen hat, dass ich euch zwar zur vorgesehenen Zeit absetze, aber bei euch bleibe. Ihr behaltet euer Wissen über diesen Trip und ich beginne sofort mit meinem mentorischen Wirken bei euch Menschen! Na, was sagt ihr nun? Ist das was oder ist das was? Ja oder Ja?“ Na ja, sagen konnten wir erst mal gar nichts! Denn unsere Unterkiefer hatten sich verselbständigt und hingen weit herunter. Offener konnten Münder vor Staunen nicht sein! Zudem fehlte jedem auch die Spucke, denn die war uns allen glatt weggeblieben! Wie und was sollten wir denn da sagen? Robby machte erneut seinen Rundgang und klappte, durch die viele Übung routiniert, unsere Kinnladen wieder hoch. „Na, Jungs, was ist?“ fragte er dann mit Unschuldsmiene. Nur mühsam und langsam konnte ich mich auf Robby und seine Frage konzentrieren: „Was ist? Was ist, fragst du uns? Mann Robby, das war jetzt aber wirklich etwas zu viel auf einmal! Denk doch bitte auch mal an die mickrigen und popeligen neunzig Prozent unseres Hirns, die für so viel Wissenszuwachs noch gar nicht „freigegeben“ worden sind! Sowas haut uns doch glatt vom Schlitten!“ Unwillkürlich musste ich selbst über mein Geplapper grinsen. Auch die anderen Drei hatten sich offensichtlich wieder gefunden und nickten, ebenfalls grinsend. „Robby“, meinte Sascha, „du musst mit uns armen Erdlingskindern sachter und zarter umgehen. Sonst haut uns deine Erklärung der Sachlage doch noch von den Socken und, Alter, dann riskierst du nicht nur blaue Flecken als Verletzung unseres Egos!“ Wow, so eine geschraubte Ansage hätten wir von Sascha gar nicht erwartet! Der kann ja echt cool reden. Geil. Aber wir nickten fast schon automatisch zu dem was er gesagt hatte und Jan wollte von Robby wissen: „Du, Robby, für wann ist denn unsere Heimreise geplant? Schließlich wollten wir ja hier noch die Jawahäuser von innen sehen. Zumindest eins reicht aber für mich, denn ich bin etwas müde und ziemlich geschafft. Ich weiß nicht, wie es bei euch Dreien damit steht, aber wir sind nach der letzten Pause schon wieder einige Stunden unterwegs und ich könnte eine kleine Erholung jetzt gut gebrauchen. Eine Runde Schönheitsschlaf wäre doch bestimmt drin, oder?“

Wir nickten wieder dazu und sahen Robby fragend an. Der meinte leicht besorgt klingend: „Jungs, ihr habt ja recht! Zwar könnten wir noch eine ganze Weile so weiter rumstromern, weil ich auch ohne Schlaf aktiv halten könnte, aber was Jan vorschlug ist sinnvoll. Eine echte Schlafpause würde euch gut regenerieren und gäbe mir auch die Möglichkeit, mich von der Gemeinschaft nochmals weiter verbessern zu lassen. Die haben schon länger meinen Wartungstermin auf ihrem Kalender und zudem soll ich auch noch besser auf meine Mentorzeit auf der Erde vorbereitet werden. Immerhin soll ich die Menschheit ja in ihre neue Zukunft führen und begleiten!“ Robby hatte sich bei dem letzten Satz gereckt und redete dann weiter: „Also, lange Rede kurze Frage; was wollt ihr jetzt lieber: Entweder gleich ein Jawaheim besichtigen oder erst mal eine Runde pennen?“ Wir schauten uns an und Nicci meinte: „Ich, oder besser wir, glauben, dass eine sofortige Pause nötiger ist. Geht das, Robby?“ „Klar geht das“, antwortete Robby grinsend, „Moment!“ Zack, schon waren wir wieder an Bord des Explorers. Robby wies uns sehr komfortable Suiten zu, mit Bad und allem, was wir Menschen als angenehme Schlafstätte bezeichnen würden. Ein sehr bequemes Bett lud uns ein, in ihm zu schlafen. Unwillkürlich gähnte ich, was dazu führte, dass die anderen Drei auch sofort gähnten. Robby, der Witzbold, gähnte auch demonstrativ und so verzogen wir uns einzeln in die vorbereiteten „Schlafräume“: „Gute Nacht zusammen“, riefen wir einander noch scherzhaft zu und schon schlossen sich die Türen hinter uns. Wir schliefen den Schlaf der Gerechten!

Ein leises Zirpen weckte mich. Wohlig und gut ausgeschlafen räkelte ich mich, ging dann ins Bad und duschte mich frisch. Meine Kleider waren tipp topp gewaschen und gebügelt – ja, sahen fast wie neu aus – und lagen auf einem Stuhl in dem geräumigen Badezimmer bereit. Nachdem ich mich angezogen hatte, ging ich zurück in die Zentrale. Hier waren schon Nicci und Jan vor mir da. Sascha kam auch gerade aus seinem Zimmer. „Na, Jungs, gut geschlafen?“ Robby grinste uns an und fuhr fort: „Während der Zeit, in der ihr so erholsam geschlafen habt, bekam ich von der Gemeinschaft eine komplette „Runderneuerung“ verpasst. Mein innerer Antrieb ist nun vom Feinsten des Feinsten und funktioniert nun ewig! Mein Gehirn wurde nochmals erneuert und mein Körper generalüberholt und damit gleich auf den neuesten Stand der Technik gebracht. Na, wie gefalle ich euch?“ Wir bestaunten Robby, als er sich kokett vor uns drehte und wendete. Er schimmerte jetzt silbriggold und schien geschmeidiger zu sein. Seine Augen strahlten und vermittelten

den Eindruck unendlicher Weisheit! Ja, Robby war ein fast völlig neuer Robby geworden! Er grinste, jetzt dabei richtig menschlich wirkend, noch gekonnter und zufriedener als vorher und meinte: „Wie ich sehen kann und in euren Gedanken lese, seid ihr mit dem Ergebnis meiner Überholung zufrieden. Ich auch!" „Klar, Robby", meinte Jan, „so gefällst du uns schon besser, aber vorher hatten wir ja auch nichts an dir auszusetzen!" „Danke, Jan, dieses Lob schmiert meine rheumatischen Gelenke und gibt mir die Kraft, euch mitzuteilen, dass ihr mich nun „King Robby" zu nennen habt!" Geschmeidig wich er in einer fließenden Bewegung dem Stuhlkissen aus, das Sascha nach ihm geworfen hatte. „Aber Sascha, wer wird denn gleich mit einer Majestätsbeleidigung anfangen?" kam es verschmitzt von Robby, „kein Grund für Überreaktionen! Aber Spaß aufgehoben und nicht aufgeschoben: Wollen wir uns jetzt das Jawahaus von innen anschauen oder wollt ihr vorher noch etwas essen?" „Essen wäre nicht die schlechteste Idee", meinte Nicci. Wir stimmten zu und genehmigten uns noch mal ein opulentes Mahl. Nachdem wir uns auch noch mal erleichtert hatten und jetzt satt und zufrieden waren, bedeuteten wir Robby, dass wir nun für die „Jawa-Haus-Erforschung-Expedition" bereit waren. Sekunden später waren alle Essensreste verschwunden und die Zentrale blitzte wieder sauber und aufgeräumt. „Mann Robby", fragte ich, „kannst du so was nicht in unsere Kinderzimmer zuhause installieren?" Robby grinste: „Klar Patrick, schon geschehen, schon geschehen!" Baff stammelte ich: „Alter, mach keine Witze, echt? Das wäre ja übelst gut! Cool!" Diesmal war es Jan, der mir meine Kinnlade gekonnt wieder hochklappte. Robby bescheiden: „Das mach ich doch gerne! Aber Spaß ist Spaß und jetzt wird es doch ein bisschen ernster!"
Schwups, wir standen in einem großzügigen „Wohnzimmer" in einem der Jawahäuser! So etwas harmonisch Schönes hatten wir noch nie zuvor gesehen! Alles passte wunderbar zusammen. Weiche Holztöne, sanfte Stofffarben, unseren Augen wohltuende Wandfarben. Wirklich alles sah hier gemütlich und wohnlich aus. Die Wände waren zwar senkrecht, hatten aber keine Ecken. Alles ging in sanften Schwüngen und Kurven ineinander über. Auch

die Decke und der Boden. Fenster wie bei uns gab es nicht. Dafür in den Wänden 3D-Bildschirme, die mit ihren Betrachtern „mitgingen“, wenn es gewünscht wurde! Sie waren dermaßen realistisch, dass man das Gefühl bekam, als sei man selbst draußen! Wenn wir es uns nur wünschten, verdunkelten sie sich oder wurden heller. Auf Wunsch verschwanden- oder erschienen sie wieder. Eine sagenhafte Technik! Türen gab es keine. Wenn wir z. B. in einen anderen Raum hinter einer Wand wollten, öffnete sich einfach vor uns an einer freien Stelle ein Durchgang und wir konnten hindurchgehen. Die Möbel passten sich optisch und physisch unseren Wünschen an. Wollten wir uns setzen, hatten wir sofort die gewünschte Sitzgelegenheit unter uns. Hier schien alles und augenblicklich auf die Wünsche der Bewohner zu reagieren und sich zu verändern. Unfassbar war für uns, dass dabei kein einziger Wunsch mit dem eines Anderen kollidierte! Alles klappte stets perfekt. Plötzlich erschien vor einer Wand im Raum schwebend ein 3D-Bildschirm. Nee, eine bildschirmartige, dreidimensional wirkende Darstellung eines uns bekannten Computerspiels! Nicci sagte aufgeregt: „Ey, coool, das habe ich mir gerade vorgestellt und schon ist es so da, wie ich es wollte! Hammer! Das ist ja eine geile Technik! Alter! So was wünsche ich mir zu Weihnachten!“ Robby deutete zu einem Bereich des Raumes, der von einer durchgehenden Wand abgeschlossen wurde. Sogleich verschwand die gesamte Wand und wir hatten das Gefühl, mitten im Freien in der herrlichen Landschaft zu stehen, obwohl wir uns überhaupt nicht bewegt hatten! Robby zoomte die Umgebung heran und ließ sie sich wieder entfernen. Dann sah es plötzlich so aus, als stünden wir direkt vor dem Hang eines entfernten Berges und schauten in einen gepflegten Wald hinein. Einen Augenblick später war wieder die Wand vor uns zu sehen. Robby meinte respektvoll: „Die unendlichen Möglichkeiten, die ein Jawahaus bietet, kann man gar nicht alle ausschöpfen. Alles, was man sich vorstellen kann, würde hier, sofern kein Schaden daraus entstünde, realisiert! Hier ahnt man wieder einmal den unermesslichen Umfang des Jawawissens und der Jawatechnik. Davor muss man einfach ehrfürchtig und still sein Haupt senken!“

Robby schien ja echt ergriffen zu sein! Wir waren es. Aber das bedeutete bei den sagenhaften Möglichkeiten um uns herum auch nichts. Uns konnte das alles natürlich nur beeindrucken. Robby jedoch, der in seinem langen Leben schon so viel gesehen und erlebt hatte und dessen Technik ähnlich fortschrittlich war, so beeindruckt zu erleben, das hatte schon was Erschütterndes an sich! „Mmmm“, kam es nachdenklich von Robby, „da stimme ich euch voll zu! Ich bin wirklich so beeindruckt, wie ich noch nie in meinem so langen und erlebnisreichen Leben beeindruckt war! Und das hat auch für mich etwas Erschütterndes an sich!“ Robby und wir schwiegen eine Weile, bis er sich etwas hochreckte und meinte: „Ihr erinnert euch doch noch an die Story mit den drei Wünschen – 1. Auf jede Frage die richtige Antwort wissen.... 2. Alles besser zu können, als.... 3. Alles mit bestmöglichem Ergebnis beenden.... usw.? Also, die Jawa dürften im Weltall wahrscheinlich die Einzigen gewesen sein, die diese drei Wünsche fast zu 100% erfüllen konnten! Wir können auch schon sehr, sehr viel, aber, wenn Jan mich jetzt z. B. fragen würde, was Nicci gerade denkt oder gleich machen möchte, müsste ich erst kurz auf Nicci „umschalten“ und versuchen, es bei ihm herauszufinden. Das ginge dann zwar auch in Sekundenbruchteilen, die Jawa hätten das aber eben sofort gewusst! Solche minimalen Zeitverzögerungen – die für euch Menschen praktisch nicht messbar wären – lassen uns gerade mal auf bestenfalls 85% Erfüllbarkeit kommen, das ist ein gewaltiger Unterschied!“ „Ach Robby“, tröstete ich ihn, „für uns bist du so oder so der „King Robby“, da kommt nichts davor! Außerdem ist es gar nicht so gut, immer gleich alles zu wissen, da wird es einem doch langweilig!“ „Danke, Patrick, da bin ich ganz deiner Meinung“, pflichtete Robby mir bei. „Aber lassen wir diese schwermütigen Gedanken, sagt mir lieber, was ihr jetzt machen wollt. Euch hier weiter umschauen oder langsam in Richtung Heimat ziehen?“

Wir schauten uns an, überlegten und Nicci meinte schließlich: „Ach, wenn man es richtig betrachtet, gehören wir hier gar nicht hin. Mir kommt es so vor, als würden wir in den intimsten und privatesten Bereichen hochstehender Prominenter rumstöbern.

Irgendwie ist mir das Gefühl dabei unangenehm. Was meint ihr dazu?“ „Ja, Nicci hat recht, mir geht's ebenso“, stimmte Sascha zu und Jan und ich nickten dazu. Uns alle hatte schon länger dieses Gefühl der Deplatziertheit beschlichen. Stimmt schon; hier sollten wir nicht sein! Es war fast schon wie eine Störung der Totenruhe bei uns auf der Erde. Jan sagte dann auch erwartungsgemäß: „Robby, wir machen hier den Abflug und begeben uns lieber auf die Heimreise. Wir haben mit dir in sehr kurzer Zeit Unglaubliches erleben dürfen und werden davon noch unseren Ur-Enkeln erzählen können, ohne, dass uns dabei der Stoff ausgeht und unser Dank wird deswegen und ab sofort dein ständiger Begleiter sein! Aber zuhause ist es gar nicht so übel und langsam fehlt uns da was, oder?“ Wir Drei nickten und Schwupps, schon standen wir in der Zentrale des Explorers. Bequeme Sessel schoben sich sanft unter uns. Entspannt sitzend verschnauften wir erst mal und ließen die letzten Ereignisse vor unserm geistigen Auge Revue passieren. Nach einer kleinen Weile, in welcher niemand etwas sagte und wir unseren Gedanken zu dem Erlebten nachhingen, rief uns Robby mal wieder in die Realität zurück: „Jungs, tut mir wirklich leid, eure Erlebnisaufarbeitungen stören zu müssen, aber ich habe ein paar Infos für euch, Lust sie zu hören?“

Ende Band 1 es folgt Band 2 von insgesamt 6 Bänden: Die Gemeinschaft

Nachwort

Diese sechs Bücher „Robby, meine Freunde und ich.....“ widme ich meinem Enkel Patrick und seinen „realen“ Freunden Jan, Sascha und Nicci.

Patrick ist unser Enkel. Er hatte unverschuldet einen sehr schweren Unfall. Als Patrick bei Grün an einem Ampelgesteuerten Fußgängerüberweg diesen überqueren wollte, fuhr ihn der Fahrer eines Wohnwagengespanns um, weil er das Rot seiner Ampel nicht gesehen hatte.

Patrick lag danach ca. drei Wochen im Koma. Seine Milz war zerstört und wurde entfernt. Seine linke Körperhälfte war teilweise gelähmt. Er hatte Hirnverletzungen.

Als Patrick schließlich aus dem Koma aufwachte, musste er erst wieder sprechen und laufen lernen. Er musste praktisch sein Leben neu lernen.

Patrick arbeitet bis heute daran.

Durch den Unfall verlor Patrick mehrere Jahre seiner Lebenszeit.

Es ist unglaublich, mit welcher Willensstärke Patrick sein Leben nach dem Unfall lebt.

Er wird es schaffen.

Wir, seine Großeltern, haben den größten Respekt vor seiner Leistung.

www.ingramcontent.com/pod-product-compliance
Lightning Source LLC
LaVergne TN
LVHW021947220826
846091LV00015B/4114

* 9 7 8 1 5 0 8 6 8 5 5 9 3 *